AutoUni – Schriftenreihe

Band 171

Reihe herausgegeben von

Volkswagen Aktiengesellschaft, Volkswagen Group Academy, Volkswagen Aktiengesellschaft, Wolfsburg, Deutschland

Jonas Kaste

Künstliche neuronale Netzwerke zur adaptiven Fahrdynamikregelung

 Springer Vieweg

Jonas Kaste
AutoUni
Wolfsburg, Niedersachsen, Deutschland

Zugl.: Braunschweig, Techn. Univ., Diss., 2023

ISSN 1867-3635   ISSN 2512-1154   (electronic)
AutoUni – Schriftenreihe
ISBN 978-3-658-43108-2   ISBN 978-3-658-43109-9   (eBook)
https://doi.org/10.1007/978-3-658-43109-9

Die Deutsche Nationalbibliothek verzeichnet diese Publikation in der Deutschen Nationalbibliografie; detaillierte bibliografische Daten sind im Internet über http://dnb.d-nb.de abrufbar.

Planung/Lektorat: Carina Reibold
Springer Vieweg ist ein Imprint der eingetragenen Gesellschaft Springer Fachmedien Wiesbaden GmbH und ist ein Teil von Springer Nature.
Die Anschrift der Gesellschaft ist: Abraham-Lincoln-Str. 46, 65189 Wiesbaden, Germany

Das Papier dieses Produkts ist recyclebar.

Vorwort

Die vorliegende Arbeit entstand während meiner Tätigkeit als Doktorand in der Forschungsabteilung für Fahrdynamik der Konzernforschung der Volkswagen AG. Die Ergebnisse, Meinungen und Schlüsse dieser Dissertation sind nicht notwendigerweise die der Volkswagen AG.

Mein besonderer Dank gilt meinem Doktorvater Herrn Prof. Dr.-Ing. Joachim Axmann für die hervorragende Betreuung und die wertvollen Anmerkungen. Während der gesamten Zeit unterstützte er die Arbeiten mit viel Interesse und großem Vertrauen und ermöglichte so den notwendigen selbstständigen wissenschaftlichen Fortschritt, um die Arbeit fertigzustellen. Darüber hinaus möchte ich Herrn Prof. Dr.-Ing. Peter Hecker, geschäftsführender Leiter des Instituts für Flugführung der Technischen Universität Braunschweig für die Übernahme des Koreferats sowie für das Interesse an der Arbeit danken. Herrn Prof. Dr.-Ing. Roman Henze möchte ich für die Übernahme des Prüfungsvorsitzes sowie die konstruktive Atmosphäre bei der Durchführung des Verfahrens danken.

My special thanks also go to Prof. Chris Gerdes, who welcomed me with open arms during my PhD time at the Stanford DDL Lab. Thank you to all of the students, especially Nathan Spielberg, Vincent Laurense, and John Subosits, who created a supportive, enthusiastic and motivating atmosphere for studying vehicle dynamics.

Insbesondere möchte ich mich bei Herrn Dr. Felix Kallmeyer und Herrn Dr. Björn Mennenga bedanken, die es mir durch Ihre unermüdliche Unterstützung ermöglichten diese Arbeit anzufertigen. Darüber hinaus möchte ich mich bei Herrn Filip Zielinski für die Anregungen und das wertvolle Feedback in der finalen Phase des Verfahrens bedanken. Mein herzlicher Dank gilt außerdem meinen Kollegen für die außergewöhnliche Zusammenarbeit, die konstruktiven Gespräche und die Unterstützung während der letzten Jahre, die einen unschätzbaren Wert für die vorliegende Arbeit darstellten. Hervorheben möchte ich Dr. Jens Hoedt, Dr. Kristof van Ende, Dr. Paul Hochrein, Dr. Sevsel Gamze Kabil, Maximilian Templer, Dr. Sascha Barton-Zeipert und Dr. Dennis Schaare. Ich möchte mich auch beim weiteren RacePilot-Team für die Unterstützung, insbesondere bei den Arbeiten am Versuchsträger sowie die Atmosphäre, die jede einzelne Erprobungsfahrt besonders gemacht hat, bedanken. Mein ausdrücklicher Dank gilt Sebastian Kranz, Mario Hahn und Dr. Dirk Schütte von der IAV GmbH, Thomas Behrens von der KST innovations GmbH sowie Dr. Ingmar Gundlach von der Technischen Universität Darmstadt. Mit jedem der genannten Kolleg(inn)en bleibe ich freundschaftlich verbunden.

Ich möchte mich ebenfalls bei Herrn Dr. Philipp Schnetter bedanken. Durch seine motivierende und begeisternde Art für maschinelles Lernen und Regelungstechnik sowie die Betreuung meiner ersten wissenschaftlichen Arbeiten an der Technischen Universität Braunschweig hat er meinen persönlichen Werdegang maßgeblich beeinflusst. Die unzähligen fachlichen Gespräche während der Promotionszeit haben mir sehr geholfen und häufig Zweifel aus dem Weg geräumt.

Hervorheben möchte ich auch die Zusammenarbeit mit dem Technikum der Volkswagen Konzernforschung. Durch die außergewöhnlichen Fähigkeiten jedes einzelnen wurden die umfangreichen Erprobungen in den RacePilot Versuchsträgern ermöglicht und für jede dieser Erfahrungen bin ich zutiefst dankbar.

Zuletzt möchte ich meiner Familie und meinen Freunden danken. In dieser herausfordernden Zeit habe ich stets den Rückhalt und das Vertrauen gespürt, wodurch mir die Sicherheit gegeben wurde die Arbeit fertigzustellen. Auch für die kleinen Ablenkungen als notwendigen Ausgleich zu langen Arbeiten im Büro bin ich unendlich dankbar.

Jonas Kaste

Übersicht

Autonome Fahrzeuge bieten das Potential kosteneffizientere, emissionsreduzierte und sichere Mobilität im Vergleich zum heutigen Individualverkehr anzubieten. Um eine präzise und gleichzeitig komfortable Fahrzeugführung in einem breiten Spektrum unterschiedlicher Szenarien gewährleisten zu können, ist eine robuste Fahrdynamikregelung notwendig. Modellbasierte Regelalgorithmen verfügen grundsätzlich über das Potential menschliche Fahrer bei der Fahrzeugführung bis an die fahrdynamischen Grenzen übertreffen zu können. Dabei ist eine präzise Abbildung des Fahrzeugs durch das für die Regelung herangezogene Modell notwendig. Bei Abweichungen von den für die Modellierung herangezogenen Arbeitspunkten, z.B. im Rahmen sich ändernder Bedingungen im Realbetrieb, resultiert eine geringere Genauigkeit bezüglich des Folgeverhaltens einer gewünschten Soll-Trajektorie.

Um diese Limitierungen zu reduzieren, wird in der vorliegenden Arbeit der Einsatz eines hybriden Regelungskonzeptes untersucht. Dabei wird ein modellbasierter kaskadierter Querdynamikregler um ein künstliches neuronales Netzwerk (KNN) ergänzt. Das zu Grunde liegende Fahrzeugmodell stellt eine stark vereinfachte lineare Abbildung der Realität dar. Das KNN wird ohne „Vorwissen" implementiert und aktiv im geschlossenen Regelkreis trainiert.

Um die Eignung des Ansatzes in einem breiten Einsatzspektrum aufzuzeigen, werden zunächst im Rahmen von Simulationen KNN mit unterschiedlichen Trainingsverfahren, Netzwerktopologien, Aktivierungsfunktionen und Startgewichten für einen geometrisch einfachen Rundkurs untersucht. In der Folge werden diese um Trainingsschranken, Regularisierungsmethoden sowie eine geeignete Eingangsnormalisierung ergänzt, um einen robusten Langzeitbetrieb zu gewährleisten. Die gewonnenen Erkenntnisse werden anschließend, zunächst simulativ, auf komplexere Strecken und grenzbereichsnahe Fahrdynamik sowie fehlerbehaftete

Systemzustände übertragen. Im letzten Schritt erfolgen Untersuchungen im realen Versuchsträger.

Die Versuche zeigen das Leistungsvermögen des hybriden Regelungskonzeptes. Bei geringer Fahrzeugdynamik ist eine präzise Fahrzeugführung auch ohne KNN möglich. Bei hoher Dynamik resultieren jedoch Abweichungen vom Sollkurs, die durch das iterativ lernende Netzwerk schrittweise reduziert werden können. Durch die situationsabhängige Optimierung der Netzwerkgewichte wird der Einfluss des systematischen Fehlers des zu Grunde liegenden Modells kompensiert und die Regelgüte verbessert. Dieses Verhalten kann durch geeignete Auswahl der Designparameter des KNN für jedes der betrachteten Szenarien aufgezeigt werden. Die Anpassung der Netzwerkgewichte im Regelkreis ermöglicht sowohl im Fehlerfall als auch bei hoher Fahrzeugdynamik und ungenauer Systemidentifikation eine Verbesserung der Regelgüte im Vergleich zum Basisregler.

Abstract

Autonomous vehicles offer the potential to provide more cost-efficient, emission-reduced and safer mobility compared to current vehicle concepts. In order to guarantee precise and at the same time comfortable vehicle guidance in a wide range of different scenarios, robust vehicle dynamics control is necessary. To realize this, it has been shown in the past that model-based control algorithms have the potential to outperform human drivers in vehicle control up to the limits of driving dynamics. This requires a precise representation of the vehicle by the model used for control. Deviations from the operating points used for modelling, e.g. in the context of changing conditions during operation, result in lower performance with respect to the path following behaviour of a desired trajectory.

In order to reduce these limitations, the use of a hybrid control concept is investigated in the present work. A model-based, cascaded lateral dynamics controller is extended by an artificial neural network (ANN). The underlying vehicle model describes a highly simplified, linear representation of reality. The ANN is implemented without „prior knowledge" and actively trained during closed-loop control. In order to demonstrate the suitability of the approach in a wide range of applications, ANN with different training methods, network topologies, activation functions and starting weights for a geometrically simple track are first investigated in simulations. Subsequently, these are extended with training bounds, regularization methods, and suitable input normalization to ensure robust long-term operation. The gained knowledge is then transferred, initially in simulation, to more complex tracks and vehicle dynamics close to the limit as well as fault-prone system states. In the final step, investigations are carried out in a real test vehicle.

The findings demonstrate the performance capability of the hybrid control concept. At low dynamics, precise vehicle control is possible even without the additional ANN. At high dynamics, however, deviations from the nominal course occure, which can be reduced step by step by the iterative learning network. The situation-dependent optimization of the network weights compensates for the influence of the systematic error of the underlying model and improves the control performance. This behaviour can be demonstrated by appropriate selection of the neural network design parameters for each of the considered scenarios. The adaptation of the network weights within the control loop allows an improvement of the control performance in the case of errors as well as in the case of high dynamics and inaccurate system identification compared to the base controller.

Inhaltsverzeichnis

Formelverzeichnis

Lateinische Buchstaben

a	Steigungsfaktor der linearen Erweiterung einer sigmoiden Aktivierungsfunktion
a_x	Längsbeschleunigung
a_y	Querbeschleunigung
b	Biasgewicht
b_1	Glättungsparameter des Gradienten beim Adam Verfahren
b_2	Glättungsparameter der quadrierten Summe der Gradienten beim Adam Verfahren
C	Formparameter des Magic Formula Reifenmodells
c_L	Lenksteifigkeit
c_{sh}	Schräglaufsteifigkeit an der Hinterachse
c_{sv}	Schräglaufsteifigkeit an der Vorderachse
c_w	Ersatzdrehsteifigkeit
D	Formparameter des Magic Formula Reifenmodells
d	Hyperparameter im Netzwerktraining, beschreibt eine Abklingkonstante
d_y	Seitlicher Versatz zu einer gewünschten Soll-Trajektorie
d_w	Ersatzdrehdämpfung
E	Formparameter des Magic Formula Reifenmodells
E	Fehlerfunktion, die zum Netzwerktraining herangezogen wird
F_x	Kraft, längs zur Fahrzeuglängsachse angreifend
$F_{x,h}$	Kraft, längs zur Fahrzeuglängsachse an der Hinterachse angreifend
$F_{x,v}$	Kraft, längs zur Fahrzeuglängsachse an der Vorderachse angreifend
F_y	Kraft, quer zur Fahrzeuglängsachse angreifend

$F_{y,h}$	Kraft, quer zur Fahrzeuglängsachse an der Hinterachse angreifend
$F_{y,v}$	Kraft, quer zur Fahrzeuglängsachse an der Vorderachse angreifend
F_z	Radlast
$F_{z,h}$	Radlast an der Hinterachse angreifend
$F_{z,max}$	Maximale Radlast
$F_{z,v}$	Radlast an der Vorderachse angreifend
$f_{a_j}^{(l)}$	Aufsummierte Eingänge des j-ten Neurons der l-ten Schicht
$f_{o_j}^{(l)}$	Aktivierungsfunktion des j-ten Neurons der l-ten Schicht
G_t	Summe der quadratischen Gradienten bis zum Zeitpunkt t
h_w	Höhe des Wankpols über der Fahrbahn
i_L	Lenkübersetzung
i_n	Eingang des n-ten Neurons
$\tilde{i}_n$	Normierter Eingang des n-ten Neurons
J_x	Trägheitsmoment um die x-Achse
J_z	Trägheitsmoment um die z-Achse
l	Radstand
l_h	Abstand vom Schwerpunkt zur Hinterachse
l_v	Abstand vom Schwerpunkt zur Vorderachse
m	Fahrzeugmasse
M_w	Wankmoment
n_L	Reifennachlauf
n_k	konstruktiver Reifennachlauf
o_n	Ausgabe des n-ten Neurons
$p-$Anteil	Anteil der Gesamtregelausgabe, die durch den Proportionalregler gestellt wird
R_{max}	Obere Skalierungsgrenze bei der Normierung der Netzwerkeingänge
R_{min}	Untere Skalierungsgrenze bei der Normierung der Netzwerkeingänge
s_h	Verschiebung der Kennlinie des Magic Formula Reifenmodells in horizontaler Richtung
s_v	Verschiebung der Kennlinie des Magic Formula Reifenmodells in vertikaler Richtung
s_{Ada}	Glättungsterm des Adagrad Lernverfahrens
t_n	Zielwert der durch das n-te Neuron abgebildet werden soll
t	Rechenzeit, bzw. Simulationszeit
u	Regelgröße, bzw. Steuergröße
v	Fahrzeuggeschwindigkeit
$\underline{W}$	Gewichtsmatrix des neuronalen Netzwerkes

$w_{i,j}^{(l)}$	Gewicht zwischen dem i-ten Neuron der l-ten Schicht zum j-ten Neuron der (l+1)-ten Schicht
$\|\underline{W}\|_F$	Frobenius Norm der Netzwerkgewichte
$\vec{x}$	Zustandsgrößen
z_w	Abstand des Wankpols zum Fahrzeugschwerpunkt

Griechische Buchstaben

α	Momentum Term
α	Fahrbahnsteigung
α	Schräglaufwinkel
β	Schwimmwinkel
$\dot{\beta}$	Schwimmwinkelrate
$\Delta \underline{W}$	Veränderung der Netzwerkgewichte in einem Zeitschritt
δ	Rückwärtsverteilter Fehler
δ_L	Lenkradwinkel
δ_R	Radwinkel
$\frac{\partial E}{\partial w_{1,1}^{(1)}}$	Partielle Ableitung der Fehlerfunktion nach dem 1. Gewicht der 1. Schicht
$\|\vec{\zeta}\|$	Euklidische Norm des Trainingsfehlers
θ	Schwellenwert der Aktivierung eines Neurons
$\vec{\nabla} E$	Gradient der Fehlerfunktion
λ	Regularisierungsparameter
μ	Lernrate beim Netzwerktraining
μ	Fahrbahnreibwert
φ	Wankwinkel
$\dot{\varphi}$	Wankwinkelrate
$\ddot{\varphi}$	Wankwinkelbeschleunigung
χ	Kurswinkel
ψ	Gierwinkel
$\dot{\psi}$	Gierrate
$\ddot{\psi}$	Gierbeschleunigung

Indizes

ahead	Vorgesteuerter Term
aero	Den Luftwiderstand betreffend
alt	Konfiguration vor einem Optimierungsschritt
beo	Aufbereitete Signale aus dem Fahrdynamikbeobachter
drag	Den Widerstand betreffend
grade	Den aus der Fahrbahnsteigung resultierenden Widerstand betreffend
H	Auf den Winkel am Lenkrad bezogen
h	An der Fahrzeughinterachse angreifend
hid	Auf die versteckte(n) Schicht(en) bezogen
ist	Ist-Zustand
k	Kommandierte Größe
LR	Regenanteil des Linearreglers
l	Am Lenkrad wirkend
neu	Konfiguration nach einem Optimierungsschritt
R	Auf den Regler bezogen
r	Am Rad angreifend
ref	Referenzwerte, bzw. Vorgaben aus dem Bahnplaner
roll	Den Rollwiderstand betreffend
s	Soll-Zustand
soll	Soll-Zustand
turn	Den Kurvenwiderstand betreffend
V	Auf die Vorsteuerung bezogen
v	An der Fahrzeugvorderachse angreifend
x	In Richtung der Fahrzeuglängsachse wirkende Kräfte, Beschleunigungen, etc.
y	Quer zur Fahrzeuglängsachse wirkende Kräfte, Beschleunigungen, etc.

Abkürzungen

ABD	Anthony Best Dynamics Ltd
ABS	Antiblockiersystem
AI	Artificial Intelligence
ANN	Artificial Neural Network
BASt	Bundesanstalt für Straßenwesen
CNN	Convolutional Neural Network

DGPS	Differential Global Positioning System
DoF	Degree of Freedom
DTM	Deutsche Tourenwagen Meisterschaft
ELU	Exponential Linear Unit
EPS	Electric Power Steering
ESC	Electronic Stability Control
FB	Feedback Control
FFW	Feed Forward Control
GD	Gradientenabstiegsverfahren
GDM	Gradientenabstiegsverfahren mit zusätzlichem Momentum
GDNM	Gradientenabstiegsverfahren mit Nesterov Momentum Update
GPS	Global Positioning System
HIL	Hardware in the Loop
ILC	Iterative Learning Control
KI	Künstliche Intelligenz
KNN	Künstliches neuronales Netzwerk
LReLU	Leaky Rectified Linear Unit
LSTM	Long Short-Term Memory
MLP	Multilayer Perceptron
MPC	Model Predictive Control
MSE	Mean Squared Error
NARX	Nonlinear Autoregressive with Exogenous Inputs
PRELU	Parametric Rectified Linear Unit
PROMETHEUS	PROgraMme for a European Traffic of Highest Efficiency and Unprecedented Safety
PT_1-Glied	Übertragungsglied mit proportionalem Übertragungsverhalten und Verzögerung 1. Ordnung
PWG	Pedalwertgeber
ReLU	Rectified Linear Unit
SELU	Scaled Exponential Linear Units
SNARC	Stochastic Neural Analog Reinforcement Computer
VaMP	VaMoRs (Versuchsfahrzeug für autonome Mobilität und Rechnersehen) Passenger Car
VITA	Vision Technology Application
VisLab	Artificial Vision and Intelligent Systems Laboratory

Abbildungsverzeichnis

Tabellenverzeichnis

Motivation und Stand der Technik

1.1 Motivation

Die prognostizierte Entwicklung des zukünftigen Mobilitätsbedarfes stellt für die Automobilindustrie Chancen, jedoch auch große Herausforderungen dar. Für Deutschland wird vorhergesagt, dass sich der demographische Wandel und die Urbanisierung bis 2030 regressiv auf die Anzahl potentieller Autokäufer auswirken wird [141], die Nachfrage und Bereitstellung alternativer Mobilitätskonzepte zur Befriedigung des individuellen Mobilitätsanspruches jedoch weiter steigt [111, 141] und sich das Verkehrsaufkommen progressiv verhält [19].

Um den Ansprüchen nach individueller, sicherer und verfügbarer Mobilität gerecht zu werden, bieten automatisch fahrende Fahrzeuge die Möglichkeit, in Zukunft bisher nicht nutzbare Potentiale bestehender Konzepte auszuschöpfen und die Bereitstellung von Mobilität für den Personen- und Güterverkehr auf langfristige Sicht zu revolutionieren. Aus diesem Grund ist der beobachtbare Trend einer sukzessiven Automatisierung von Fahraufgaben in den vergangenen Jahren nicht überraschend. Neben der Entlastung des Fahrzeugführers und einer effizienteren Nutzung der Aufenthaltsdauer im Fahrzeug sowie der Erschließung neuer Mobilitätspotentiale für Randgruppen, prognostizieren Experten eine signifikante Reduzierung von Emissionen sowie von Verkehrsunfällen, einhergehend mit einer Erhöhung der Sicherheit im Straßenverkehr [45, 106].

Aufgrund des hohen Anteils der durch menschliches Fehlverhalten verursachten Unfälle im Straßenverkehr wird angenommen, dass durch die Einführung autonomer Fahrzeuge die Anzahl an Unfällen um bis zu 90% reduziert werden kann [106]. Auch wenn derartige Prognosen zunächst praktisch nachzuweisen sind, ist eine Verminderung solcher Unfälle, die auf stark überhöhte Geschwindigkeit, Unerfahrenheit am Steuer oder auf den Einfluss von Fahrtauglichkeit reduzierender

J. Kaste, *Künstliche neuronale Netzwerke zur adaptiven Fahrdynamikregelung*, AutoUni – Schriftenreihe 171, https://doi.org/10.1007/978-3-658-43109-9_1

Substanzen zurückzuführen sind, durch eine Entkopplung des Fahrzeugführers realistisch. Unfälle, die auf komplexe Umgebungsbedingungen, wie beispielsweise ein
erhöhtes Gefährdungspotenzial durch Witterungsverhältnisse oder auf die Interaktion mit Hindernissen auf der Fahrbahn zurückzuführen sind, stellen auch weiterhin
ein Risiko für Fahrzeuge und Insassen dar. Zudem eröffnen sich für automatisch fahrende Fahrzeuge neue Gefährdungspotentiale wie beispielsweise die Manipulation
sicherheitsrelevanter Funktionen durch Cyber-Terroristen [113]. Während der ersten
Jahre könnte zudem die Vermischung zwischen manuell bewegten und pilotierten
Fahrzeugen zu einer Erhöhung der Unfallzahlen führen, wie in [165] prognostiziert
wird.

Um den komplexen Herausforderungen des automatischen Fahrens begegnen
zu können, wurden in den vergangenen Jahren die Untersuchungen in unterschiedlichen Bereichen intensiviert. Schwerpunkte sind dabei die Umfelderkennung und
Interpretation, Umfeldmodellierung und Datenfusion, Bahnplanung sowie Car2Car-
Kommunikation [42]. Durch die stetige Steigerung von Rechenleistung und der
Möglichkeit, große Mengen an Daten sammeln, speichern und für Trainingszwecke
aufbereiten zu können, gewinnen Methoden aus dem Feld der künstlichen Intelligenz
für die Automobilindustrie verstärkt an Bedeutung [140]. Da diese modellfreien
Methoden komplexe Zusammenhänge erfassen und abbilden können, eröffnet sich
für Techniken aus dem Kontext des maschinellen Lernens ein breites Spektrum möglicher Anwendungsbereiche [140]. Die jüngsten Erfolge im Bereich des sogenannten Deep Learnings zeigen durch den Einsatz komplexer neuronaler Netzwerke ein
deutlich höheres Potential gegenüber herkömmlichen Klassifikationsalgorithmen
[92], wodurch der Einsatz von sogenannten Convolutional Neural Networks (CNN)
in Bereichen der Objektklassifikation und Umfeldwahrnehmung auch in fahrzeugtechnischen Anwendungen zunehmend zum Gegenstand aktueller Forschung wird
[30, 131, 161]. Selbst End-to-End Anwendungen, wie die Fahrzeugführung durch
Interpretation von Sensordaten ohne die explizite Hinterlegung eines physikalischen
Modells, werden in der Literatur diskutiert [1, 44, 121].

Trotz des unbestrittenen Potentials solcher Technologien sind die meisten sicherheitskritischen Anwendungen, die physikalische Modelle durch neuronale Netzwerke ersetzen, weitestgehend im Stadium der Forschung, kaum jedoch in der
Serienentwicklung zu finden, was insbesondere auf den „Black-box"-Charakter neuronaler Netzwerke, den komplexen Nachweis des robusten Betriebs außerhalb der
erlernten Trainingsdaten und die Gewährleistung der Generalisierungseigenschaften unter komplexen Randbedingungen zurückzuführen ist [140].

Um die sichere Fahrzeugführung autonomer Fahrzeuge auf der Straße zu
gewährleisten und die Umgebungsinformationen sowie die dynamische Interaktion mit den umgebenden Verkehrsteilnehmern auf einer vorgesehenen Trajektorie

zu garantieren, ist eine robuste Regelungsstrategie notwendig, die durch Ansteuerung der Aktorik zur Fahrzeuglängs- und Querführung eine präzise und komfortable Fahrt bereitstellt. Aufgrund der variierenden Anforderungen an die Regelungsstrategie in einem breiten Spektrum von Operationsbereichen des Fahrzeuges, ist der Entwurf eines allumfassenden Fahrdynamikreglers nicht trivial. Einerseits soll eine möglichst komfortable Fahrt sichergestellt werden, andererseits soll die laterale und longitudinale Regelung des Fahrzeuges in der Lage sein, ein hohes Maß an dynamischem Potential ausnutzen zu können, sollte ein Notausweichmanöver bei hoher Geschwindigkeit notwendig sein. Aus diesem Grund wurde in der Vergangenheit die Beherrschbarkeit autonomer Fahrzeuge außerhalb des linearen Einsatzbereiches nachgewiesen und aufgezeigt, dass robuste, pilotierte Fahrten auch unter Ausnutzung des gesamten Dynamikpotentials möglich sind [5, 91]. In [91] wird für die Fahrzeugquerführung an der Grenze des Kraftschlusspotentials die Kombination eines modellbasierten Feed-Forward Regelungsanteils und eines Feedback-Anteils, der aktuelle Zustandsinformationen der Fahrdynamikregelung einbezieht, untersucht und gute Ergebnisse für die präzise Trajektorienfolge unter komplexen Rahmenbedingungen erzielt.

Ein derartiger Regelungsansatz ist robust, solange sich das geregelte Fahrzeug im oder nahe des Auslegungsbereiches des Reglers befindet. Sollte es jedoch zu unvorhergesehenen Störungen beispielsweise durch Systemschäden jeglicher Art kommen, die das hinterlegte Modell nicht hinreichend genau beschreiben kann, wird die Regelgüte signifikant reduziert. Das kann bei Fahrten mit hoher Geschwindigkeit fatale Folgen nach sich ziehen [24, 136, 156, 162]. Um die Toleranz gegenüber Schäden zu erhöhen, wird in der Literatur die Erweiterung klassischer, modellbasierter Regelungsansätze um künstliche neuronale Netzwerke vorgeschlagen [76, 90, 159, 184], die durch ihre Lernfähigkeit eine Anpassung an starke Variation der Umgebungsbedingungen ermöglichen sollen. In [158] wird in umfangreichen Simulationen angedeutet, dass die Erweiterung eines modellbasierten Regelungskonzeptes um neuronale Netzwerke den Einfluss von Schäden und Modellunsicherheiten bis zu einem gewissen Maß reduzieren und die Einhaltung der gewünschten Bahn gewährleisten kann.

1.2   Ziele und Aufbau der Arbeit

In der Folge wird zunächst auf die Ziele der Arbeit eingegangen und diese in den Kontext bereits existierender Veröffentlichungen gesetzt. Im zweiten Teil des folgenden Abschnitts wird der inhaltliche Aufbau der Ausarbeitung erläutert und der Inhalt der jeweiligen Kapitel grob skizziert.

1.2.1 Ziele der Arbeit

Im Rahmen der Arbeit werden neuronale Regelungsstrategien in Simulation und Fahrversuch für ein pilotiertes Fahrzeug untersucht. Die analysierten Fahrten spreizen dabei den gesamten Dynamikbereich des Versuchsträgers auf. Das bedeutet, dass Messfahrten sowohl im linearen Applikationsbereich bis hin zu Untersuchungen auf Rennstrecken und Niedrigreibwert im physikalischen Grenzbereich durchgeführt werden. Dabei ist die Zielstellung, nicht die physikalischen Modelle zu ersetzen, die der Fahrzeugregelung zu Grunde liegen. Anstatt einer solchen Substitution, soll eine gezielte Erweiterung klassischer Modelle erfolgen, um Nichtlinearitäten zu erlernen und zu kompensieren, die im Rahmen der Modellierung nicht oder nur unzureichend erfasst wurden. Dies erscheint, wie in [10] beschrieben, mehr Potential für eine breitere Akzeptanz zu bieten, als ein vollständiger Austausch physikalischer Modelle durch neuronale Netzwerke. Ziel ist es, einerseits das transiente Ausgabeverhalten „online"-trainierter neuronaler Netzwerke bei Fehlerintrusion zu untersuchen. Die grundsätzliche Eignung konnte in Simulation unter anderem in [54, 76, 90] sowie in wenigen Realversuchen in [158] nachgewiesen werden. Der Fokus in diesen Arbeiten lag jedoch weniger in der Aufarbeitung und Integration einer breiten Anzahl an Konfigurationsparametern neuronaler Netzwerke, noch wurden umfangreiche Studien unter Realbedingungen mit Blick auf den robusten Langzeitbetrieb sich online adaptierender Netzwerke in echtzeitfähigen Reglerarchitekturen durchgeführt.

Aus diesem Grund werden in dieser Arbeit „State-of-the-Art"-Methoden zur Parametrierung und Design sich iterativ adaptierender neuronaler Netzwerke im Kontext der Fahrdynamikregelung eines autonomen Versuchsträgers bis in den physikalischen Grenzbereich innerhalb umfangreicher Fahrversuche in wechselnden Umgebungsbedingungen untersucht und gegenübergestellt. Unter Berücksichtigung der Anforderung, eine echtzeitfähige Optimierung der Netzwerkgewichte innerhalb des geschlossenen Regelkreises zu ermöglichen, werden im Rahmen der Datenvorverarbeitung sinnvolle Netzwerkeingänge und Normierungsverfahren evaluiert, zur Steigerung der Netzwerkperformanz verschiedene Trainingsverfahren, Netzwerkarchitekturen und Aktivierungsfunktionen verglichen und unter dem Aspekt des robusten Langzeitbetriebes unterschiedliche Formen der Netzwerkregularisierung bewertet. Das Ziel dabei ist es, durch eine breite experimentelle Basis geeignete Netzwerkkonfigurationen zur adaptiven Fahrdynamikregelung zu ermitteln und im letzten Schritt einen möglichen Wissenstransfer der abgeleiteten Designparameter zwischen variierenden Regelungskonzepten zu bewerten.

1.2.2 Aufbau der Arbeit

Das erste Kapitel beschreibt die Motivation der Arbeit, den Aufbau sowie den Stand der Technik. Dabei werden die Forschungsfrage und Ziele der Ausarbeitung erörtert und die Notwendigkeit in Relation zu aktuellen Trends und Prognosen zukünftiger Mobiltätskonzepte gesetzt. Des Weiteren wird die geschichtliche Entwicklung sowie der derzeitige Stand der Technik für die beiden Kernaspekte automatisches Fahren und künstliche neuronale Netzwerke dargestellt und auf existierende Ansätze zur Integration von neuronalen Netzwerken in die Fahrdynamikregelung eingegangen. Zudem wird die vorliegende Arbeit in Relation zu existierenden Arbeiten in diesem Themenfeld bewertet und Überschneidungen sowie neuartige Betrachtungen und Konzepte dargestellt.

Im zweiten Kapitel werden die fahrzeugtechnischen Grundlagen erläutert, die als Basis der modellierten Regelstrecke in der „closed-loop"-Simulation sowie der modellbasierten Anteile der Regelungsstrategie im späteren Fahrversuch dienen. Zunächst werden die Herausforderungen diskutiert, die sich für die Fahrdynamik-regelung in Bezug auf die im Rahmen dieser Arbeit untersuchte laterale Regelung eines automatisch fahrenden Versuchsträgers bis in den physikalischen Grenzbereich ergeben und geeignete Modelle dargestellt. Dabei wird der Fokus auf das lineare Einspurmodell sowie geeignete Erweiterungen wie ein Wankmodell, Aktor-modelle und nichtlineare Reifenmodelle gelegt.

Das dritte Kapitel liefert eine Übersicht zu den theoretischen Grundlagen künstlicher neuronaler Netzwerke. Dabei wird zunächst auf die biologisch motivierte Abbildung abstrahierter Neuronenmodelle eingegangen und verschiedene, für die Arbeit relevante Modelle unterschiedlicher Komplexität dargestellt. Anschließend steht die Signalverarbeitung innerhalb des Netzwerks im Fokus. Ein Aspekt ist die Diskussion unterschiedlicher Aktivierungsfunktionen sowie deren Vor- und Nachteile. Darüber hinaus wird der Trainingsprozess, der das Erlernen von funktionalen Zusammenhängen ermöglicht, beschrieben. Zuletzt werden in der Literatur diskutierte Lösungsstrategien dargestellt, die auf Basis eines Gradientenabstiegs unterschiedliche Strategien zur Gewichtsanpassung innerhalb des neuronalen Netzwerkes bereitstellen und im Rahmen der Arbeit implementiert und mit Blick auf die adaptive Fahrdynamikregelung untersucht werden.

Das vierte Kapitel betrachtet das herangezogene Regelungskonzept, welches um ein online trainiertes neuronales Netzwerk zum Ausgleich von Störungen, Fehlern und Modellunsicherheiten erweitert wird. Zunächst werden die Anforderungen an das Regelungskonzept dargestellt und die Gründe der hybriden Regelungsarchitektur erläutert. Für weite Teile der im Fahrversuch und Simulation durchgeführten Untersuchungen wird ein Inversionsregler zur lateralen Fahrdynamikregelung verwendet. Daher liegt der Fokus auf der verständlichen Darstellung der Reglerarchitektur des Basisreglers sowie dessen Erweiterung um ein künstliches neuronales Netzwerk. Darüber hinaus werden kurz die Annahmen zur Längsdynamikregelung dargestellt.

Im fünften Kapitel wird zunächst die betrachtete Simulationsumgebung erläutert und auf bisher vernachlässigte Komponenten wie Bahnplanung, „Map-Matching" und Zustandsbeobachter eingegangen. Um eine spätere Eignung der in der Simulation gewonnenen Erkenntnisse für den Realversuch bewerten zu können, werden zunächst Simulationsergebnisse für die Basisregelarchitektur mit Daten aus dem Fahrversuch verglichen. Dazu werden bei identischer Trajektorie, Parametrierung und Geschwindigkeitsprofil die Verläufe für Querbeschleunigung und Gierrate im linearen und nichtlinearen Operationsbereich bewertet, um eine Aussage über die Abbildegenauigkeit der Simulation gegenüber dem Realfahrzeug generieren zu können. Anschließend wird ein Szenario definiert, welches die Grundlage für initiale Untersuchungen des Basisreglers sowie der Erweiterung um ein neuronales Netzwerk darstellt.

Das sechste Kapitel analysiert im Rahmen des zuvor beschriebenen Szenarios die Einflüsse von unterschiedlichen Trainingsverfahren, Aktivierungsfunktionen und Netzwerkarchitekturen auf die Fahrzeugquerführung. Der Fokus liegt in diesem Abschnitt auf der Adaptionsgeschwindigkeit der Netzwerkgewichte und einer Abschätzung geeigneter Hyper- und Designparameter. Diese werden miteinander verglichen und sowohl für unterschiedliche Netzwerktopologien, als auch über eine statistische Mittelung gleicher Topologien mit unterschiedlicher Gewichtsinitialisierung auf reproduzierbare Trainingsergebnisse, Robustheit und Echtzeitfähigkeit bewertet.

Im siebten Kapitel werden die bisherigen Erkenntnisse unter der Randbedingung eines robusten Langzeitbetriebes untersucht. Dabei wird die Eignung neuronaler Netzwerke zur iterativen Verbesserung der Führungsgenauigkeit für das zuvor betrachtete Szenario bewertet und geeignete Schritte zur Stabilisierung und Überwachung des Netzwerks im Rahmen der Anwendung im geschlossenen Regelkreis diskutiert. Der Fokus liegt auf geeigneter Vorverarbeitung der Daten sowie Regularisierung der Netzwerkgewichte und Implementierung von Fehlerschranken.

Im achten Kapitel sollen die gewonnenen Erkenntnisse bezüglich geeigneter Trainingsverfahren, Netzwerktopologie und Stabilisierungsmetriken simulativ für eine breitere Auswahl unterschiedlicher Szenarien erfolgen. Dabei werden sowohl die Streckengeometrie als auch die Systemdynamik variiert, um aufzuzeigen, dass ein stabiler Betrieb des neuronalen Netzwerkes in variablen, komplexen Umgebungsbedingungen möglich ist. Ein weiterer Aspekt der untersucht wird, ist die sukzessive Annäherung an die physikalischen Grenzen der zu Grunde liegenden

Reifenmodelle, um das Verhalten des Netzwerkes mit Berücksichtigung implementierter Stabilisierungsmetriken, in grenzbereichsnahen Szenarien, bewerten zu können. Zuletzt werden die evaluierten Parameter bezüglich der Konvergenzgeschwindigkeit beim Aufschalten einer externen Störung untersucht und die Möglichkeit einer echtzeitfähigen Adaption an unvorhergesehene Systemzustände diskutiert.

Im neunten Kapitel werden die Erkenntnisse, die im Rahmen der Simulationen gewonnen wurden, im Realfahrversuch umgesetzt und der Einfluss der bereits analysierten Netzwerkparameter unter den komplexen Randbedingungen realer Umgebungseinflüsse untersucht. Dabei wird die um neuronale Netzwerke erweiterte Fahrdynamikregelung bis in den physikalischen Grenzbereich auf Hoch- und Niedrigreibwert sowie für unterschiedliche Trajektorien und unter den Gesichtspunkten eines robusten Langzeitbetriebs sowie schneller Fahrzeugstabilisierung im Falle synthetischer Störungen evaluiert. Dies geschieht unter dem Gesichtspunkt echtzeitfähiger Anpassung der Netzwerkgewichte auf nicht speziell für die Ausführung neuronaler Netzwerke entwickelter Hardware.

Im letzten Kapitel werden die gewonnenen Ergebnisse der Arbeit zusammengefasst und final diskutiert. Zum Abschluss erfolgt ein Ausblick auf mögliche Anknüpfungspunkte für folgende Arbeiten.

1.3 Stand der Technik

In diesem Abschnitt wird näher auf die historische Entwicklung und den aktuellen Stand der Technik der beiden Kernaspekte der vorliegenden Arbeit eingegangen. Im ersten Teilabschnitt werden die Fortschritte des automatischen Fahrens der vergangenen einhundert Jahre beschrieben. Im zweiten Teilabschnitt werden die anfänglichen Gedanken zu künstlicher Intelligenz und künstlichen neuronalen Netzwerken und deren Entwicklung zu den komplexen Modellen der Gegenwart beschrieben. Anschließend werden existierende Arbeiten, die neuronale Netzwerke im Kontext des automatischen Fahrens betrachten, aufgeführt und zuletzt eine Einordnung der vorliegenden Arbeit zum Stand der Technik vorgenommen.

1.3.1 Historische Entwicklung des automatischen Fahrens

Anfang der 1920er Jahre führte in den USA die einsetzende Massenmotorisierung zu einem deutlichen Anstieg tödlicher Autounfälle [108]. Die primäre Ursache wurde dabei auf menschliches Fehlverhalten bei der Fahrzeugführung zurückgeführt, wodurch die Idee einer Steigerung der Sicherheit durch die Ausgliederung der Störgröße Mensch aus dem Regelkreis entstand [108].

Inspiriert durch die Innovationen der Luftfahrt, in der etwa zeitgleich die ersten Autopilotensysteme vorgestellt wurden [23], sowie die Fortschritte im Bereich der Radiotechnik, die es ermöglichten erstmals bewegliche Objekte mittels Funkwellen fernzusteuern [67], wurde im Jahre 1921 das erste Fahrzeug vorgestellt, bei dem keine Notwendigkeit eines menschlichen Fahrers im Fahrzeug für die aktive Steuerung bestand. Da die Kontrolle über eine Funkfernsteuerung aus einem nachfolgenden Fahrzeug erfolgte, handelte es sich jedoch lediglich um ein ferngesteuertes Fahrzeug [108].

Die frühen Ansätze zu ferngesteuerten Fahrzeugen wurden Mitte der 1930er Jahre durch die Vision automatisierter Straßen hinter sich gelassen. In [118] spricht E. W. Murtfeldt 1938 von „wissenschaftlich konstruierten Autobahnen, die von crashsicheren Fahrzeugen in nicht allzu ferner Zukunft" befahren werden. Murtfeldt beschreibt den Gedanken eines in die Straße eingelassenen, elektromechanischen Kabels, über das die longitudinale und laterale Steuerung des Verkehrs erfolgen soll, ohne dass der Fahrer in die Fahrzeugführung eingebunden sein muss.

Im Rahmen der Weltausstellung 1939 in New York präsentierte Norman Bel Geddes innerhalb der Ausstellung „Futurama: Highways & Horizons" unter großem Zuspruch der Öffentlichkeit eine detaillierte Vision eines automatisierten Highways [53]. Dabei setzte sich Bel Geddes mit der Problematik eines gesteigerten Verkehrsaufkommens auseinander und stellte die Idee eines neuartigen Highway-Konzeptes vor, das wesentliche Faktoren wie Sicherheit, Reisekomfort, Geschwindigkeit und Wirtschaftlichkeit in die Modellbildung mit einbezieht. Dabei spricht Bel Geddes von transkontinentalen Straßen für Geschwindigkeiten zwischen 50 und $100mph$, die von automatisch fahrenden Fahrzeugen befahren werden, die in der Lage sind, Distanzen sicher zu bewältigen, auch ohne aktiven Einfluss des Fahrzeugführers am Steuer. In seiner Vision beschreibt er mit Blick auf die Fahrzeuge und Highways der Zukunft integrierte Vorrichtungen, die menschliche Fehleingriffe in die Fahrzeugführung korrigieren und so die Sicherheit erhöhen [53]. Auch wenn die Vision Bel Geddes, für deren Umsetzung er das Jahr 1960 nannte, nicht in größerem Umfang realisiert wurde, manifestierten seine Ausführungen den Gedanken automatisierter Mobilität fest in den Köpfen von Entwicklern, Herstellern und Bevölkerung.

Während des zweiten Weltkrieges wurde der Wunsch, die Fahraufgabe zu automatisieren zunächst eingebremst. Militärische Errungenschaften wie beispielsweise die Entwicklung der Radartechnologie, waren in der Folge jedoch auch für zivile Zwecke zugänglich und versprachen neue Möglichkeiten für autonome Fahrzeuge. Das Konzept in die Straße integrierter Führungskabel wurde ebenfalls weiterentwickelt und so konnte die Eignung zur automatisierten Fahrzeugführung 1953 zunächst anhand eines verkleinerten Modells, 1958 in einem realen Fahrzeug im Rahmen einer eine Meile umfassenden Testfahrt erfolgreich demonstriert werden [108].

Im Gegensatz zu der schwierig realisierbaren Umsetzung modifizierter Straßen, eröffnete das von Ralph Teetor entwickelte Konzept des Tempomaten, welches er im Jahre 1945 patentieren ließ, eine Teilautomatisierung der Fahraufgabe für eine serientaugliche Anwendung [108]. Zwar wurde der Tempomat erst ab 1958 durch die Vermarktung von Chrysler öffentlich wirksam präsentiert, ließ durch die sofortige Verfügbarkeit die Vision vollständig autonomer Fahrzeuge jedoch zunächst in Vergessenheit geraten [108]. Der Weg ein Fahrzeug mit Hilfe einer elektronischen Vorrichtung zu regeln, bei der ein menschlicher Fahrer aktiv die Kontrolle an das Fahrzeug übergibt, wurde im Jahr 1968 durch zwei von Daniel Aaron Wisner eingereichte Patentschriften zur „Automotive electronic cruise control" geebnet [190, 191]. Im gleichen Jahr fand in Wien eine UN-Konferenz statt, in deren Rahmen innerhalb der Wiener Straßenverkehrskonventionen ein internationaler Vertrag erarbeitet wurde, der die Sicherheit im Straßenverkehr durch standardisierte Verkehrsregeln erhöhen sollte. Ein Punkt des Vertrages war die Forderung, dass ein menschlicher Fahrzeugführer dauerhaft die vollständige Kontrolle über das zu steuernde Fahrzeug besitzt und entsprechend die Verantwortung für eine sichere Integration des Fahrzeuges innerhalb des Verkehrs beim Fahrer liegt.

Im Jahr 1969 unternahm Continental einen ersten Versuch in Richtung automatisiertes Testen. Mit dem Ziel standardisierte Tests für Reifen im Realfahrbetrieb zu ermöglichen, wurde mit Hilfe eines modifizierten Fahrzeuges ein runder Testkurs autonom abgefahren. Die Fahrzeugführung wurde mit Hilfe eines in den Boden eingelassenen Kabels realisiert und ermöglichte so den Testbetrieb, unter Ausschluss eines menschlichen Fahrers [28]. Ein weiterer Meilenstein wurde im Jahr 1977 durch ein Team im Tsukuba Mechanical Engineering Lab erreicht. Dieses entwickelte ein Fahrzeug, das in der Lage war, mit Hilfe von Kamerabildern weiße Markierungen auf der Fahrbahn zu erkennen und anhand der extrahierten Informationen selbstständig zu navigieren und das Fahrzeug bei Geschwindigkeiten von bis zu $30 km/h$ zu bewegen [182]. Dabei wird von einem „intelligenten" Fahrzeug gesprochen, welches mit Hilfe von künstlicher Intelligenz Straßenmuster und Hindernisse darin erkennt.

Im mit 749 Millionen Euro bis dato umfangreichsten Projekt zum automatischen Fahren wurde im Rahmen des PROMETHEUS (PROgraMme for a European Traffic of Highest Efficiency and Unprecedented Safety) Projektes zwischen 1986–1995 durch ein Team um Ernst Dickmanns von der Bundeswehr Universität München ein autonomer 7t-Kastenwagen (VITA) entwickelt, der erste autonome Fahrfunktionen demonstrierte. Im Jahr 1994 wurde in der Nähe von Paris eine Demonstration durchgeführt, in der zwei Mercedes S-Klassen (VITA II und VaMP) im normalen

Straßenverkehr autonom Spurwechsel und Überholmanöver durchführten und dies bei Geschwindigkeiten von bis zu 130 km/h mit Hilfe von ausschließlich visueller Wahrnehmung demonstrierten [33, 34].

Im Jahr 2004 wurde im Rahmen der Darpa Challenge das Ziel ausgerufen, eine 150 Meilen lange Strecke durch die Mojave Wüste automatisch fahrend zurückzulegen. Allerdings konnte kein Teilnehmer die Strecke vollständig bewältigen. Im Jahr 2009 wurde von Google X ein Projekt zum automatischen Fahren angestoßen, in dessen Rahmen bereits mehr als 4 Millionen Meilen auf öffentlichen Straßen innerhalb der Vereinigten Staaten zurückgelegt wurden [188]. Ein weiterer Meilenstein wurde im Jahr 2010 durch VisLab (Artificial Vision and Intelligent Systems Laboratory) an der University of Parma erreicht. Das Team bewältigte mit vier autonomen Fahrzeugen die Strecke von Parma bis Shanghai, wobei neun Länder und 16000 km in mehr als hundert Tagen zurückgelegt wurden [167]. In den Jahren zwischen 2003–2015 wurde durch die Einführung neuer Assistenzsysteme in Serienfahrzeugen eine Teilautomatisierung unterschiedlicher Funktionen der lateralen und longitudinalen Fahrzeugführung in millionenfacher Ausführung realisiert. Als Beispiele sind Systeme wie Adaptive Cruise Control, Lane Assist, Parkassistenten und Notbremsassistenten zu nennen. In Abbildung 1.1 ist eine Übersicht relevanter Fahrerassistenzsysteme dargestellt, die bereits in Fahrzeugen umgesetzt sind oder sich noch in Planung befinden [8].

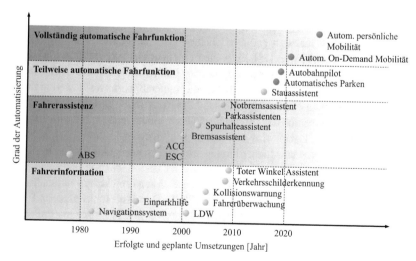

Abbildung 1.1 Entwicklung und Planung relevanter Fahrerassistenzsysteme nach [8]

Ein weiterer Meilenstein für die Anwendung automatischer Fahrfunktionen, die über den Prototypenstatus hinausgehen, sind die Verabschiedung unterschiedlicher Gesetze, die es beispielsweise seit dem Jahr 2011 in verschiedenen Staaten der USA ermöglichen, unter gewissen Voraussetzungen Fahrzeuge legal automatisch auf öffentlichen Straßen zu betreiben. Im Jahr 2014 wurden zudem Änderungen des 1968 erlassenen Wiener Verkehrsabkommen beschlossen, die eine automatische Fahrzeugführung erlauben, solange die Systeme durch einen Fahrer überwacht und übersteuert werden können. Im Jahr 2014 zeigte Audi vor Live-Publikum beim Finale der Deutschen Tourenwagen-Meisterschaft eine Demonstration zum automatischen Fahren bis in den physikalischen Grenzbereich. Dabei erreichte der $560\,PS$ starke Audi RS7 Geschwindigkeiten von bis zu $240\,km/h$ und stellte unter Beweis, dass die präzise Beherrschung eines automatisch fahrenden Fahrzeuges bis an das physikalische Limit auf einer Rennstrecke zu realisieren ist [5]. Im Rahmen der größeren Verfügbarkeit automatisch fahrender Versuchsträger auf öffentlichen Straßen, sowie der Möglichkeit aus Daten einen Mehrwert für Fahrfunktionen generieren zu können, startete Continental im Jahr 2015 im Rahmen des Road Database Projects damit, mit Hilfe von Sensorik aus Serienfahrzeugen Straßen zu kartographieren und die Daten in einem Back-End bereitzustellen. Dadurch kann die Straßengeometrie und Beschilderung nicht nur hoch genau erfasst, sondern auch in Echtzeit für Fahrzeugführer oder Assistenzsysteme bereitgestellt werden [29]. Seit Ende 2016 liefert Tesla alle Fahrzeuge in einer Hardware-Konfiguration aus, die es erlauben soll, die Fahrzeuge voll autonom zu betreiben [180]. Die Software dazu ist nicht aktiv, kann aber über ein over-the-air Upgrade freigeschaltet werden. Die für Ende 2017 von Tesla angestrebte Reife für ein solches Upgrade konnte jedoch bis heute nicht realisiert werden.

1.3.2 Historische Entwicklung von künstlicher Intelligenz und neuronalen Netzwerken

Der Wunsch komplexe, menschliche Handlungen auf technische Prozesse zu übertragen und es so zu ermöglichen, aus einem gelernten Handlungsportfolio die für einen Prozess unter variierenden, nichtlinearen Randbedingungen bestmögliche Entscheidung zu treffen oder darüber hinausgehend aus den Randbedingungen und dem hinterlegten „Wissen" selbstständig neue Lösungsstrategien zu entwickeln, ist nicht erst in den vergangenen Jahren oder Jahrzehnten aufgekommen. In [17] wird der Ursprung künstlicher Intelligenz in Philosophie, Fiktion und Fantasie vergangener Generationen dargestellt. Bekannte Science Fiction Autoren wie Jules Verne im 19. Jahrhundert und Isaac Asimov im 20. Jahrhundert, der im Jahr 1942 in seiner Kurzgeschichte „Runaround" die drei bekannten Gesetze der Robotik formulierte, setzten sich früh mit der Thematik intelligenter Maschinen auseinander und L. Frank Baum beschreibt im Zauberer von Oz den mechanischen Mann Tiktok im Jahr 1907 als „*Extra-Responsive, Thought-Creating, Perfect-Talking Mechanical Man... Thinks, Speaks, Acts, and Does Everything but Live.*" [7, 17]. Im Verlauf des zweiten Weltkrieges wurden beispielsweise durch Alan Turing („*Turing-Bombe*") oder Howard Aiken (Mark I) deutliche Fortschritte bezüglich der Rechenleistung zeitgemäßer Computer erzielt, was dazu führte, dass die Rechenmaschinen in den 1940er Jahren als „*giant brains*" bezeichnet wurden [17].

In diesem Zeitraum begannen ebenfalls die ersten Untersuchungen, die sich mit dem Grundgedanken künstlicher neuronaler Netzwerke auseinandersetzten. Im Jahr 1943 veröffentlichten W. McCulloch und W. Pitts ihre Untersuchungen zu neurologischen Netzwerken, die theoretisch in der Lage sein sollten, beliebige arithmetische Funktionen zu berechnen [110]. Mit der *McCulloch-Pitts-Zelle*, die ein erstes, stark vereinfachtes Neuronenmodell darstellt, wurde der Grundstein für die Integration künstlicher neuronaler Netzwerke in technischen Anwendungen gelegt und das Gebiet der Neuroinformatik begründet [147].

In „*The Organization of Behavior – A Neuropsychological Theory*" erläutert Donald O. Hebb im Jahr 1949 erstmals die Interaktion zwischen Neuronen im menschlichen Gehirn und das Prinzip der synaptischen Plastizität, welches die Übertragungsstärke von Synapsen in Abhängigkeit von deren Aktivierung beschreibt und einen wesentlichen Beitrag zum grundlegenden Verständnis der Lernprozesse und der Gedächtnisbildung im Gehirn darstellt [70]. Die Hebbsche Lernregel stellt dabei bis heute eine Grundlage für das Training neuronaler Netzwerke dar. Es wird die Annahme getroffen, dass zwei Neuronen, die gleichzeitig aktiv sind, ein höheres Maß an Interaktion entwickeln sollen als Neuronen deren Aktivität nicht miteinander korreliert [147]. Für künstliche neuronale Netzwerke wird die Hebbsche Lernregel zur Veränderung der Gewichtsmatrizen verwendet und stellt die älteste und einfachste Trainingsmethode dar.

Im Jahr 1950 veröffentlichte Alan Turing die Grundlage für den später als „*Turing Test*" bezeichneten Ansatz zum Nachweis, ob eine Maschine bzw. ein Computer in der Lage ist, intelligente Handlungen auszuführen [183]. Dieser Test besitzt bis heute Relevanz. Im Rahmen des Tests steht ein Proband zwei Gesprächspartnern gegenüber, die für den Probanden nicht sichtbar sind und von denen ein Gesprächsteilnehmer eine Maschine bzw. ein Computer ist. Wenn im Rahmen des Gesprächs nicht deutlich wird, welcher der unsichtbaren Gesprächspartner nicht menschlich ist, so gilt der Test als bestanden.

Ein Jahr später präsentierte der Mathematiker Marvin Minsky den ersten Neurocomputer SNARC (Stochastic Neural Analog Reinforcement Computer), der in der Lage war 40 Neuronen zu simulieren [153].

Im Jahr 1956 wurde der Begriff „Artificial Intelligence" durch John McCarthy geprägt, der in einem zehn Teilnehmer umfassenden Workshop am Dartmouth College führende Experten aus dem Feld der künstlichen Intelligenz zusammenbrachte und durch die adressierten Themenfelder den Rahmen für ein eigenständiges Forschungsfeld definierte, welches Aspekte der Mathematik, Regelungstechnik oder Entscheidungstheorie beinhaltet, jedoch ganzheitlich von keiner dieser Disziplinen beschrieben wird [109, 153].

Die grundlegenden Eigenschaften und Strukturen heutiger künstlicher neuronaler Netzwerke wurden erstmals im Jahre 1958 in abstrahierter Form durch F. Rosenblatt im Rahmen des Perzeptron-Modells beschrieben [148]. Rosenblatt beschäftigte sich mit der Frage, in welcher Form Informationen gespeichert werden und wie diese abgelegten Informationen das Verhalten beeinflussen. Das ursprüngliche einfache Perzeptron-Modell bestand dabei lediglich aus einem Neuron mit anpassbaren Gewichten und einem Schwellenwert. Diesem einfachen und stark abstrahierten Modell konnten jedoch Defizite bei der Abbildung logischer Funktionen nachgewiesen werden [115], die nur von komplexeren Netzwerkarchitekturen in mehrschichtigen Anordnungen, dem sogenannten „Multilayer-Perceptron" modelliert werden können [149]. Im Jahr 1963 erstellte und veröffentlichte Edward A. Feigenblatt die erste Sammlung von Fachliteratur, die das Thema künstliche Intelligenz in den Vordergrund stellte [47]. In der Sammlung wurden 20 Veröffentlichungen berücksichtigt, die demonstrierten wie Computer Schach spielen, logische und mathematische Probleme lösen, visuelle Muster erkennen oder in natürlicher Sprache kommunizieren. Da über einen langen Zeitraum Literatur zum Thema künstliche Intelligenz nicht vorhanden oder schwer zugänglich war, ermöglichte diese Sammlung, die Arbeit der Pioniere, die das Thema maßgeblich geformt und den Weg für heutige Anwendungen gestaltet haben, einem großen Publikum zugänglich zu machen.

In der Folge wuchs zwar das Interesse an Anwendungen aus dem Feld der künstlichen Intelligenz, mangelnde Rechenleistung und einhergehend Schwierigkeiten die Algorithmen effizient zu trainieren, führten über einen langen Zeitraum zu geringem funktionalem Fortschritt. Dies änderte sich Mitte der 80er Jahre als David Rumelhart in [152] den bereits im Jahre 1969 entwickelten Backpropagationsalgorithmus [16] zur Optimierung von Lernproblemen nutzte und so den Grundstein für erfolgreiches Training künstlicher neuronaler Netzwerke legte [153].

In den vergangenen Jahren haben sich KI-basierte Ansätze in vielen Disziplinen stark entwickelt und stellen so auch aus kommerzieller Sicht interessante Ansätze in

sehr unterschiedlichen Industriezweigen dar. In der Unterhaltungsindustrie spielen
für eine Reihe von Anwendungen KI-Gegenspieler eine große Rolle. Im Jahre 1997
erregte ein unter Turnierbedingungen ausgetragener Wettkampf zwischen Schach-
weltmeister Garri Kasparow und dem von IBM entwickelten Schachcomputer Deep
Blue große Aufmerksamkeit. Am Ende setzte sich das Programm mit 3,5 zu 2,5
durch und war damit der erste Schachcomputer, der einen Wettkampf unter Turnierbedingungen gegen einen amtierenden Weltmeister für sich entscheiden konnte [22].
Im Jahr 2011 schlug das ebenfalls von IBM entwickelte Computerprogramm Watson
in einer Live Übertragung der Fernsehquizshow *Jeopardy* zwei frühere Gewinner
der Show. Dabei mussten die Entwickler zahlreiche Herausforderungen wie Syn-
taxanalyse, Klassifizierung der Fragen, automatisierte Erfassung und Bewertung
von Eingaben, Erfassung von Relationen, Generierung von logischen Ausgaben,
Wissensrepräsentation und die Möglichkeit Schlussfolgerungen zu gewährleisten,
im Entwurf des Algorithmus berücksichtigen [48]. Die grundlegenden Disziplin-
nen, die es für die erfolgreiche Bewältigung der beschriebenen Herausforderungen
zu meistern gilt, sind nicht nur für die Unterhaltungsindustrie interessant, sondern
bieten das Potential, eine Software zu generieren, die einfache Aufgaben menschlicher Sachbearbeiter übernimmt. So hat das japanische Versicherungsunternehmen
Fukoku Mutual Life Insurance über 30 Angestellte durch eine KI auf Grundlage
von IBMs Programm Watson Explorer ersetzt, um Patientenansprüche zu berechnen
und Gehaltskosten einzusparen [21].

Im Jahr 2016 konnte das von Google Deepmind entwickelte Programm AlphaGo
den Südkoreaner Lee Sedol, einen der besten Go-Spieler unter Wettkampfbedin-
gungen besiegen. Da ein Go-Spielfeld mit 19 mal 19 Feldern über etwa 10^{48}
zulässige Kombinationsmöglichkeiten verfügt, galt die Entwicklung einer KI, die
sich mit menschlichen Spielern auf professionellem Niveau messen kann, als komplexe Herausforderung. Der Algorithmus kombiniert unterschiedliche Techniken
des Machine Learning [164]. Ein Policy Network, das mögliche Züge bestimmt,
wurde zunächst überwacht (*supervised learning*) trainiert, später mit Hilfe von
Reinforcement Learning optimiert. Ein Value Network bewertet die Positionen des
Aktionsraums und wurde durch Reinforcement Learning trainiert. Darauf aufbauend berechnet eine Monte Carlo Baumsuche alle Varianten, um den maximal möglichen Ertrag für jeden Zug zu generieren. Für die komplexen Rechenoperationen
wurden 1920 CPUs und 280 GPUs verwendet, was den hohen Komplexitätsgrad und
Rechenaufwand für die dargestellte Umsetzung der beschriebenen Kombination aus
Machine Learning Ansätzen verdeutlicht.

Neben den Erfolgen, die Ansätze auf Basis von KI bei der Bewältigung komplexer Spiele aufzeigen konnten, bietet der Fortschritt im Bereich der Spracherken-
nung und Verarbeitung Potential für zahlreiche Anwendungen. In den vergangenen

Jahren bieten persönliche Assistenten wie Siri, Cortana, Google Assistant oder Alexa dem Anwender die Möglichkeit, durch Spracheingaben Informationen zu erhalten und mit dem Assistenten zu interagieren [20]. Zur Verarbeitung der gesprochenen Eingaben sowie zur Generierung der ebenfalls in natürlicher Sprache erfolgenden Antworten, werden tiefe künstliche neuronale Netzwerke (*deep neural networks*) eingesetzt [102].

Die Möglichkeit robust natürliche Sprache verarbeiten und wiedergeben zu können sowie die Fähigkeit aus großen Datenmengen komplexe Zusammenhänge zu erfassen, öffnet eine Vielzahl unterschiedlicher Sektoren von hoher wirtschaftlicher Relevanz für KI basierte Algorithmen, was ebenfalls durch signifikant gestiegene Investitionen während der vergangenen Jahre innerhalb des KI-Sektors deutlich wird [18]. Nachfolgend wird ein Ausschnitt dieser Bereiche aufgeführt.

Im medizinischen Sektor ist der Einfluss von Machine Learning Anwendungen zuletzt stark gewachsen. KI wird unter anderem zur Erstdiagnose und Unterstützung / Entlastung von Fachärzten, Erstellung von personifizierten Behandlungsplänen oder Medikamentenzusammensetzungen eingesetzt [66, 116]. Im Einzelhandel hilft KI das Kaufverhalten von Kunden zu identifizieren und personenbezogene Werbung anhand der ermittelten Muster abzuleiten [187, 197]. Außerdem wird Machine Learning eingesetzt, um Trends und Kaufverhalten zu prognostizieren und so Lagerbestände entsprechend des veranschlagten Bedarfs zu optimieren [104]. Die Fähigkeit, aus natürlicher Sprache den Kontext geschlossener Sätze abzuleiten, bzw. diesen innerhalb geschriebener Texte zu erfassen, hat dazu geführt, dass KI zur Bearbeitung spezifischer Kundenanfragen eingesetzt wird [192, 194]. Weitere Einsatzgebiete von künstlicher Intelligenz sind die Echtzeitübersetzung von gesprochenen Texten [60] sowie Gebärdensprache [51], die Identifizierung und Bekämpfung von Spam Nachrichten [6, 125] und die Robotik, die neben einer intelligenten Software-Komponente auch Hardware benötigt, um den softwareseitigen Wunsch in eine Handlung zu überführen [142].

Es wird deutlich, dass künstliche Intelligenz in einem breiten Spektrum unterschiedlicher Anwendungen eine zunehmend bedeutende Rolle einnimmt. Es sind jedoch weitere Investitionen notwendig, um die Technologie zu entwickeln, zu verstehen sowie deren Robustheit gegenüber Störungen und Effizienz hinsichtlich Rechenleistung und Trainingszeit zu steigern. Um diese Investitionen zu rechtfertigen, ist ein tragendes Geschäftsmodell notwendig, welches das Potential bietet, durch einen hinreichend großen Markt derartige Investitionen gewinnbringend zurückzuerhalten. Ein Anwendungsgebiet, welches in Zukunft Methoden der künstlichen Intelligenz in unterschiedlichen Disziplinen kundennah und in großer Stückzahl zum Einsatz bringen wird, ist das automatische Fahren [127, 171]. Automatisierte Fahrfunktionen bieten eine geeignete Plattform für Methoden der künstlichen

Intelligenz, da in unterschiedlichen Disziplinen hochgradig nichtlineare, menschen-
ähnliche Interaktionen mit der umgebenden Umwelt notwendig sind und die Bereitstellung automatischer Fahrfunktionen einen breiten Markt anspricht [59].

Um eine, vom menschlichen Fahrer vollständig entkoppelte Fahrt zu gewährleisten, ist auf Seiten der Hardware eine durchgängige Ansteuerung von Lenkung,
Gas, Bremse und Schaltung zu gewährleisten. Darüber hinaus muss das Fahrzeug
über hinreichend redundante Sensorik verfügen, die es ermöglicht ein präzises
Umfeldmodell zu erstellen, welches den Ansprüchen einer automatischen Fahrt
genügt. Dabei muss eine 360° Überwachung um das Fahrzeug gewährleistet sein
und mit Hilfe von Sensorfusion Informationen aus beispielsweise Kameras, Radar
und Laserscannern zu einem redundanten Umfeldmodell fusioniert werden, welches
andere Verkehrsteilnehmer, Straßenbeschaffenheit, -typ und -verlauf, Schilder und
Hindernisse sensiert und deren Position sowie im Falle von dynamischen Objekten,
Trajektorie, ermittelt.

Methoden der künstlichen Intelligenz bieten für die softwareseitige Verarbeitung, Fusionierung und Interpretation der aufgezeichneten Daten im Vergleich zu
klassischen Ansätzen großes Potential. Einerseits ist es notwendig eine Karte zu
erstellen, in der das Fahrzeug verortet und durch Kopplungsnavigation eine präzise
Positionsbestimmung in Relation zu der umgebenden Umwelt gewährleistet wird.
Andererseits ist eine kosteneffiziente Aktualisierung des Umfeldmodells notwendig, um Änderungen der Umgebung und damit eine möglichst akkurate Darstellung
der Realität für die Aufgabe der Fahrzeugführung bereitstellen zu können. Einen
Überblick über Anwendungen von künstlicher Intelligenz im Kontext der Umfeldmodellierung, Wahrnehmung und Interpretation liefern [80] und [199].

Für die Überführung des Umfeldmodells auf Navigations- und Planungsebene
gewinnen Methoden der künstlichen Intelligenz ebenfalls an Bedeutung. Dabei wird
in erster Linie versucht, das Verhalten menschlicher Fahrer aus aufgezeichneten
Fahrmanövern zu extrahieren [145, 175]. Eine weitere Möglichkeit ist die Anwendung von Deep Reinforcement Learning, wobei ein Agent durch Interaktion mit
einem Umgebungsmodell innerhalb einer Simulationsumgebung Bahnplanungs-
strategien erlernt [195].

Der letzte Schritt ist es, die zur Verfügung stehenden Informationen in eine Fahrstrategie zu überführen. Diese Aufgabe erfordert selbst von menschlichen Fahrern
eine Kombination aus Training und Erfahrung. Die Interaktion mit anderen Verkehrsteilnehmern, die Prädiktion möglicher Aktionen und die sichere und sinnvolle
Reaktion auf diese sowie die Berücksichtigung von länder- und städtespezifischen
Regularien, stellt für die Umsetzung einer Fahrstrategie für vollständig automatische
Fahrzeuge eine komplexe Herausforderung dar. Um die geplante Fahrstrategie in
eine gewünschte Reaktion des automatischen Fahrzeuges zu überführen, ist zudem

die Ansteuerung der Aktorik mit einer Regelungsstrategie durchzuführen, mit deren Hilfe sichergestellt ist, dass das Fahrzeug robust und in einer störungsbehafteten Umgebung auf der geplanten Trajektorie verbleibt.

Da im Rahmen dieser Arbeit künstliche neuronale Netzwerke im regelungstechnischen Kontext des automatischen Fahrens untersucht werden, stellt der folgende Abschnitt den Stand der Technik von lernenden Regelungsansätzen im Kontext des automatischen Fahrens dar. Im darauffolgenden Abschnitt wird das Forschungsvorhaben in den Stand der Technik eingeordnet.

1.3.3 Lernende Regelungsansätze im Kontext des automatischen Fahrens

Klassische modellbasierte Regelungskonzepte nutzen ein identifiziertes Prozessmodell mit festen, im Vorfeld bestimmten Systemparametern. Diese Ansätze ermöglichen die präzise Fahrzeugführung für eine Reihe unterschiedlicher Szenarien, insbesondere bei einem gut identifizierten Prozessmodell mit bekannter Umwelt sowie Regelstrecke. Systemzustände, die durch das zu Grunde liegende Modell nicht hinreichend beschrieben werden, führen zu einer Verringerung der Regelgenauigkeit und damit im Falle des automatischen Fahrens zu erhöhtem Risiko, die gewünschte Trajektorie zu verlassen. Diese unzureichend identifizierten oder modellierten Systemzustände können beispielsweise die Folge einer veränderten Umgebung, z.B. durch spontane Änderungen des Untergrunds oder aus einer Änderung des Systems, z.B. durch Degradationen der Regelstrecke, resultieren. Ebenfalls kann eine unzulängliche Abbildung der Systemdynamik zu einer Verringerung der Regelgüte führen. Daher existiert der Wunsch nach lernenden Regelstrategien, denen kein festes Modell zu Grunde liegt. Diese Verfahren erlernen die Nichtlinearitäten und Modellunsicherheiten aus aufgezeichneten Daten und bilden so das reale Verhalten der Regelstrecke sowie die nichtlinearen Effekte reproduzierbarer Störungen über der Zeit genauer ab als klassische Verfahren [59].

Für echtzeitfähige Systeme werden häufig online-fähige Regressionsmethoden herangezogen. So werden beispielsweise in [112] und [123] Regressionstechniken genutzt, um invertierte Dynamikmodelle zu erlernen. In [128, 129] wird eine nichtlineare modellprädiktive Regelung (*MPC = Model Predictive Control*) in Kombination mit einem erlernten Modell für Störungen zur Regelung eines Roboters auf einem Offroad-Kurs appliziert. Eine Übersicht über Regressionstechniken zur online-Modellierung in Robotiksystemen wird in [163] geliefert.

Neben Regressionsverfahren wird in der Literatur die Kombination eines lernenden Regelelementes mit einem zuvor hinterlegten Prozessmodell beschrieben.

Ein aus der Prozesssteuerung auf die Regelung von Fahrzeugen abgeleiteter Ansatz ist die iterativ lernende Regelung (*ILC = Iterative Learning Control*), bei der ein Modellfehler in Folge sich häufig wiederholender Arbeitsschritte reduziert wird. Als ein solcher reproduzierbarer Prozess kann auch die autonome Fahrzeugführung betrachtet werden, für die sich Szenarien regelmäßig wiederholen. In [135] wurde ein iterativ lernender Regler zur Verbesserung des Führungsverhaltens beim parallelen Einparken eines Modellfahrzeuges untersucht. Zur Erweiterung einer modellbasierten Vorsteuerung und der rundenbasierten Verbesserung des lateralen Versatzes wurden ILCs auf einem Roboter zur Bewältigung eines Offroad Rundkurses appliziert [130] sowie auf einem autonom operierenden Fahrzeug auf einer Rennstrecke bei hoher Dynamik [84].

In den vergangenen Jahren hat zudem die Kombination aus modellprädiktiver Regelung (MPC) und lernenden Ansätzen im Kontext des automatischen Fahrens verstärkt an Bedeutung gewonnen. Der MPC kann bei der Berechnung erforderlicher Stellgrößen, im Rahmen der Lösung des zu Grunde liegenden Optimierungsproblems, auch komplexe nichtlineare Systeme mit Beschränkungen der Eingangs- und Zustandsgrößen berücksichtigen. Lernende Ansätze ermöglichen eine verbesserte Identifikation nichtlinearer Systemzustände, die im Rahmen des MPC-Kostenfunktionals Anwendung finden können und damit eine Verbesserung der Prädiktion des Fahrzeugverhaltens ermöglichen [59].

In [100, 101] wird ein erlerntes Fahrermodell mit einem MPC kombiniert. Das Fahrermodell kann über Imitation Learning aus zuvor aufgezeichneten Daten unterschiedliche Fahrstile abbilden, der MPC garantiert Sicherheit durch gesetzte Beschränkungen. [38] nutzt ein Convolutional Neural Network (CNN) um aus Videosequenzen ein Kostenfunktional für einen MPC zu approximieren. Dies wird direkt zur Trajektorienoptimierung genutzt und der konzeptionelle Nachweis auf einem Modellfahrzeug erbracht. [150] beschreibt einen lernenden nichtlinearen MPC, um auf einem Rundkurs rundenzeitoptimiert automatisch zu fahren. Informationen aus vergangenen Runden werden genutzt, um die Rundenzeit zukünftiger Runden zu verbessern. Das Fahrzeug wird in den zu Grunde liegenden Simulationen bis ans Limit der physikalischen Grenzen bewegt. Einen ähnlichen Ansatz der zyklischen Verbesserung eines MPC beschreibt [15]. Auf einem 1:10 Fahrzeugmodell wird mit einem lernenden MPC die Rundenzeit und Konvergenz in Relation zu der gewünschten Trajektorie verbessert.

Eine weitere Methode um nichtlineare Systemzustände aus Daten zu erfassen ist der Einsatz künstlicher neuronaler Netzwerke, die in unterschiedlichen Anwendungen Einfluss auf die Regelung automatischer Fahrzeuge nehmen können. Die Eignung neuronaler Netzwerke zur Abbildung des dynamischen Verhalten eines Fahrzeuges wird unter anderem in [55] und [154] nachgewiesen. In [168] wird aufgezeigt, dass ein auf unterschiedliche Straßenreibwerte trainiertes neuronales Netzwerk ein verbessertes Folgeverhalten eines realen Versuchsträgers herbeiführen kann, als ein zum Vergleich herangezogenes physikalisches Modell. Für die gekoppelte Dynamik in Längs- und Querrichtung werden in [32] zwei neuronale Netzwerke trainiert, um den Lenkwinkel an der Vorderachse sowie das Moment an den Rädern zu kommandieren. Die Untersuchungen finden simulativ statt und die Daten werden mit einem Modell, welches über neun Freiheitsgrade verfügt (*9 DoF-Modell*), erzeugt. Es wird aufgezeigt, dass Szenarien in denen eine starke Kopplung aus Längs- und Querdynamik vorliegt, präzise abgebildet werden können. In [82] wird die Kombination aus einem robusten Fahrdynamikregler und einem neuronalen Netzwerk untersucht, um die Unsicherheit bei der Abschätzung der nichtlinearen Bereiche der Reifenkennlinie für Fahrmanöver am Limit zu verbessern. Die Experimente werden in der Simulation sowie auf einem Hardware-in-the-Loop (*HIL*)-Prüfstand durchgeführt. Das neuronale Netzwerk wird unter Berücksichtigung einer Lyapunov-Funktion analysiert, um Stabilität des geschlossenen Regelkreises zu gewährleisten. Es wird aufgezeigt, dass eine verbesserte Robustheit bei externen Störungen sowie gute Führungsgenauigkeit und Gierstabilität für grenzbereichsnahe Fahrt darstellbar ist. Die Kombination aus modellbasierten Regelansätzen und neuronalen Netzwerken wird zudem in [158] untersucht und in einem Versuchsträger aufgezeigt, dass der Ausgleich von Störungen eines sich online adaptierenden neuronalen Netzwerkes im realen Fahrzeug möglich ist.

Neben den Ansätzen, die eine Kombination aus klassischer Modellbildung und lernenden Algorithmen darstellen, ist in den vergangenen Jahren ein gesteigertes Interesse an End2End-Ansätzen im Kontext des automatischen Fahrens zu erkennen [59]. Dabei werden Sensordaten direkt in Stellvorgaben der Aktorik überführt, ohne dass Module zur Verortung, Objekterkennung, Planung und Regelung einzeln durchlaufen werden. Bereits im Jahr 1979 wurden in [182] Methoden der künstlichen Intelligenz herangezogen, um ein Fahrzeug in variierenden Straßenbedingungen bis zu einer Fahrgeschwindigkeit von $30\,km/h$ zu bewegen. Dabei wurden die Straße sowie Hindernisse in der Umgebung mit TV Kameras erfasst, um einen Regelausgang in Relation zum Umfeld zu generieren. Im Jahr 1988 wurde ALVINN (*An Autonomous Vehicle in a Neural Network*) entwickelt, um einem erfassten Straßenverlauf zu folgen. Dafür wurden Bilder aus Kameras und Laserscannern in eine Richtungsinformation überführt, die Methode auf Basis von simulierten Straßenrändern trainiert und erfolgreich auf reale Straßen übertragen [138]. In [99] erfolgt die Querdynamikregelung eines prototypischen Versuchsträgers mit einem neuronalen Netzwerk, welches für Geschwindigkeiten bis $40\,km/h$ menschenähnliches Führungsverhalten erlernt. So ist es in der Lage, mit aus Kamerabildern extrahierten Features, eine präzise Querführung des Fahrzeuges für unterschiedliche

Streckenprofile zu gewährleisten. In [98] wird ein End2End-Ansatz zur Regelung mobiler Offroad Roboter beschrieben. Das Training des Algorithmus erfolgt überwacht aus Daten eines menschlichen Fahrers für unterschiedliche Witterungs- und Lichtbedingungen sowie variierende Untergründe und Hindernisse. Derzeit wächst das Interesse an Ansätzen, die mittels Deep Learning aus großen Datensätzen Zusammenhänge zwischen Rohdaten und Stellgrößen für die autonome Fahrzeugführung extrahieren und teils in realen Versuchsträgern unter komplexen Randbedingungen appliziert werden [11, 44, 193]. Der Nachteil dieser Ansätze ist die reine Abbildung aufgezeichneter Verhaltensmuster eines Experten über Imitation Learning. Ein Ansatz der die direkte Interaktion des lernenden Algorithmus mit der Umwelt über einen Agenten beinhaltet und daher in der Vergangenheit ebenfalls viel Aufmerksamkeit für End2End-Ansätze generiert hat, ist Deep Reinforcement Learning (DRL). Aufgrund der Komplexität des Aktions- und Zustandsraumes, der Absicherung sowie benötigten Rechenleistung erfolgen DRL-Ansätze zur Fahrzeugführung bisher jedoch weitestgehend simulativ [71, 81, 134, 137, 155].

1.3.4   Einordnung der durchgeführten Untersuchungen in den Stand der Technik

Maschinelle Lernverfahren und künstliche Intelligenz stellen heute einen wesentlichen Bestandteil der Forschung in unterschiedlichen Forschungsfeldern dar. Auch in Bezug auf die Regelung autonomer Fahrzeuge stellt der Einsatz künstlicher Intelligenz einen Forschungsschwerpunkt dar. Von Interesse sind insbesondere nichtlineare und komplex zu modellierende Zustände, die klassische Modellbildung und Regelungskonzepte vor große Herausforderungen stellen. Ein Schwerpunkt der Forschung im Bereich der künstlichen Intelligenz sind künstliche neuronale Netzwerke, die mit gesteigerter Rechenkapazität sowie der Möglichkeit große Datenmengen speichern und verarbeiten zu können auch in Bezug auf seriennahe Hardware applizierbar werden. Die Anwendungen in Bezug auf die Fahrzeugführung konzentrieren sich dabei insbesondere auf End2End Ansätze, die mit Hilfe von Deep Learning a priori aufgezeichnete Daten und Fahrzeugverhalten in einem rechenintensiven Training auf das Netzwerk übertragen. Der Nachteil dabei ist der komplexe mathematische Nachweis der Robustheit sowie die Bereitstellung eines umfassenden Trainingsdatensatzes, der für den Realbetrieb alle fahrdynamischen Bereiche, Umgebungszustände und Einflussfaktoren auf die Regelung hinreichend präsentiert. Um die direkte Interaktion mit der Umwelt abbilden und im Rahmen der Regelungsstrategie berücksichtigen zu können, wächst das Interesse an Reinforcement Learning für die Fahrzeugführung. Die bisherigen Untersuchungen sind jedoch nahezu ausschließlich simulationsbasiert und eine Aussage bezüglich des Verhaltens in einem im Vergleich zur Simulation deutlich höher dimensionalen Aktions- und Zustands-raum ist nicht ohne Weiteres möglich.

Im Regelkreis lernende Algorithmen bieten den Vorteil, dass klassische Modell-bildung mit sich an den Systemzustand adaptierenden Ansätzen kombiniert werden können. Dadurch können unter gewissen Voraussetzungen Annahmen für Stabilität und Reglerentwurf aus der klassischen Regelungstechnik Anwendung finden [59]. Der Nachteil dieser Verfahren liegt darin begründet, dass ein Vorwissen über die Störung, die es auszugleichen gilt, vorliegen muss oder es sich um einen reproduzier-baren Fehler handeln muss, der schrittweise erlernt wird. Bei plötzlich auftretenden Änderungen im System, die beispielsweise durch einen Hardwaredefekt oder sich ändernden Untergrund ausgelöst werden, können lernende Verfahren, die mehrere Zyklen des identischen Fehlers zur Konvergenz benötigen, eine Stabilisierung des Systems nicht garantieren. In diesem Kontext ist der Ausgleich plötzlich auftreten-der Fehler durch ein online trainiertes neuronales Netzwerk denkbar [158].

Der Fokus dieser Ausarbeitung liegt in der Untersuchung der Anwendbarkeit künstlicher neuronaler Netzwerke in Kombination mit einem modellbasierten Rege-lungsansatz zur Querdynamikregelung eines realen Versuchsträgers im gesamten fahrdynamischen Spektrum. Abbildung 1.2 zeigt eine Übersicht der Schwerpunkte der vorliegenden Arbeit.

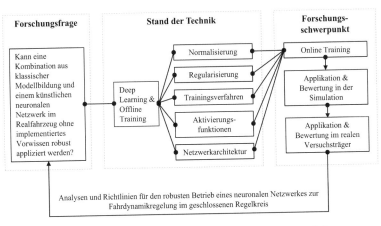

Abbildung 1.2 Schwerpunkte und Forschungsfrage der vorliegenden Arbeit

Die Ausarbeitung fokussiert sich auf die Untersuchung von Erkenntnissen aus offline Applikationen in Bezug auf ein effizientes und robustes Netzwerktraining im geschlossenen Regelkreis. Das Netzwerk verfügt bei der Applikation weder über spezifisches Vorwissen, noch werden a priori Informationen über Störungen in Form von Expertenwissen im Regelkreis bereitgestellt. Die Erkenntnisse werden systematisch in der Simulation untersucht und bewertet und im Anschluss in direkter Interaktion mit der Umgebung im realen Versuchsträger appliziert. Dabei stehen sowohl die Langzeitstabilität und der Ausgleich systematischer, sich wiederholender Fehler, als auch die Konvergenz nach synthetisch generierten Störungen im Fokus. Die systematische Applikation und Bewertung unterschiedlicher Methoden in Bezug auf die Netzwerkstabilität im Kontext der Fahrdynamikregelung sowie umfassende Analysen im gesamten fahrdynamischen Spektrum eines autonom operierenden Versuchsträgers stellen dabei den wesentlichen Beitrag der Ausarbeitung dar.

Fahrzeugtechnische Grundlagen

Im Rahmen der Arbeit werden adaptive Regelungsstrategien für die Querführung eines automatisch fahrenden Versuchsträgers untersucht. Die Querbewegung des Fahrzeuges ist die Folge unterschiedlicher Querkräfte, die in erster Linie aus der Lenkbewegung des Fahrzeugführers oder Fahrdynamikreglers resultieren. Sie setzen sich aus den Seitenführungskräften an den Rädern, der Fliehkraft bei Kurvenfahrt, aus Seitenwind resultierenden Kräften und aufgrund von Fahrbahnneigung aufgebauter Querkraft zusammen [72]. Solange die vom Reifen maximal übertragbaren Seitenkräfte nicht überschritten werden, ist das Fahrzeug in der Lage den vorgegebenen Lenkbewegungen zu folgen. Erst bei Annäherung an den Grenzbereich, d.h. der Annäherung der Kraftschlussgrenze und damit der maximal übertragbaren Kraft zwischen Reifen und Fahrbahn, überlagert das Eigenlenkverhalten des Fahrzeugs das gewünschte Folgeverhalten [72].

Wird der Fahrer als primärer Regler innerhalb der Fahrzeugführung betrachtet, so sind unterschiedliche Aufgaben notwendig, um einen Streckenabschnitt erfolgreich zu durchfahren. Diese Schritte sind in Abbildung 2.1 exemplarisch dargestellt.

Im ersten Schritt werden verschiedene Navigationslösungen anhand unterschiedlicher Gütekriterien, z.B. maximal zur Verfügung stehende Zeit, Streckenbedarf, Straßentypen, Maut, etc. verglichen und anhand dieser ersten, taktischen Planung eine Route ausgewählt.

Ergänzende Information Die elektronische Version dieses Kapitels enthält Zusatzmaterial, auf das über folgenden Link zugegriffen werden kann https://doi.org/10.1007/978-3-658-43109-9_2.

J. Kaste, *Künstliche neuronale Netzwerke zur adaptiven Fahrdynamikregelung*, AutoUni – Schriftenreihe 171, https://doi.org/10.1007/978-3-658-43109-9_2

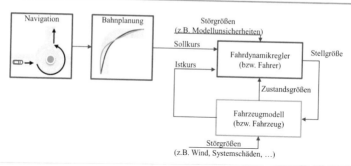

Abbildung 2.1 Darstellung des Regelkreises Fahrzeugführung analog zu [72]

Auf Basis dieser festgelegten Route wird im zweiten Schritt eine Trajektorie geplant, der es zu folgen gilt. Beim Befahren der ermittelten Kursvorgabe werden Fahrzeug- und Umgebungsinformationen aufgenommen, verarbeitet und dazu genutzt, der gewünschten Trajektorie mit Hilfe von Aktorikansteuerung zu folgen. Dabei werden Störeinflüsse wie wechselnder Verkehrsfluss, Witterungseinflüsse, Straßensignale und Interaktion mit anderen Verkehrsteilnehmern durch den Fahrzeugführer sowohl in der Planung als auch in der Regelung des Fahrzeugs berücksichtigt. Da diese Aufgabe nicht trivial ist und ein hoher prozentualer Anteil verursachter Unfälle aus menschlichem Fehlverhalten resultiert [77], hat in den vergangenen Jahren eine sukzessive Steigerung des Automatisierungsgrads der Fahraufgabe stattgefunden, um mit Hilfe unterschiedlicher Assistenzsysteme die Komplexität der Fahraufgabe zu reduzieren und damit die Sicherheit im Straßenverkehr zu erhöhen. Die direkte Korrelation zwischen einem erhöhten Grad der Assistenz und gesteigerter Sicherheit im Straßenverkehr wird aus den vom statistischen Bundesamt erhobenen polizeilich erfassten Unfallzahlen der vergangenen 60 Jahre deutlich [31]. Diese sind in Abbildung 2.2 dargestellt.

Die Abbildung zeigt in der oberen Darstellung, dass die Anzahl der polizeilich erfassten Unfälle innerhalb Deutschlands zunächst etwa stetig gestiegen ist und sich seit 1991 annähernd konstant verhält. Bei den Personenschäden ist zunächst ein deutlicher Anstieg erkennbar, bis sich die Zahlen ungefähr konstant und seit Ende der 90er Jahre regressiv verhalten. Da das Verkehrsaufkommen und die Anzahl der angemeldeten Kraftfahrzeuge in Deutschland, wie in Abbildung 2.3 dargestellt, in den vergangenen Jahren annähernd stetig gestiegen ist [77, 89], hängt die Korrelation dieser Entwicklung mit den ergriffenen schützenden Maßnahmen und eingeführter Assistenzsysteme zusammen. Dies wird insbesondere in der unteren Darstellung von Abbildung 2.2 deutlich, in der Todesfälle im deutschen Straßenverkehr technischen

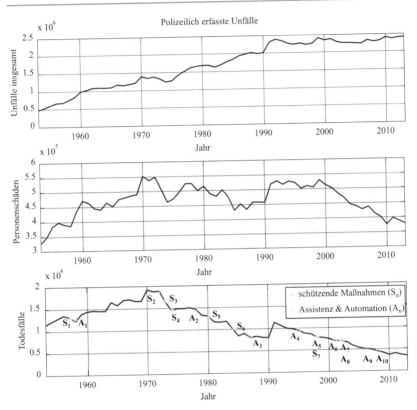

Abbildung 2.2 Polizeilich erfasste Unfälle der letzten 60 Jahre in Deutschland nach [31], [139]

Innovationen und schützenden Maßnahmen gegenübergestellt werden. Die Erläuterungen zu Maßnahmen und Assistenzsystemen sind in Tabelle 2.1 zusammengestellt. Ein bis in die Gegenwart fortgeführter rückläufiger Trend der Todesopfer ist ab 1970 zu erkennen. Zu dieser Zeit wurden eine Reihe schützender Maßnahmen und ab 1978 das Antiblockiersystem (ABS) eingeführt, wodurch die Sicherheit im Straßenverkehr deutlich erhöht wurde. Mitte der 90er Jahre wurden zahlreiche technische Innovationen in Fahrzeuge integriert, woraus sich der abfallende Trend bei den Todesopfern ergibt, zudem die Personenschäden deutlich reduziert wurden und die insgesamt erfassten Unfälle trotz steigendem Verkehrsaufkommen konstant gehalten werden konnten.

Tabelle 2.1 Einführung von schützenden Maßnahmen sowie Assistenz- und Automatisierungsfunktionen in Bezug auf die Fahrzeugführung

Jahr	Zeichen		Maßnahmen zum Insassenschutz	Assistenzsystem
1957	S_1	–	Tempolimit von $50km/h$ in Ortschaften	–
1958	–	A_1	–	Tempomat
1972	S_2	–	Tempolimit von $100km/h$ auf Landstraßen	–
1973	S_3	–	Einführung der 0,8‰ Grenze	–
1974	S_4	–	Richtgeschwindigkeit auf Autobahnen	–
1978	–	A_2	–	Anti-Blockiersystem
1980	S_5	–	Einführung der Helmtragepflicht	–
1984	S_6	–	Gurtanlegepflicht	–
1987	–	A_3	–	Antriebsschlupfregelung
1995	–	A_4	–	Elektronisches Stabilitätsprogramm
1998	S_7	–	Einführung der 0,5‰ Grenze	–
1998	–	A_5	–	Abstandsregeltempomat
2001	–	A_6	–	Spurhalteassistent
2002	–	A_7	–	Adaptives Kurvenlicht
2002	–	A_8	–	Notbremsassistent
2006	–	A_9	–	Kollisionswarnsystem
2008	–	A_{10}	–	Fernlichtassistent

Der erkennbare Trend ist eine weitere Steigerung des Automatisierungsgrads im Fahrzeug und die schrittweise Entkopplung des Fahrzeugführers aus dem Regelkreis. Um eine Grundlage für die juristische Bewertung, der aus einer zunehmenden Fahrzeugautomatisierung resultierenden rechtlichen Fragen zu schaffen, wurde von der Bundesanstalt für Straßenwesen (BASt) eine Definition unterschiedlicher Automatisierungsgrade vorgenommen [52]. Die Automatisierung wird in fünf Stufen unterteilt, die von der vollständigen Fahrzeugkontrolle durch einen menschlichen Fahrer bis zum vollautomatisierten Fahren abgestuft werden und in Tabelle 2.2 aufgeführt sind.

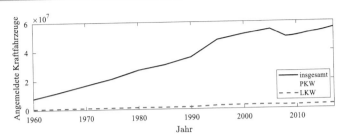

Abbildung 2.3 In Deutschland angemeldete Kraftfahrzeuge seit 1960 [89]

Tabelle 2.2 Grade der Automatisierung in der Automobilbranche nach [52]

Nomenklatur	Aufgabenverteilung zwischen System und Fahrer
Driver Only	Der Fahrer übernimmt die vollständige Fahrzeugführung in Längs- und Querrichtung.
Assistiert	Längs- oder Querführung werden vom Fahrer dauerhaft ausgeführt. Die jeweils andere Aufgabe kann vom System ausgeführt werden, sofern der Fahrer dieses dauerhaft überwacht und zur vollständigen Übernahme der Fahraufgabe bereit ist.
Teil-automatisiert	Für einen gewissen Zeitraum, bzw. in speziellen Situationen wird die vollständige Längs- und Querführung vom System übernommen. Der Fahrer muss das System dauerhaft überwachen und zur vollständigen Übernahme der Fahraufgabe bereit sein.
Hoch-automatisiert	Für einen gewissen Zeitraum, bzw. in speziellen Situationen wird die vollständige Längs- und Querführung vom System übernommen. Der Fahrer muss das System dabei nicht dauerhaft überwachen. Falls notwendig, fordert das System den Fahrer zu einer Übernahme innerhalb eines gewissen Zeithorizontes auf. Die zu Grunde liegenden Systemgrenzen werden vollständig vom System erkannt, jedoch ist es nicht möglich, einen risikominimalen Zustand zu jeder Ausgangssituation herbeizuführen.
Voll-automatisiert	Für einen definierten Anwendungsfall wird die vollständige Längs- und Querführung vom System übernommen. Der Fahrer muss das System dabei nicht überwachen. Nachdem der Anwendungsfall beendet wurde, wird der Fahrer vom System zur Übernahme aufgefordert. Erfolgt diese nicht innerhalb eines gewissen Zeithorizontes, so wechselt das System in einen risikominimalen Zustand. Die zu Grunde liegenden Systemgrenzen werden vollständig vom System erkannt, und es ist in der Lage, einen risikominimalen Zustand zu jeder Ausgangssituation herbeizuführen.

Im Rahmen der Arbeit wird die automatische Fahrdynamikregelung bis in den dynamischen Grenzbereich untersucht. Dafür wird der Fahrzeugführer aus dem, in Abbildung 2.1 dargestellten Regelkreis entkoppelt. Die Aufgabe der Navigation und Bahnplanung werden im Rahmen dieser Arbeit nicht detailliert betrachtet, es wird von einer im voraus geplanten Trajektorie ausgegangen, wie in Kapitel 5 eingehender erläutert wird. Die entscheidenden Komponenten für diese Arbeit sind einerseits der Fahrdynamikregler, der für die Fahrzeugquerführung um neuronale Netzwerke erweitert und auf Tauglichkeit in unterschiedlichen Situationen außerhalb des linearen Einsatzbereiches üblicher Fahrzeuge untersucht wird. Andererseits spielt die Modellierung der Regelstrecke eine entscheidende Rolle, um die untersuchten Regelstrategien simulativ auf die Eignung im späteren Fahrversuch zu evaluieren. Im folgenden Abschnitt wird auf die Modellierung des Fahrzeuges eingegangen und die in der Arbeit getroffenen Annahmen erläutert. Dazu werden zunächst die mathematischen Zusammenhänge des linearen Einspurmodells beschrieben und die Möglichkeiten einer sukzessiven Erweiterung des Modells erörtert, um die Eignung für eine Modellierung des Fahrverhaltens nahe des physikalischen Grenzbereiches zu erhöhen.

2.1 Fahrzeugmodellierung

Um den Herausforderungen, die der Entwurf einer robusten Fahrdynamikregelung für automatische Fahrzeuge bis in den querdynamischen Grenzbereich mit sich bringt, gerecht zu werden, ist eine hinreichende Modellierung der Regelstrecke erforderlich. Dabei sind innerhalb der Fahrdynamikregelung Effekte zu berücksichtigen, die ein direktes Resultat aus der Wechselwirkung der am Fahrzeug anliegenden Kräfte und Momente sind. Diese lassen sich in die Klassen der Längsdynamik, Querdynamik und Vertikaldynamik unterteilen [74]. Die Bewegungen in der horizontalen Ebene, die quer zur Fahrzeuglängsachse wirken, werden unter dem Begriff Querdynamik zusammengefasst und beschreiben insbesondere das Kurvenverhalten, die Fahrstabilität und die Spurführung. Dieses Verhalten spielt bei der Auslegung von Fahrdynamikregelungssystemen eine entscheidende Rolle [72]. Da sich die vorliegende Arbeit auf die Erweiterung von modellbasierten Fahrdynamikregelungskonzepten um künstliche neuronale Netzwerke zur Fahrzeugquerführung fokussiert, wird zunächst auf das lineare Einspurmodell eingegangen, welches eine gute Abbildung des Lenkverhaltens bis zu einer Querbeschleunigung von ca. $4\frac{m}{s^2}$ bereitstellt. In diesem Dynamikbereich sind die vom Reifen übertragenden Seitenkräfte annähernd linear [72]. Um auch Effekte genauer abbilden zu können, die mit dem linearen Einspurmodell nicht präzise modelliert werden, sind zudem unterschiedliche Erweiterungen implementiert, wie das in [74, 185] beschriebene Wankmodell, ein nichtlineares Reifenmodell [72] sowie eine Modellierung der Aktordynamik, die das resultierende Übertragungsverhaltens zwischen Lenkradeinschlag und Fahrzeugreaktion abbildet.

2.2   Das lineare Einspurmodell

Das lineare Einspurmodell bildet die Grundlage für die in den Kapiteln 5 bis 8 durchgeführten Simulationen zur Bewertung der untersuchten Fahrdynamikregelungskonzepte. Dabei wird das vereinfachte Modell nicht ausschließlich als Regelstrecke zur Abbildung des im Fahrversuch eingesetzten Versuchsträgers herangezogen, sondern stellt in invertierter Form auch die Grundlage des modellbasierten Anteils zur Querdynamikregelung dar, der in Kapitel 4 genauer erläutert wird. Im ersten Schritt erfolgen vereinfachende Annahmen, die sich auf Betrachtungen im linearen Fahrdynamikbereich nur geringfügig auswirken, die Komplexität des Systems jedoch deutlich reduzieren und dadurch die Analyse vereinfachen [72, 117]:

1. Der Fahrzeugschwerpunkt liegt auf Fahrbahnhöhe, Wanken wird vernachlässigt.
2. Die Belastung der kurveninneren Räder und Entlastung von kurvenäußeren Rädern wird vernachlässigt.
3. Die Radaufstandspunkte von Vorder- bzw. Hinterachse werden zusammengeführt, das Modell betrachtet nur eine Spur.
4. Das Modell wird im ersten Schritt als linear angenommen. Das bedeutet, dass sich die Seitenkraft proportional zum Schräglaufwinkel verhält [117].

In Abbildung 2.4 sind analog zu [74] ein Einspurmodell und die relevanten Winkel für die betrachteten Freiheitsgrade der Gier- und Schwimmbewegung dargestellt. Eine Erläuterung der anliegenden Winkel erfolgt nach [72] in Tabelle 2.3.

Im ersten Schritt wird das Kräftegleichgewicht um den Schwerpunkt aufgestellt. Für die Kraft, die quer zum Fahrzeug wirkt, folgt:

$$F_y = m \cdot a_y = F_{y,v} + F_{y,h}. \tag{2.1}$$

Dabei beschreibt F_y die quer zur Fahrzeuglängsachse wirkende Kraft, m die Fahrzeugmasse und a_y die Querbeschleunigung. Die Indizes v und h verweisen auf die Vorder- bzw. Hinterachse. Die im Schwerpunkt angreifende Trägheitskraft kann

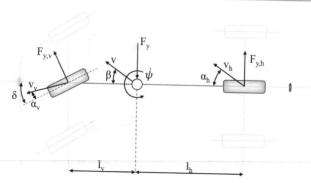

Abbildung 2.4 Darstellung des Einspurmodells sowie im Modell anliegender Kräfte und Winkel nach [74]

Tabelle 2.3 Winkel im Einspurmodell nach [72]

Winkel	Bezeichnung	Definition
χ	Kurswinkel	Beschreibt die Richtung der Fahrzeugbewegung in einem ortsfesten Koordinatensystem, analog zu [189]
ψ	Gierwinkel	Winkellage des Fahrzeuges im Inertialkoordinatensystem bezogen auf die Längsachse
β	Schwimmwinkel	Winkel zwischen Fahrzeuglängsachse und Geschwindigkeitsvektor im Schwerpunkt
α	Schräglaufwinkel	Winkel zwischen Reifenlängsachse und Reifengeschwindigkeitsvektor
δ	Radwinkel	Winkel zwischen Fahrzeuglängsachse und Reifenlängsachse

mit Hilfe der Gierrate $\dot{\psi}$, Fahrzeuggeschwindigkeit v und Schwimmwinkelrate $\dot{\beta}$ ausgedrückt werden. Es folgt:

$$m \cdot a_y = m \cdot v \cdot \left(\dot{\psi} - \dot{\beta} \right). \tag{2.2}$$

Der Drallsatz um die z-Achse kann durch Gleichung (2.3) beschrieben werden:

$$J_z \cdot \ddot{\psi} = F_{y,v} \cdot l_v + F_{y,h} \cdot l_h. \tag{2.3}$$

J_z beschreibt das Trägheitsmoment um die z-Achse, $\ddot{\psi}$ die Gierbeschleunigung und l_v, bzw. l_h die Radstände. Bezogen wird sich in den dargestellten Gleichungen auf das fahrzeugfeste Koordinatensystem, bei dem die x-Achse in Fahrzeuglängsrichtung nach vorne, die y-Achse quer zum Fahrzeug nach links und die z-Achse senkrecht zur Fahrbahn nach oben zeigt. Die in Gleichung (2.1) und (2.3) betrachteten Seitenkräfte an der Vorder- und Hinterachse können ebenfalls anhand der an den Achsen anliegenden Schräglaufwinkel (α_v, bzw. α_h) sowie den Schräglaufsteifigkeiten (c_{sv} und c_{sh}), die die Elastizitäten der Radaufhängung berücksichtigen [72], beschrieben werden:

$$F_{y,v} = c_{sv} \cdot \alpha_v, \quad \text{bzw.,} \tag{2.4}$$

$$F_{y,h} = c_{sh} \cdot \alpha_h. \tag{2.5}$$

Der formelmäßige Zusammenhang zur Beschreibung der Schräglaufwinkel kann aus Abbildung 2.4, analog zu [117] hergeleitet werden. Unter der Annahme, dass sich die Geschwindigkeitskomponenten in Längsrichtung nicht verändern, d.h. das Fahrzeug verhält sich starr und dehnt sich nicht, folgt für die Vorder- und Hinterachse:

$$v \cdot cos(\beta) = v_v \cdot cos(\delta_v - \alpha_v), \tag{2.6}$$

$$v \cdot cos(\beta) = v_h \cdot cos(\alpha_h). \tag{2.7}$$

Im Gegensatz zu den Komponenten in Längsrichtung unterscheiden sich die Geschwindigkeitsanteile quer zum Fahrzeug durch die Gierrate $\dot{\psi}$:

$$v_v \cdot sin(\delta_v - \alpha_v) = l_v \cdot \dot{\psi} + v \cdot sin(\beta), \tag{2.8}$$

$$v_h \cdot sin(\alpha_h) = l_h \cdot \dot{\psi} - v \cdot sin(\beta). \tag{2.9}$$

Nun lässt sich Gleichung (2.6) in (2.8) und Gleichung (2.7) in (2.9) überführen, wodurch folgt:

$$tan(\delta_v - \alpha_v) = \frac{l_v \cdot \dot{\psi} + v \cdot sin(\beta)}{v \cdot cos(\beta)}, \tag{2.10}$$

$$tan(\alpha_h) = \frac{l_h \cdot \dot{\psi} - v \cdot sin(\beta)}{v \cdot cos(\beta)}. \tag{2.11}$$

Unter der Annahme ausschließlich kleiner Winkel vereinfachen sich die Gleichungen weiter und die Schräglaufwinkel an der Vorder- und Hinterachse können wie folgt beschrieben werden:

$$\alpha_v = -\beta + \delta_v - l_v \cdot \frac{\dot{\psi}}{v}, \tag{2.12}$$

$$\alpha_h = -\beta + l_h \cdot \frac{\dot{\psi}}{v}. \tag{2.13}$$

Durch Einsetzen der Gleichungen für die Schräglaufwinkel (2.12) und (2.13) sowie der einzelnen Komponenten für die Seitenkräfte an der Vorder- und Hinterachse, in den, aus dem Kräftegleichgewicht resultierenden Zusammenhang (2.1), sowie den durch Gleichung (2.3) beschriebenen Drallsatz, folgt:

$$m \cdot v \cdot \left(\dot{\psi} - \dot{\beta} \right) = c_{sv} \cdot \alpha_v + c_{sh} \cdot \alpha_h$$

$$= c_{sv} \cdot \left(-\beta + \delta_v - l_v \cdot \frac{\dot{\psi}}{v} \right) + c_{sh} \cdot \left(-\beta + l_h \cdot \frac{\dot{\psi}}{v} \right)$$

$$\dot{\beta} = \left(-\frac{c_{sv} + c_{sh}}{m \cdot v} \right) \cdot \beta + \left(1 - \frac{c_{sh} \cdot l_h - c_{sv} \cdot l_v}{m \cdot v^2} \right) \cdot \dot{\psi} - \left(\frac{c_{sv}}{m \cdot v} \right) \cdot \delta_v, \tag{2.14}$$

bzw.

$$J_z \cdot \ddot{\psi} = c_{sv} \cdot \alpha_v \cdot l_v + c_{sh} \cdot \alpha_h \cdot l_h$$

$$\ddot{\psi} = \left(-\frac{c_{sv} \cdot l_v^2 + c_{sh} \cdot l_h^2}{J_z \cdot v} \right) \cdot \dot{\psi} + \left(\frac{c_{sv} \cdot l_v - c_{sh} \cdot l_h}{J_z} \right) \cdot \beta + \left(\frac{c_{sv} \cdot l_v}{J_z} \right) \cdot \delta_v. \tag{2.15}$$

Mit Hilfe der in den Gleichungen (2.14) und (2.15) beschriebenen Zusammenhänge, kann bei bekannten Reifenparametern, Lenkwinkel und Fahrzeuggeschwindigkeit der Schwimmwinkel sowie die Gierrate bestimmt werden [72]. Analog zu [74] ist es möglich, die Gleichungen in eine Zustandsraumdarstellung der Form:

$$\vec{\dot{x}} = \underline{A} \cdot \vec{x} + \vec{b} \cdot \vec{u} \tag{2.16}$$

zu überführen. In der Systemmatrix $\underline{A}$ sind die Parameter zusammengefasst, die in direkter Korrelation mit dem Zustandsvektor $\vec{x}$ stehen. Der Eingangsvektor $\vec{u}$ wird im Falle des linearen Einspurmodells durch den Lenkwinkel δ beschrieben und die Parameter, die in direkter Korrelation mit dem Lenkwinkel stehen, im Vektor $\vec{b}$ zusammengefasst. Für die Zustandsraumdarstellung des linearen Einspurmodells folgt:

$$\begin{pmatrix} \dot{\beta} \\ \ddot{\psi} \end{pmatrix} = \begin{pmatrix} -\frac{c_{sv}+c_{sh}}{m \cdot v} & \left(1 - \frac{c_{sv} \cdot l_v - c_{sh} \cdot l_h}{m \cdot v^2}\right) \\ \frac{c_{sh} \cdot l_h - c_{sv} \cdot l_v}{J_z} & -\frac{c_{sv} \cdot l_v^2 + c_{sh} \cdot l_h^2}{J_z \cdot v} \end{pmatrix} \cdot \begin{pmatrix} \beta \\ \dot{\psi} \end{pmatrix} + \begin{pmatrix} -\frac{c_{sv}}{m \cdot v} \\ \frac{c_{sv} \cdot l_v}{J_z} \end{pmatrix} \cdot \delta_v. \qquad (2.17)$$

Mit Hilfe dieser Darstellung kann das lineare Einspurmodell als dynamisches System mit entsprechendem Übertragungsverhalten aufgefasst werden, welches für grundlegende fahrdynamische Untersuchungen eine geeignete Basis darstellt [160].

2.3 Das erweiterte Einspurmodell

Die Ergebnisse, die mit Hilfe des linearen Einspurmodells generiert werden, sind ausschließlich in einem Bereich hinreichend genau, in dem die vom Reifen übertragenden Seitenkräfte linear sind (ca. $4\frac{m}{s^2}$ [72]). Eine Annäherung an den physikalischen Grenzbereich geht mit einer deutlich reduzierten Abbildungsgüte einher. Durch gezielte Erweiterungen des linearen Einspurmodells, können nicht berücksichtigte Effekte jedoch kompensiert werden. Um die Annahmen kleiner Winkel und linearisierter Schräglaufsteifigkeiten genauer abzubilden, die in der Realität für spezielle Fahrmanöver das physikalische Fahrzeugmodell nicht hinreichend genau beschreiben, können die Bewegungsgleichungen für ein nichtlineares Einspurmodell aufgestellt werden [72] und um ein Reifenmodell zur mathematischen Annäherung der nichtlinearen Korrelation zwischen Seitenkraft und Schräglaufwinkel erweitert werden [117, 133, 160]. Um Wankeffekte in Folge dynamischer Radlaständerungen, die aus der Fahrzeugaufbaubewegung bei Kurvenfahrt resultieren, darzustellen, wird in [74, 185] die Erweiterung des linearen Einspurmodells um ein Wankmodell vorgeschlagen. Zudem kann mit Hilfe einer implementierten Aktordynamik das Ansprechverhalten der Regelstrecke angenähert werden [86].

2.3.1 Das Wankmodell

Für das in [74] beschriebene Wankmodell werden die Vorder- und Hinterachse zusammengelegt und die Wankbewegung anhand eines Wankpols, analog zu Abbildung 2.5 beschrieben.

Es wird angenommen, dass die Querbeschleunigung im Aufbauschwerpunkt angreift und die resultierenden Kräfte (in Dämpfern, Federn und Stabilisatoren) mit Hilfe der Ersatzdrehsteifigkeit c_w und der Ersatzdrehdämpfung d_w beschrieben werden können [74]. Der formelmäßige Zusammenhang für das Drehmoment, welches um den Wankpol wirkt, kann wie folgt formuliert werden:

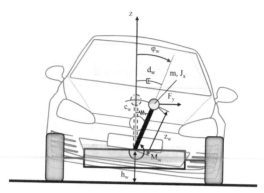

Abbildung 2.5 Das Wankmodell analog zu [74]

$$J_x \cdot \ddot{\varphi}_w = F_y \cdot z_w - c_w \cdot \varphi_w - d_w \cdot \dot{\varphi}_w, \tag{2.18}$$

dabei ist der Gewichtskraftanteil $m \cdot g \cdot sin(\varphi_w)$ näherungsweise in c_w enthalten. Die Betrachtung der Wankdynamik beeinflusst die in den Gleichungen (2.12) und (2.13) dargestellten Zusammenhänge für die Schräglaufwinkel an Vorder- und Hinterachse. Unter Berücksichtigung des Wankwinkels erweitern sich die Gleichungen wie folgt:

$$\alpha_v = -\beta + \delta_v - l_v \cdot \frac{\dot{\psi}}{v} - \frac{z_w \cdot \dot{\varphi}_w}{v}, \tag{2.19}$$

$$\alpha_h = -\beta + l_h \cdot \frac{\dot{\psi}}{v} - \frac{z_w \cdot \dot{\varphi}_w}{v}. \tag{2.20}$$

Entsprechend werden auch die Gleichungen für das Kräftegleichgewicht (2.14) und den Drallsatz (2.15) modifiziert:

$$\dot{\beta} = \left(-\frac{c_{sv} + c_{sh}}{m \cdot v} \right) \cdot \beta + \left(1 - \frac{c_{sh} \cdot l_h - c_{sv} \cdot l_v}{m \cdot v^2} \right) \cdot \dot{\psi} - \left(\frac{c_{sv}}{m \cdot v} \right) \cdot \delta_v$$

$$\tag{2.21}$$

$$- \frac{z_w \cdot (c_{sv} + c_{sh})}{m \cdot v^2} \cdot \dot{\varphi}_w,$$

bzw.

$$\ddot{\psi} = \left(-\frac{c_{sv} \cdot l_v^2 + c_{sh} \cdot l_h^2}{J_z \cdot v} \right) \cdot \dot{\psi} + \left(\frac{c_{sv} \cdot l_v - c_{sh} \cdot l_h}{J_z} \right) \cdot \beta + \left(\frac{c_{sv} \cdot l_v}{J_z} \right) \cdot \delta_v$$

$$\text{(2.22)}$$

$$+ \frac{z_w \cdot (c_{sh} \cdot lh - c_{sv} \cdot l_v)}{m \cdot v^2} \cdot \dot{\varphi}_w.$$

2.3.2   Das nichtlineare Einspurmodell

Die bisherigen Betrachtungen wurden für eine linearisierte Form des Einspur-modells unter der Annahme kleiner Winkel dargestellt. Bei Untersuchungen, die Schwimmwinkel von größer 10° betrachten und einhergehend Schräglaufwinkel, die 3-4° überschreiten, ist die linearisierte Form nicht mehr in der Lage, die gege-benen Zusammenhänge hinreichend genau abzubilden [72]. Die Annahme, dass die Reifenseitenkräfte orthogonal zur Fahrzeuglängsachse wirken entsprechen nicht der Realität, in der die Kräfte senkrecht zur Radlängsachse wirken, wie in Abbil-dung 2.4 an der Vorderachse dargestellt ist. Da in dieser Arbeit ausschließlich Fahr-zeuge mit Vorderradlenkung betrachtet werden, wird davon ausgegangen, dass die Radlängsachse der Hinterachse der Fahrzeuglängsachse entspricht. Für das Kräfte-gleichgewicht aus Gleichung (2.1) folgt:

$$m \cdot a_y = F_{y,v} \cdot cos\,(\delta_v) + F_{y,h}, \qquad \text{(2.23)}$$

außerdem ergibt sich ein resultierender Kraftanteil in Längsrichtung:

$$m \cdot a_x = -F_{y,v} \cdot sin\,(\delta_v)\,. \qquad \text{(2.24)}$$

Die Beschleunigungen in x- und y-Richtung können analog zu [72] beschrieben werden:

$$a_x = \dot{v} \cdot cos\,(\beta) + v \cdot \left(\dot{\psi} - \dot{\beta} \right) \cdot sin\,(\beta)\,, \qquad \text{(2.25)}$$

$$a_y = -\dot{v} \cdot sin\,(\beta) + v \cdot \left(\dot{\psi} - \dot{\beta} \right) \cdot cos\,(\beta)\,. \qquad \text{(2.26)}$$

Eingesetzt in die Gleichungen (2.23) und (2.24) folgt:

$$m \cdot \left(-\dot{v} \cdot sin\,(\beta) + v \cdot \left(\dot{\psi} - \dot{\beta} \right) \cdot cos\,(\beta) \right) = F_{y,v} \cdot cos\,(\delta_v) + F_{y,h}, \qquad \text{(2.27)}$$

$$m \cdot \left(\dot{v} \cdot cos\,(\beta) + v \cdot \left(\dot{\psi} - \dot{\beta} \right) \cdot sin\,(\beta) \right) = -F_{y,v} \cdot sin\,(\delta_v)\,. \qquad \text{(2.28)}$$

Um analog zu Abschnitt 2.2 die Differentialgleichungen für Schwimmwinkelge-schwindigkeit und Gierbeschleunigung unter Berücksichtigung der Winkelzusam-menhänge zu ermitteln, sind Umformungen erforderlich, welche in Anhang A.1.1 im elektronischen Zusatzmaterial dargestellt sind. Nach den Umformungen können die Bewegungsgleichungen des nichtlinearen Einspurmodells durch die folgenden Differentialgleichungen beschrieben werden:

$$\dot{\beta} = \dot{\psi} - \frac{1}{m \cdot v} \cdot \left[c_{sv} \cdot \left(\delta_v + \beta - \frac{l_v \cdot \dot{\psi}}{v} \right) \cdot cos\,(\delta_v + \beta) + c_{sh} \cdot \left(\beta + \frac{l_h \cdot \dot{\psi}}{v} \right) \cdot cos\,(\beta) \right],$$
$$\tag{2.29}$$

$$\ddot{\psi} = \frac{1}{J_z} \left[c_{sv} \cdot \left(\delta_v + \beta - \frac{l_v \cdot \dot{\psi}}{v} \right) \cdot l_v \cdot cos\,(\delta_v) - c_{sh} \cdot \left(\beta + \frac{l_h \cdot \dot{\psi}}{v} \right) \cdot l_h \right]. \tag{2.30}$$

2.3.3　Reifenmodelle

Wie bereits in den vorherigen Abschnitten erwähnt, haben die Annahmen, die für das Einspurmodell getroffen werden, nur unter gewissen Randbedingungen Gültig-keit. Die gemäß Gleichung (2.4) und (2.5) berechneten Seitenkräfte, die am Rad angreifen, nähern den Zusammenhang zwischen Querkraft und Schräglaufwinkel linear an. Abbildung 2.6 stellt die Seitenkraft F_y über dem Schräglaufwinkel α in Abhängigkeit der Radlast F_z dar. Es wird deutlich, dass die Annahme linearer Zusammenhänge nur für sehr kleine Schräglaufwinkel zutrifft.

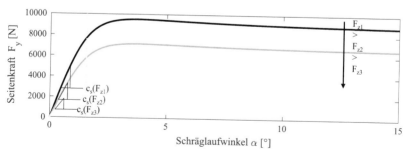

Abbildung 2.6 Darstellung der Rad-Seitenkraft über dem Schräglaufwinkel in Abhängig-keit der Radlast, analog zu [160]

Bei zunehmenden Schräglaufwinkeln flacht die Kraftkurve zunächst ab, bis die maximale Kraft aufgebaut ist. Bei weiter ansteigenden Schräglaufwinkeln fällt die maximal übertragbare Kraft im Anschluss leicht ab. Die als konstant angenommene Schräglaufsteifigkeit ist zudem, wie in der Abbildung deutlich wird, von der Radlast abhängig. Um diesen Sachverhalt realistischer anzunähern und die Modellierungsgenauigkeit insbesondere im Bereich höherer Querbeschleunigungen und daraus resultierend höheren Schräglaufwinkeln zu erhöhen, kann die in Abbildung 2.6 dargestellte Beziehung zwischen Querkraft und Schräglaufwinkel durch Reifenmodelle nachgebildet werden.

Zur Modellierung der Reifenkräfte werden grundsätzlich drei Arten von Reifenmodellen verwendet [160]. Dabei handelt es sich um mathematische oder physikalische Modelle bzw. Mischformen dieser beiden Typen. Bei mathematischen Modellen wird versucht, die physikalischen Eigenschaften des Reifens durch algebraische Funktionen zu approximieren. Diese Art von Reifenmodellen hat den Vorteil, dass der Rechenaufwand gering ist und die Modelle echtzeitfähig berechnet werden können [72]. Das Ziel ist es, mit einer möglichst geringen Parameteranzahl die Charakteristik eines Reifens anzunähern. Ein bekanntes mathematisches Modell ist das „Magic Formula Tire Model" von Pacejka [133], welches in der Literatur häufig Anwendung findet [72, 117, 160] und auch im Rahmen dieser Arbeit für die vereinfachte Modellierung der Reifencharakteristika herangezogen wird.

Magic Formula Modelle

Das Magic Formula Modell beschreibt eine rein mathematische Annäherung der Reifencharakteristika und ermöglicht eine Approximation von Seitenführungskraft, Bremskraft und Rückstellmoment des Reifens. Ziel ist es eine geeignete Funktion zu entwickeln, die die Umfangskraft mit dem Umfangsschlupf, die Querkraft mit dem Schräglaufwinkel und das Rückstellmoment mit dem Schräglaufwinkel verknüpft und dabei die Beschreibung aller stationären Reifeneigenschaften, leichte Generierbarkeit der Daten, physikalische Interpretation der Ergebnisse, wenig komplexe Auswertbarkeit und ein hohes Maß an Genauigkeit bereitstellt [160]. Eine solche Funktion wird in [133] vorgeschlagen und ist in Gleichung (2.31) dargestellt:

$$y(x) = D \cdot sin\left(C \cdot arctan\left(B \cdot x - E\left(B \cdot x - arctan\left(B \cdot x\right)\right)\right)\right), \quad (2.31)$$
$$Y(x) = y(x) + s_v, \quad (2.32)$$
$$x = X + s_h. \quad (2.33)$$

Die Beschreibung der Parameter des Magic Formula Reifenmodells ist in Tabelle 2.4, bzw. Abbildung 2.7 veranschaulicht.

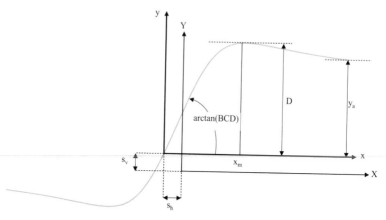

Abbildung 2.7 Interpretation der Magic Formula Parameter analog zu [133]

Tabelle 2.4 Interpretation der Magic Formula Reifenmodell Parameter nach [133, 160]

Parameter	Interpretation
$Y(x)$	Umfangskraft, Querkraft oder Rückstellmoment
X	Längsschlupf oder Schräglaufwinkel
B	Formfaktor, beschreibt die Neigung im Ursprung („Steifigkeitsfaktor")
D	Formfaktor, beschreibt die maximale Kraft oder das maximale Moment
C	Formfaktor, streckt die Kurve in x-Richtung
E	Formfaktor, beschreibt die Dehnung oder Kompression der Kurve
s_v	Verschiebung der Kennlinie in vertikaler Richtung
s_h	Verschiebung der Kennlinie in horizontaler Richtung

Die Formfaktoren, die die wesentlichen Eigenschaften der Kurve beschreiben, stehen gemäß der Gleichungen (2.34) und (2.35) in Beziehung zueinander [160]:

$$C = 1 \pm \left(\frac{2}{\pi} - arcsin\left(\frac{y_a}{D}\right) \right), \tag{2.34}$$

$$E = \frac{B \cdot x_m - tan\left(\frac{\pi}{2 \cdot C}\right)}{B \cdot x_m - arctan\left(B \cdot x_m\right)}, \quad (\text{wenn } C > 1). \tag{2.35}$$

Um eine genaue Abbildung der Reifencharakteristika zu gewährleisten, müssen die dargestellten Formfaktoren anhand von aufgezeichneten Messdaten aus definierten Manövern approximiert bzw. durch Optimierungsverfahren angenähert werden [133]. Zudem kann mit Hilfe des Magic Formula Modells nur das stationäre Verhalten des Reifens beschrieben werden, der zeitlich verzögerte Aufbau der Reifenkräfte wird nicht berücksichtigt [160].

Das dargestellte Reifenmodell bietet bei hinreichend genauer Identifikation der Formfaktoren eine gute Annäherung der Reifencharakteristika. Für die in Abschnitt 4.2 beschriebenen modellbasierten Ansätze der untersuchten Regelungskonzepte, ist eine Inversion der Regelstrecke notwendig. Diese ist, wie in Abbildung 2.7 deutlich wird, durch das dargestellte Modell unter Umständen nicht gegeben, da die Kurve bis zu einem gewissen Maß ansteigt und anschließend wieder abflacht. So kann einer anliegenden Kraft kein eindeutiger Wert des Schräglaufwinkels zugeordnet werden. Um die Anforderungen der Regelungsstrategie zu erfüllen, kann das in den Gleichungen (2.31) bis (2.35) beschriebene Modell weiter vereinfacht werden [160]. Die vereinfachte Magic Formula für die Reifenseitenkräfte an der Vorder- bzw. Hinterachse lautet:

$$F_{y,v} = F_{z,v} \cdot \mu \cdot sin\left(C_v \cdot arctan\left(B_v \cdot \alpha_v\right)\right), \tag{2.36}$$

$$F_{y,h} = F_{z,h} \cdot \mu \cdot sin\left(C_h \cdot arctan\left(B_h \cdot \alpha_h\right)\right). \tag{2.37}$$

Dabei wird die Kurve durch den Reibungsbeiwert μ und die Reifenparameter C_v, C_h und B_v, B_h beschrieben. Die Annäherung des Verlaufs der Querkraft über dem Schräglaufwinkel wird durch die oberen Gleichungen in Relation zum Reifenmodell, das durch die Gleichungen (2.31) bis (2.35) beschrieben wird, in Abbildung 2.8 dargestellt. In der Abbildung sind Verläufe für die Querkraft über dem Schräglaufwinkel bei konstanter Radlast und variierendem Reibungsbeiwert dargestellt. Für alle dargestellten Beispiele kann das vereinfachte Magic Formula Reifenmodell mit zwei Formfaktoren eine gute Annäherung an das komplexere Modell generieren. Dabei wird das Abfallen nach Erreichen des Kraftpeaks bei entsprechender Parametrierung innerhalb des invertierten Modells nicht abgebildet, um eine eindeutige Beschreibung der Beziehung zwischen Schräglaufwinkel und Querkraft zu ermöglichen.

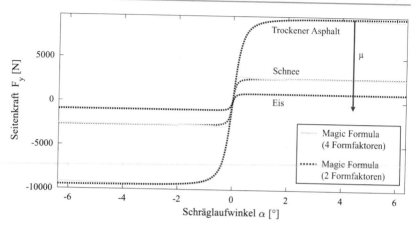

Abbildung 2.8 Darstellung von nicht-invertierbaren und invertierbaren Magic-Formula-Reifenmodellen in Abhängigkeit des Reibungsbeiwerts

2.3.4 Annäherung des Übertragungsverhaltens der Regelstrecke

Um die in der Simulationsumgebung abgebildete Regelstrecke weiter an die Realität anzunähern, kann das Übertragungsverhalten von angeforderter Reglerausgabe über den Stellvorgang am Lenkrad bis hin zu einer aus dem Reifeneinschlag resultierenden Fahrzeugreaktion angenähert werden. Da eine sprunghafte Übertragung der angeforderten Stellgröße nicht realisierbar ist, werden die Modelle mit einer Stellratenbegrenzung versehen. Des Weiteren müssen die physikalischen Grenzen des maximalen Lenkradeinschlags in der Modellbildung berücksichtigt werden sowie eine Modellierung des Zeitverhaltens zwischen Lenkradeinschlag und Fahrzeugreaktion. Der grundsätzliche Entwurf der Annäherung des Übertragungsverhaltens ist in Abbildung 2.9 dargestellt.

Abbildung 2.9 Entwurf von Aktorbegrenzungen und Zeitverhalten

Das gewünschte Stellsignal u_{s,δ_L} wird in der Rate begrenzt und zu einem angeforderten Lenkradwinkel $\delta_{L,s}$ aufintegriert.

Für die späteren Untersuchungen werden die vom Regler angeforderten Stellsignale mit Hilfe einer modifizierten Lenkung an das Fahrzeug übergeben. Für die autonome Fahrzeugführung werden geeignete Lenkrobotor, beispielsweise von ABD angeboten, die mit Lenkradwinkelgeschwindigkeiten zwischen $1000\frac{°}{s}$ und $2500\frac{°}{s}$ das Potential menschlicher Fahrer übersteigen [3]. In [49] wird das menschliche Fahrverhalten modelliert und zu diesem Zweck eine Einteilung in unterschiedlicher Klassen nach Erfahrungsschatz und Risikobereitschaft vorgenommen. Der Klasse „risikobereit und erfahren" werden dabei maximale Lenkradwinkelgeschwindigkeiten von $1100\frac{°}{s}$ zugetraut. Auch [35] schätzt Lenkradwinkelgeschwindigkeiten in einer Größenordnung von 500 - $1000\frac{°}{s}$ als realistisch ein. Für die vorliegende Arbeit wird die maximale Lenkradwinkelgeschwindigkeit so eingeschränkt, dass die Stellrate sowohl unter dem angenommenen maximalen Potential menschlicher Fahrer, als auch unterhalb der größtmöglichen Stellrate der beschriebenen Lenkrobotor liegt.

Nach Durchlaufen der Stellratenbegrenzung wird der Lenkradwinkel entsprechend der physikalischen Voraussetzungen des Versuchsfahrzeuges im Maximalausschlag begrenzt.

Anschließend wird der begrenzte Soll-Lenkradwinkel $\hat{\delta}_{L,s}$ mit Hilfe einer konstanten Gesamt-Lenkübersetzung i_L (zusammengesetzt aus Lenkgetriebe und Lenkgestänge), in einen gewünschten Radwinkel überführt. Die Annahme einer konstanten Lenkübersetzung ist eine weitere Näherung und kann durch Berücksichtigung der anliegenden Seitenkraft $F_{y,v}$, des Reifennachlaufs n_R und des konstruktiven Reifennachlaufs n_k sowie der Lenksteifigkeit c_L genauer angenähert werden [108]. Es folgt:

$$\delta_R = \frac{\delta_L}{i_L} - \frac{F_{y,v} \cdot (n_k + n_R)}{c_L}. \tag{2.38}$$

Im letzten Schritt des modellierten Übertragungsverhalten, der in Abbildung 2.9 als „Zeitverhalten" bezeichnet ist, wird die Verzögerung zwischen gewünschtem Sollwinkel am Rad $\delta_{R,s}$ und kommandiertem Radausschlag $\delta_{R,k}$ angenähert. Dies erfolgt mit Hilfe einer aus Fahrdaten identifizierten Zeitverzögerung, kombiniert mit einem PT_1-Glied.

Theorie künstlicher neuronaler Netzwerke   3

Ein Blick auf die zahlreichen Errungenschaften der vergangenen Jahre und Jahrzehnte, die im Feld der künstlichen Intelligenz (KI) innerhalb unterschiedlichster Themenfelder erzielt wurden, verdeutlicht die Komplexität, eine allgemeingültige Definition der Zielstellung dieses Arbeitsfeldes zu formulieren. KI-Forscher verfolgen das ambitionierte Ziel, nicht nur die komplexen Zusammenhänge intelligenter Handlungen zu verstehen, sondern diese nachzubilden und auf Maschinen zu übertragen [9, 146, 153]. Dabei wird üblicherweise der zu erlernende Handlungsraum in Form von retrospektiven Daten eines menschlichen Experten, dessen Verhalten es nachzuahmen gilt, für den Machine Learning Algorithmus bereitgestellt. Für die erfolgreiche Umsetzung ist es nicht erforderlich, die Handlungen des Experten als Modellwissen a priori innerhalb des Algorithmus zu implementieren. Bei einem qualitativ und quantitativ hinreichenden Trainingsdatensatz wird das zu Grunde liegende Modell aus den bereitgestellten Datenpunkten erlernt. Repräsentative Eingänge beschreiben Zustände aus denen Modellwissen extrahiert wird, das abzubildende Wunschverhalten wird, sofern bekannt, mit synchronisierten Zielwerten an den Algorithmus übergeben. Dabei ist sicherzustellen, dass die Zusammenhänge der bereitgestellten Muster erfasst werden, um die Generalisierung auf vergleichbare Systemzustände außerhalb des Trainingsdatensatzes übertragen zu können.

Im Vergleich zu klassischer Modellbildung bieten aus Daten abgeleitete Modelle, unabhängig vom verwendeten Lernverfahren, den Vorteil, dass nicht jeder

---

Ergänzende Information   Die elektronische Version dieses Kapitels enthält Zusatzmaterial, auf das über folgenden Link zugegriffen werden kann https://doi.org/10.1007/978-3-658-43109-9_3.

J. Kaste, *Künstliche neuronale Netzwerke zur adaptiven Fahrdynamikregelung*, AutoUni – Schriftenreihe 171, https://doi.org/10.1007/978-3-658-43109-9_3

Systemzustand explizit modelliert werden muss. Bei sinnvoll zusammengestellten Trainingsdatensätzen, die die physikalischen Zusammenhänge zwischen Umwelt und auszuführender Handlung hinreichend detailliert abbilden, kann erlerntes Wissen auf unbekannte Datensätze übertragen werden. Ein weiterer Vorteil liegt darin, dass kein Modellwissen für die Funktionsentwicklung notwendig ist [153]. Wie bereits in Abschnitt 1.3.2 erwähnt, haben Anwendungen, die KI-basierte Algorithmen zur Modellierung komplexer Prozesse heranziehen, in den vergangenen Jahren deutlich zugenommen. Diese Entwicklung ist insbesondere auf die jüngsten Fortschritte im Bereich der Robotik, Datengenerierung und Verarbeitung sowie Sprach- und Bildverarbeitung zurückzuführen. Ein Ansatz aus dem Bereich der künstlichen Intelligenz, der häufig Anwendung findet, ist der Einsatz künstlicher neuronaler Netzwerke [2, 13, 36, 43, 58, 73, 126].

In dieser Ausarbeitung steht ein künstliches neuronales Netzwerk als lernfähiges Element einer adaptiven Regelungsstrategie in Kombination mit einem modellbasierten Regelungskonzept im Fokus. Da die Analyse unterschiedlicher Netzwerktopologien, Aktivierungsfunktionen, Lernverfahren und Parameter für das Training im geschlossenen Regelkreis einen wesentlichen Aspekt der Arbeit darstellt, wird im folgenden Abschnitt die Theorie künstlicher neuronaler Netzwerke ausführlich beschrieben. Damit wird die Grundlage zum Verständnis der in den Kapiteln 5 bis 9 in Simulation und Fahrversuch untersuchten Experimente geschaffen.

Im ersten Abschnitt des Kapitels wird auf die Informationsverarbeitung, die dem biologischen Prozess welcher als Vorbild für den Transfer auf technische Anwendungen zu Grunde liegt, eingegangen. Anschließend werden die getroffenen Annahmen zur Abstraktion der biologischen Informationsverarbeitung auf idealisierte Neuronen erläutert, die in technischen Prozessen in unterschiedlichen Ausprägungen eingesetzt werden. Im darauf folgenden Abschnitt wird die Zusammensetzung einzelner Neuronen zu einer komplexeren Netzwerkarchitektur dargestellt und die im Rahmen dieser Arbeit eingesetzten Strukturen näher beschrieben. Im letzten Abschnitt wird auf die Informationsverarbeitung im künstlichen neuronalen Netzwerk eingegangen sowie auf die Schritte, die zum Netzwerktraining erforderlich sind.

3.1   Biologische Neuronen

Im ersten Abschnitt wird der Prozess der Informationsverarbeitung im menschlichen Gehirn kurz erläutert, da dieser die Grundlage für unterschiedliche technische Abstraktionen darstellt, die in der Folge beschrieben werden und in der vorliegenden Arbeit Anwendung finden. Um die neurobiologischen Grundlagen zu

veranschaulichen, die mit der Reizverarbeitung im Nervensystem die Basis für
natürliche Lernprozesse darstellen, wird analog zu [147, 170] in Abbildung 3.1
ein typisches Neuron im menschlichen Nervensystem abgebildet. Dieser Abschnitt
dient insbesondere der Orientierung und erhebt keinen Anspruch auf eine vollständige Beschreibung der komplexen elektrochemischen Prozessabläufe im menschlichen Gehirn. Für eine umfassendere Beschreibung sei an dieser Stelle auf [105,
147, 157] verwiesen.

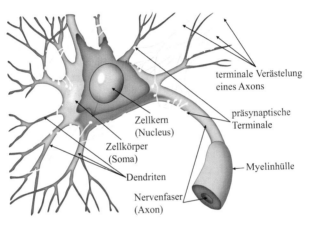

Abbildung 3.1 Typisches Neuron im menschlichen Nervensystem nach [170]

   Das in Abbildung 3.1 aufgezeigte Neuron stellt ein einzelnes Element einer
approximierten Gesamtanzahl von $10^{11} - 10^{12}$ vergleichbaren Neuronen dar, die
innerhalb einer komplexen, hochgradig vernetzten Struktur mit ca. 10^{14} Verbindungen die Arbeitsweise des menschlichen Gehirns ermöglichen [105] und die Grund-
einheit im Nervensystem darstellen. Dabei wird das Potential des Gehirns nicht über
die Leistungsfähigkeit einzelner Zellen, sondern durch die hohe Anzahl miteinander
interagierender Neuronen erreicht [105]. Nur ein Bruchteil der verschalteten Neuronen ist zur selben Zeit aktiv [103]. Dies reicht jedoch aus, um komplexe Aufgaben
zu bewältigen.
   Bevor auf die Reizverarbeitung im Nervensystem eingegangen wird, sollen die
wesentlichen Elemente der Nervenzelle, die auch in Abbildung 3.1 dargestellt sind,
beschrieben werden.
   Der Zellkörper (*Soma*) bezeichnet den Bereich des Neurons der den Zellkern
(*Nucleus*) umschließt. Axon und Dendriten entspringen aus dem Zellkörper, sind

jedoch nicht Teil des Somas. Neben dem Zellkern umfasst dieser beispielsweise das Endoplasmatische Retikulum, Mitochondrien und den Golgi-Apparat. Im Zellkörper werden alle notwendigen Stoffe produziert, die eine störungsfreie Funktionalität des Neurons gewährleisten [147].

Als Axon wird die Nervenfaser bezeichnet, über die Informationen/ Anregungen von einem Neuron an andere mit dem Axon verschaltete Nervenzellen übertragen werden. Der Ort, an dem das Axon aus dem Soma gebildet wird, heißt Axonhügel. An diesem Ort ist das Potential, dass zum Auslösen eines neuronenspezifischen Schwellwertes notwendig ist und damit zur Anregung des Neurons geringer als an anderen Punkten des Somas, wodurch die Wahrscheinlichkeit durch präsynaptische Terminale eine Aktion des Neurons auszulösen an dieser Stelle am höchsten ist [157]. Wird ein Neuron erregt, wird diese Erregung über das Axon bis in die am Ende der Nervenfaser auftretende Verästlung transportiert und über präsynaptische Terminale an verbundene Neuronen übermittelt. Die direkte Informationsübertragung zwischen Nervenzellen erfolgt über die Synapsen, die an den Dendriten sowie am Soma eines zu erregenden Neurons über das Synapsenendköpfchen verbunden sind und Reize über einen Neurotransmitter übertragen.

Die eingehenden Informationen werden im Zellkörper aufsummiert und an den Axonhügel weitergeleitet. Je näher die Synapsen am Soma bzw. Axonhügel sitzen, desto höher ist ihr Einfluss auf die Aktivierung einer Zelle. Wird ein Schwellwert überschritten, so wird das Aktionspotential eines Neurons aktiviert und es „feuert", d.h. es übermittelt die Information über das Axon an verschaltete Nervenzellen. Unmittelbar nach der Aktivierung benötigt die Zelle eine Pause, bevor sie erneut feuern kann. Wird in dieser Ruhephase der Schwellwert zur Aktivierung durch eingehende Reize überschritten, so wird in dieser Zeit kein neues Aktionspotential ausgebildet.

3.2   Abstrahierte Neuronen

Um die Prozesse, die der Informationsverarbeitung im menschlichen Gehirn zu Grunde liegen auf technische Prozesse zu übertragen, wurden in der Vergangenheit unterschiedliche Ansätze präsentiert, die sich in ihrem Komplexitätsgrad stark unterscheiden. Grundsätzlich erfolgt eine Übertragung des in Abbildung 3.1 dargestellten biologischen Neurons auf eine mathematische Funktion analog zu Abbildung 3.2.

Die Dendriten liefern die Eingabesignale, die im Zellkern zu einer Ausgabeinformation verarbeitet und über Synapsen weitergeleitet werden. Analog dazu werden die Funktionseingänge bei dem mathematischen Äquivalent durch eine Aktivierungsfunktion in eine Funktionsausgabe transformiert. Dabei kann die Art

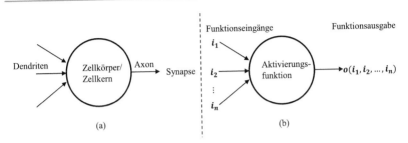

Abbildung 3.2 Vereinfachte Form des in Abschnitt 3.1 erläuterten Neurons (a) und die mathematische Analogie (b)

und Weise der Präsentation der Eingabeinformationen, die Komplexität der Aktivierungsfunktion sowie der Wertebereich den Informationen im Netzwerk annehmen, je nach Neuronenmodell variieren. Innerhalb des folgenden Abschnitts werden unterschiedliche Modellannahmen vorgestellt, Vor- und Nachteile beschrieben und in den Kontext der vorliegenden Arbeit eingeordnet.

3.2.1 McCulloch-Pitts-Zelle

Die einfachste Form eines Neuronenmodells, in dem der Transfer des biologischen Prozesses auf ein stark abstrahiertes Modell transferiert werden soll, stellt die McCulloch-Pitts-Zelle dar, die im Jahr 1943 präsentiert wurde [110]. Sowohl die Eingänge in ein Netz, als auch die Ausgaben der McCulloch-Pitts-Zellen, liefern ausschließlich binäre Signale [147]. Die Eingaben werden dabei durch hemmende oder anregende Leitungen an das Neuron übermittelt. McCulloch und Pitts unterschieden zwischen Netzen mit Schleifen (rekurrente Netzwerke) und Netzen ohne Schleifen (vorwärts gerichtete Netzwerke).

Vorwärtsgerichtete Netze
Ein vorwärts gerichtetes McCulloch-Pitts-Netz enthält eine Anzahl von Knoten, also McCulloch-Pitts-Zellen sowie hemmende und anregende Leitungen [147]. Es werden die folgenden Annahmen für die Modellbildung getroffen:

1. Ein Neuron ist entweder aktiv oder inaktiv („*all-or-none*"-Charakter).
2. Eine feste Anzahl von Synapsen muss angeregt werden, um ein Neuron zu aktivieren. Die notwendige Anzahl ist dabei unabhängig von vorheriger Aktivität

und Position des Neurons (ein fester Schwellenwert θ muss überschritten werden).

3. Die einzig relevante Verzögerung innerhalb des Nervensystems ist die synaptische Verzögerung, d.h. für die betrachtete Umsetzung werden Eingabeinformationen verzögerungsfrei in eine Ausgabe überführt.

4. Eine (oder mehrere) hemmende Leitung(en) verhindern die Anregung des Neurons zu dem jeweiligen Zeitpunkt.

5. Das Netzwerk verfügt über eine feste Struktur mehrerer Zellen, die sich nicht mit der Zeit ändert.

In Abbildung 3.3 (a) ist eine McCulloch-Pitts-Zelle mit n Eingaben exemplarisch dargestellt.

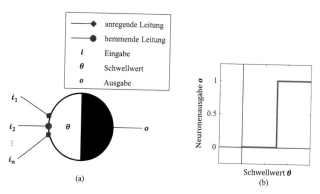

Abbildung 3.3 Darstellung einer McCulloch-Pitts-Zelle (a), sowie der Zellenausgabe bei Schwellwertüberschreitung (b)

Ist in den n Eingaben in die Zelle die Anzahl aktiver hemmender Leitungen ≥ 1, so ist die Ausgabe des Neurons Null, d.h. eine aktive hemmende Leitung ist ausreichend um den Einfluss aller anregenden Leitungen außer Kraft zu setzen. In Abwesenheit von hemmenden Eingaben wird die Summe der anregenden Eingabeleitungen gebildet. Entspricht oder übertrifft diese den Schwellwert θ, so beträgt die Ausgabe des Neurons Eins, wie in Abbildung 3.3 (b) dargestellt. Ist die Summe der anregenden Eingabeleitungen kleiner als der Schwellenwert, so beträgt die Neuronenausgabe Null (3.1).

$$o = \begin{cases} 1, & \text{falls } \sum_{j=1}^{n} i_j \geq \theta \\ 0, & \text{für jeden anderen Fall} \end{cases} . \tag{3.1}$$

Der eindeutige Ausgabewert kann an mehrere nachgeschaltete Neuronen weitergeleitet werden. Sollte der Schwellenwert eines Neurons größer sein als die Anzahl der Eingaben, so ist das entsprechende Neuron dauerhaft inaktiv [147]. Aufgrund des binären Charakters sind McCulloch-Pitts-Zellen in ihrer Funktionalität eingeschränkt. Bei der Berechnung von logischen Funktionen stellt der Zusammenschluss unterschiedlicher McCulloch-Pitts-Zellen jedoch ein effizientes Mittel dar. So ist ein zweischichtiges McCulloch-Pitts-Netzwerk in der Lage, beliebige logische Funktionen zu berechnen [147]. McCulloch und Pitts haben darüber hinaus komplexere Neuronenmodelle mit einer zeitlichen Komponente beschrieben, sogenannte Rekurrente Netze [110, 147]. Ausführungen zu diesen Zellen sind in Anhang B.1 im elektronischen Zusatzmaterial dargestellt.

3.2.2 Gewichtete Netzwerke

Die im vorangegangenen Abschnitt beschriebenen McCulloch-Pitts-Zellen sind in der Lage, beliebige logische Funktionen darzustellen [147]. Für einen Lernprozess der sich am biologischen Vorbild orientiert, ist diese Form der Abstraktion jedoch nicht ideal. In der zuvor beschriebenen Architektur müssten im Rahmen des Netzwerktrainings dauerhaft die Netzwerktopologie sowie die Schwellenwerte der eingebetteten Neuronen variiert werden, was einen erheblichen Aufwand darstellt und nur schwer zu realisieren ist [147]. Um den Trainingsprozess zu vereinfachen, werden daher üblicherweise die Neuroneneingänge gewichtet und die Gewichte im Rahmen des Lernprozesses optimiert. Auch in dieser Arbeit werden daher komplexere Neuronenmodelle mit gewichteten Eingängen betrachtet. Ein Beispiel ist das Perzeptron-Modell, welches Frank Rosenblatt im Jahr 1958 [148] vorstellte. Dieses Modell stellt bis heute die Grundlage künstlicher neuronaler Netzwerke dar und soll in der Folge erläutert und um für die vorliegende Arbeit relevante Annahmen und Funktionen ergänzt werden.

Das Perzeptron-Modell
Grundsätzlich unterscheidet sich das von Rosenblatt beschriebene einfache Perzeptron nur geringfügig von der McCulloch-Pitts-Zelle. Jede Eingabe i_j wird nun mit einem Wichtungsfaktor w_j versehen und die Berechnung der Ausgabe o erfolgt entsprechend Gleichung (3.2):

$$o = \begin{cases} 1, & \text{falls} \quad \sum_{j=1}^{n} i_j \cdot w_j \geq \theta \\ 0, & \text{für jeden anderen Fall} \end{cases}. \tag{3.2}$$

Die Modellierung des einfachen Perzeptrons ist in Abbildung 3.4 graphisch dargestellt.

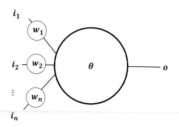

Abbildung 3.4 Darstellung des einfachen Perzeptrons

Mit Blick auf logische Funktionen können mit zu einem Netzwerk zusammengeschalteten Perzeptronen beliebige logische Funktionen abgebildet werden [115]. Bei einzelnen Perzeptronen ist dies nicht ohne weiteres möglich. Minsky und Papert wiesen 1969 nach, dass XOR-Funktionen nicht durch ein einlagiges Perzeptron dargestellt werden können [115]. Eine veranschaulichende Betrachtung des XOR-Problems ist in Anhang B.2 im elektronischen Zusatzmaterial dargestellt. Es wird deutlich, dass die Betrachtung einzelner Zellen nicht ausreichend ist, um komplexere Problemstellungen zu adressieren. Entsprechend ist eine Vernetzung vieler dieser aus mathematischer Sicht einfachen Zellen notwendig.

3.3   Mehrschichtige Netzwerke

Im vorangegangen Abschnitt wurde die Eignung unterschiedlicher Neuronenmodelle zur Nachbildung logischer Funktionen aufgezeigt, jedoch auch auf die entsprechenden Limitierungen einzelner Einheiten verwiesen. Um komplexere Funktionen abbilden zu können, ist die Verschaltung von Recheneinheiten zu komplexen Architekturen notwendig. Bereits kurze Zeit nach der Präsentation des einfachen Perzeptrons wurde von Rosenblatt das Multilayer Perceptron (MLP) vorgestellt [149], welches in der Lage ist, die Defizite einschichtiger Perzeptronen zu beheben und die Grundlage vieler auch heutzutage angewandter Netzwerke bildet.

3.3.1   Das Multilayer Perceptron (MLP)

Im Gegensatz zum einschichtigen Perzeptron ist das MLP in der Lage, wie in Anhang B.2 im elektronischen Zusatzmaterial exemplarisch dargestellt, beliebige logische

Funktionen abzubilden [147]. Die Netzwerkarchitektur des MLP wird aus mehreren verschalteten Perzeptronen gebildet, die in Schichten angeordnet sind. Ein MLP verfügt über mindestens drei (oder mehr) Schichten, d.h. eine oder mehrere versteckte Schicht(en). Es wird somit als tiefes neuronales Netzwerk (Deep Neural Network) bezeichnet. Die Anordnung der Neuronen erfolgt analog zu Abbildung 3.5.

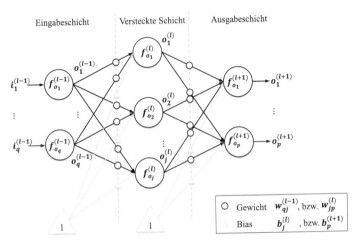

Abbildung 3.5 Vollständig vernetztes vorwärts gerichtetes 2-3-2 Netzwerk

Dargestellt ist ein exemplarisches 2-3-2 Netzwerk, welches eine Information ausschließlich vorwärts gerichtet propagiert. Dabei stehen die Zahlen für die Anzahl der Neuronen in der jeweiligen Schicht. In der ersten Schicht existieren 2 Neuronen, in der zweiten Schicht 3 Neuronen und in der letzten Schicht 2 Neuronen. Bei einem 2-3-2 Netzwerk handelt es sich entsprechend um ein Netzwerk mit 3 Schichten.

Um in der Folge den Aufbau neuronaler Netzwerke darzustellen, wird zunächst die in dieser Arbeit gewählte Nomenklatur anhand des beschriebenen vorwärts gerichteten Netzwerkes sowie eines idealisierten Neuronenmodells, welches in Abbildung 3.6 dargestellt ist, erläutert. Mehrschichtige Netzwerke sind, wie der Name impliziert, in mehrere Schichten angeordnete Neuronen. Jedes Netzwerk enthält eine Eingabeschicht und eine Ausgabeschicht mit grundsätzlich beliebig vielen Neuronen, die sich nach der Anzahl der Eingänge in das Netzwerk bzw. der Ausgänge aus dem Netzwerk richten. Im Beispiel aus Abbildung 3.5 liegen entsprechend jeweils zwei Eingabe- und Ausgabeneuronen vor. Zwischen der Eingabe- und

Ausgabeschicht können theoretisch beliebig viele versteckte Schichten mit grundsätzlich beliebig vielen Neuronen angeordnet sein. Diese Überlegung ist theoretischer Natur und die Berechnung und Ausführbarkeit sowie das Training sehr tiefer neuronaler Netzwerke mit einer hohen Anzahl von Freiheitsgraden ist durch verfügbare Rechenleistung begrenzt. Auch wenn die Anzahl der Gewichte und Verbindungen im menschlichen Gehirn für technische Abbildungen derzeit nicht darstellbar ist, so führen tiefe Convolutional Neural Networks (CNN) eine hohe Anzahl von Rechenoperationen aus. Das in [92] präsentierte *ImageNet* zur Klassifizierung von Bildern verfügt beispielsweise über 60 Millionen Parametern und 650000 Neuronen, die im Rahmen des Trainingsprozess optimiert werden.

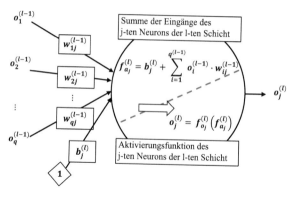

Abbildung 3.6 Darstellung eines idealisierten Neurons

Abbildung 3.6 zeigt die Informationsverarbeitung innerhalb eines idealisierten j-ten Neurons der l-ten Schicht. Die Eingabeinformationen stammen aus den Ausgaben der q Neuronen der vorangegangenen Schicht ($o_1^{(l-1)}$ bis $o_q^{(l-1)}$) multipliziert mit den gewichteten Verbindungen ($w_{1j}^{(l-1)}$ bis $w_{qj}^{(l-1)}$). Dabei beschreiben die Indizes der Gewichte das Start- und Ziel-Neuron der gewichteten Verbindung und die Exponenten die Schicht von der die Information ausgeht. Zusätzlich geht in jedes Neuron ein Bias ein, der als zusätzlicher Freiheitsgrad von den vorgeschalteten Prozessen unabhängig ist und den Lernerfolg, wie in den Ausführungen in Abschnitt 3.4 beschrieben, maßgeblich beeinflussen kann. Das in Abbildung 3.5 dargestellte Netzwerk ist vollständig vernetzt. Das bedeutet, dass eine Neuronenausgabe an sämtliche Neuronen der Folgeschicht übermittelt wird, jedoch nicht direkt mit tiefer angeordneten Schichten oder vorgelagerten Neuronen interagiert.

Bei der Funktionsapproximation von komplexen nichtlinearen Funktionen durch neuronale Netzwerke ist die Verarbeitung von Eingabeinformationen durch sprunghafte Aktivierungsfunktionen, wie sie in den bisherigen Neuronenmodellen in Form von Schwellwerten beschrieben wurden, nicht zielführend. In realen Applikationen wirkt sich eine plötzliche, durch den Sprung bei Erreichen des Schwellwertes induzierte Ausgabenänderung nachteilig auf die Approximation glatter Funktionen aus. Aus diesem Grund werden im nächsten Schritt geläufige Aktivierungsfunktionen innerhalb des Netzwerkes beschrieben.

3.3.2 Aktivierungsfunktionen

In den Abschnitten 3.2 bis 3.2.2 wurde bereits auf unterschiedliche mathematische Modelle von Nervenzellen eingegangen. Bei der Prozessverarbeitung eines künstlichen neuronalen Netzwerkes spielen die innerhalb der Neuronen implementierten Aktivierungsfunktionen eine entscheidende Rolle bei der Realisierung eines erfolgreichen Netzwerktrainings. Im folgenden Abschnitt werden geläufige Aktivierungsfunktionen vorgestellt und die Vor- und Nachteile, die für das Netzwerktraining resultieren, erläutert.

Lineare Aktivierungsfunktion

Die lineare Aktivierungsfunktion, auch Identitätsfunktion genannt, stellt die einfachste Form der Informationsübertragung innerhalb eines Neurons dar. Zur Darstellung nichtlinearer Funktionen ist eine Kombination von linearen Aktivierungsfunktionen und nichtlinearen Funktionen notwendig. In dieser Arbeit werden Netzwerkarchitekturen untersucht, die sowohl in Eingabe- als auch Ausgabeschicht über lineare Aktivierungsfunktionen verfügen. Die Ausgaben eines Neurons mit linearer Aktivierungsfunktion sind in Abbildung 3.7 dargestellt.

Die Ausgabe eines linearen Neurons berechnet sich entsprechend Gleichung (3.3) zu:

$$o_j^{(l)} = b_j^{(l)} + \sum_{i=1}^{n} o_i^{(l-1)} \cdot w_{ij}^{(l-1)} \tag{3.3}$$

und ist im Gegensatz zu den vorherigen Betrachtungen kein binärer Wert. Aus Gleichung (3.3) sowie Abbildung 3.7 wird ersichtlich, dass eine Änderung des Bias eine Verschiebung der Aktivierungsfunktion entlang der y-Achse bewirkt, wohingegen eine Gewichtsänderung die Steigung der linearen Ausgabe der Aktivierungsfunktion verändert. Diese Anpassungen ermöglichen es, innerhalb eines Netzwerkes lineare Funktionen zu erlernen. Allerdings ist es für die Approximation

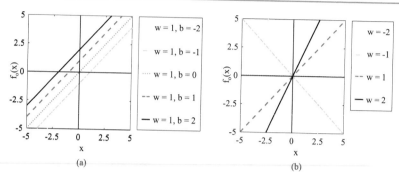

Abbildung 3.7 Lineare Aktivierungsfunktionen: (a) lineare Aktivierungsfunktion mit festem Gewicht und variablem Bias bei einem Neuroneneingang, (b) lineare Aktivierungsfunktion mit variablen Gewichten ohne Bias bei einem Neuroneneingang

nichtlinearer Zusammenhänge erforderlich, zumindest in Teilen des neuronalen Netzwerkes nichtlineare Aktivierungsfunktionen zu wählen. Die in der Folge beschriebenen, nichtlinearen Funktionen finden ausschließlich in den versteckten Schichten der für die Untersuchungen im Rahmen dieser Arbeit verwendeten Netzwerke Anwendung.

Binäre Schwellwertfunktion

Grundsätzlich wurde die binäre Schwellwertfunktion bereits in Abschnitt 3.2.1 beschrieben. Zunächst werden die Eingänge des Neurons aufsummiert, um anschließend, bei Überschreitung eines festen Schwellwertes, ein festes Aktivitätspotential zu senden. Neben der Schreibweise für die Ausgabe eines Neurons mit binärer Schwellwertfunktion, die in Gleichung (3.2) für gewichtete Netzwerke ohne Biaswerte angenommen wurde, kann eine alternative Schreibweise gewählt werden, die einen Biaswert berücksichtigt:

$$i_j^{(l)} = b_j^{(l)} + \sum_{i=1}^{n} o_i^{(l-1)} \cdot w_{ij}^{(l-1)}, \qquad (3.4)$$

$$o_j^{(l)} = \begin{cases} 1, \text{ falls } i_j^{(l)} \geq 0 \\ 0, \text{ für jeden anderen Fall} \end{cases}, \qquad (3.5)$$

Vergleicht man beide Schreibweisen, so wird deutlich, dass die Bedingungen für $\theta = -b_j^{(l)}$ identisch sind.

Logische Rechenoperationen stellen für die Ableitung von Zusammenhängen aus großen, undurchsichtigen Datenmengen kein optimales Paradigma dar. Für die Nachbildung komplexer Funktionen sind in der Vergangenheit Netzwerke in den Vordergrund gerückt, deren Aktivierungsfunktionen durch glatte nichtlineare Funktionen [43, 90, 158, 178] oder einer Kombination aus linearen und binären Schwellenwertfunktionen [56, 57, 69]) beschrieben werden.

Sigmoide Aktivierungsfunktionen

Sigmoide Funktionen ermöglichen neuronalen Netzwerken die Approximation nichtlinearer Zielfunktionen. Sigmoide werden häufig aufgrund des glatten, stetig differenzierbaren Verlaufs, der asymptotisch gegen einen endlichen Grenzwert strebt, in künstlichen neuronalen Netzwerken implementiert. Dabei sind logistische Funktionen der Form:

$$o_j^{(l)} = \frac{1}{1 + e^{-i_j^{(l)}}}, \tag{3.6}$$

die in Abbildung 3.8 (a) und (b) dargestellt sind, bzw. die Tangens-Hyperbolicus (tanh) Funktion:

$$o_j^{(l)} = tanh(i_j^{(l)}) = 1 - \frac{2}{1 + e^{\left(2 \cdot i_j^{(l)}\right)}}, \tag{3.7}$$

dargestellt in Abbildung 3.8 (c) und (d), mit

$$i_j^{(l)} = b_j^{(l)} + \sum_{i=1}^{n} o_i^{(l-1)} \cdot w_{ij}^{(l-1)}, \tag{3.8}$$

am geläufigsten [97].

Auch wenn die in Gleichung (3.6) dargestellte logistische Funktion eine aus Sicht des biologischen Vorbildes plausiblere Lösung darstellt [57], können mit der tanh-Aktivierungsfunktion, analog zu Gleichung (3.7), bessere Trainingsergebnisse in mehrschichtigen neuronalen Netzwerken erzielt werden. Die Erklärung liegt darin begründet, dass die logistische Funktion nicht symmetrisch bezüglich des Ursprungs ist, wodurch der Mittelwert der Neuronenausgaben immer positiv ist. Ähnlich wie bei einer Normalisierung der Eingänge in das Netzwerk sollte dieser im Mittel jedoch nah an Null liegen [97]. Dies hat zur Folge, dass zum Ursprung symmetrische, sigmoide Funktionen schneller konvergieren.

Probleme bei der Verwendung symmetrischer sigmoider Aktivierungsfunktionen liegen beispielsweise im Abflachen der Fehlerfläche in der Nähe des Ursprungs, weshalb diese Netzwerke nicht mit sehr kleinen Startgewichten initialisiert werden sollten sowie in der ebenfalls flachen Fehlerfläche in der Nähe der gesättigten

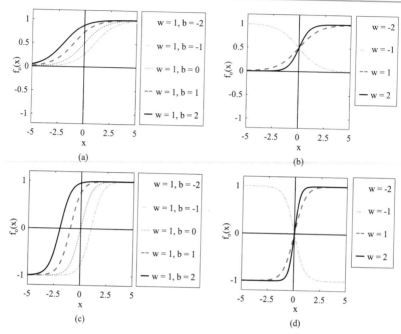

Abbildung 3.8 Aktivierungsfunktionen neuronaler Netzwerke: (a) und (b) logistische Aktivierungsfunktion, (c) und (d) tanh Aktivierungsfunktion

Bereiche [97]. Um die flachen Bereiche der Fehlerfläche zu vermeiden, kann, wie in Abbildung 3.9 dargestellt, ein linearer Anteil zu den sigmoiden Aktivierungsfunktionen hinzugefügt werden. Dieser sogenannte Twisting-Term verhindert die Annäherung der Funktion an eine obere Schranke [97]. Beschrieben wird dieser Zusammenhang durch:

$$o_j^{(l)} = \frac{1}{1 + e^{-i_j^{(l)}}} + a^{(l)} \cdot i_j^{(l)}, \tag{3.9}$$

bzw.

$$o_j^{(l)} = tanh(i_j^{(l)}) + a^{(l)} \cdot i_j^{(l)}. \tag{3.10}$$

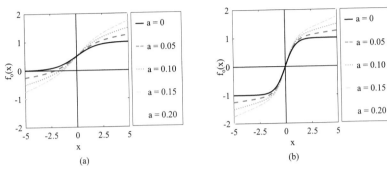

Abbildung 3.9 Lineare Erweiterung sigmoider Aktivierungsfunktionen: (a) logistische Aktivierungsfunktion + linearer Anteil, (b) tanh-Aktivierungsfunktion + linearer Anteil

Auch wenn die Ergänzung eines linearen Twisting-Terms positiven Einfluss auf das Training neuronaler Netzwerke mit sigmoiden Aktivierungsfunktionen hat, ist in den vergangenen Jahren insbesondere beim Training tieferer Netzwerkarchitekturen die Rectifier Aktivierungsfunktion immer stärker in den Fokus gerückt [57, 96, 143]. Die verbesserten Ergebnisse beim Netzwerktraining liegen insbesondere darin begründet, dass der Gradient der beim Netzwerktraining rückwärts durch das Netzwerk propagiert wird, beim Durchlauf mehrerer sigmoider Schichten gegen Null strebt („*Vanishing Gradient*", [75, 97]), was die effiziente Optimierung der Netzwerkgewichte erschwert.

Rectifier Aktivierungsfunktion (ReLU)

Neuronen mit Rectifier Aktivierungsfunktion (ReLU = Rectified linear Units) stellen eine Kombination der zu Beginn dieses Abschnitts dargestellten linearen Neuronen und solchen mit binärer Schwellwertfunktion dar. Deswegen werden sie auch als „*linear threshold neurons*" bezeichnet. Abbildung 3.10 zeigt Rectifier Funktionen für unterschiedliche Konfigurationen des Bias (a), bzw. des Gewichts der eingehenden Verbindung (b).

Es ist offensichtlich, dass sich die Ausgabe eines Neurons mit Rectifier Aktivierungsfunktion nicht linear verhält. Das Neuron wird bis zu einem Schwellenwert θ, der sich analog zu den im vorherigen Abschnitt beschriebenen Neuronen durch den negativen Bias ($\theta = -b$) definieren lässt, nicht aktiviert. Das bedeutet, dass bis zu diesem Schwellenwert eine Netzausgabe von Null generiert wird. Beim Erreichen bzw. Überschreiten des Schwellenwertes erfolgt eine lineare Neuronenausgabe. Es gilt:

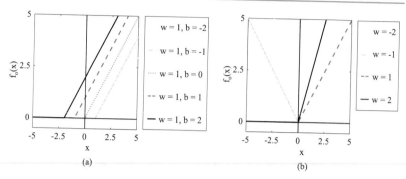

Abbildung 3.10 Aktivierungsfunktionen neuronaler Netzwerke: ReLU

$$i_j^{(l)} = b + \sum_{i=1}^{n} o_i^{(l-1)} \cdot w_{il}^{(l-1)}, \tag{3.11}$$

$$o_j^{(l)} = \begin{cases} i_j^{(l)}, & \text{falls } i_j^{(l)} \geq 0 \\ 0, & \text{für jeden anderen Fall} \end{cases}. \tag{3.12}$$

Dieser Zusammenhang kann wie folgt beschrieben werden:

$$o_j^{(l)} = i_j^{(l)+} = max\left(0, i_j^{(l)}\right). \tag{3.13}$$

Der Vorschlag, eine Aktivierungsfunktion mit Hilfe des in Gleichung (3.13) darge-stellten Zusammenhangs zu beschreiben, erfolgte erstmals im Jahre 2000 in [65]. In der Vergangenheit erhielten Rectifier Funktionen zum Training tiefer neuronaler Netzwerke ein hohes Maß an Aufmerksamkeit, da sie üblicherweise zu deutlich schnelleren Trainingserfolgen führen als beispielsweise sigmoide Funktionen [56, 57, 96, 119]. In [57] wird aufgezeigt, dass die ReLU Funktion, verglichen mit einer sigmoiden Aktivierungsfunktion, eine bessere Abbildung eines biologischen Neu-rons darstellt und trotz der Defizite eines nicht stetig differenzierbaren Verlaufes bei Aktivierung der Funktion die Performanz von sigmoiden Funktionen beim Trai-ning tiefer Netzwerke übertroffen werden kann. Bereits in Abschnitt 3.1 wurde auf die Inaktivität einer Vielzahl von Neuronen im menschlichen Gehirn hingewiesen. Auch [4] beschreibt bei Studien zum Energieaufwand im menschlichen Gehirn, dass die Informationsentschlüsselung verstreut über verteilte aktive Neuronen erfolgt. Über diese Eigenschaft verfügen künstliche neuronale Netzwerke mit sigmoiden Aktivierungsfunktionen nicht. Bei Initialisierung sehr kleiner Gewichte sind alle

Neuronen in einer Region aktiv, die aufgrund der symmetrischen Eigenschaften von Sigmoiden der Hälfte des Schwellenwertes entsprechen, was keinerlei biologisch motivierten Hintergrund hat und einem effizienten, gradientenbasierten Netzwerktraining schadet [57, 97]. Mit dem Einsatz von Rectifiern als Aktivierungsfunktion wird bei zufälliger Gewichtsverteilung ein Netzwerk generiert, welches im initialen Zustand nur zu etwa 50% aktiv ist. Das bedeutet, dass nur etwa die Hälfte aller Neuronen eine von Null abweichende Ausgabe liefert. Auch in Folge des Netzwerktrainings führen unterschiedliche Eingangskonfigurationen zu einer Variation der aktiven Bereiche im Netzwerk, was exemplarisch in Abbildung 3.11 dargestellt ist und der Signalverarbeitung des biologischen Vorbildes deutlich näher kommt [57].

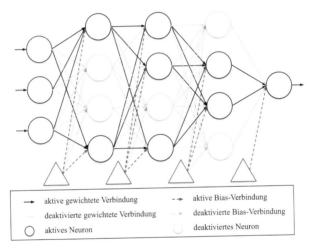

Abbildung 3.11 Exemplarische Darstellung der Aktivität eines vorwärts gerichteten Netzwerkes mit ReLU Aktivierungsfunktionen

In dem dargestellten Netzwerk verändern sich mit einer Variation der Eingabegrößen die Kombinationen aus aktiven Neuronen und damit die Pfade der Informationspropagation durch das Netzwerk. Da sich die Rectifier Funktion nach Überschreiten des Schwellwertes linear verhält, ist die einzige Nichtlinearität in der Verarbeitung der Eingabegrößen die Variation der aktiven Neuronen [57]. Die Ausgabe ist entsprechend eine Zusammensetzung der linearen Funktionsanteile der

Aktivierungsfunktionen aller aktiven Neuronen. Im Vergleich zu sigmoiden Funktionen kann der negative Einfluss des Vanishing Gradient Problems vermieden werden. Außerdem ist der Rechenaufwand geringer, da keine Exponentialfunktionen berechnet werden müssen [57].

Vorbehalte gegenüber der Implementierung von ReLU Funktionen resultieren insbesondere aus der harten Grenze bei Erreichen des Schwellenwerts θ und des daraus resultierenden nicht stetig differenzierbaren Verlaufes der Funktion. Aus diesem Grund wird beispielsweise in [26] und [119] die Softplus Funktion genannt, die eine glatte Annäherung der ReLU Funktion darstellt. Dabei wird der zuvor beschriebene Aspekt der „harten" Abschaltung der betroffenen Neuronen geopfert, um durch den glatten Funktionsverlauf das Netzwerktraining zu vereinfachen. In [57] werden trotz des unstetigen Verlaufs mit klassischen ReLU Funktionen gute Ergebnisse für unterschiedliche Trainingsdatensätze erzielt. Die Annäherung an lokale Minima erfolgt mit vergleichbarer oder besserer Qualität, verglichen zur Softplus Funktion, bei höherer biologischer Plausibilität und effizienter Berechnung. Der Autor vertritt die These, dass das harte Abschalten nicht problematisch ist, solange aktive Pfade durch jede versteckte Schicht existieren. Ein weiteres Problem, welches sowohl für die ReLU, als auch die Softplus Aktivierungsfunktion eine Rolle spielt, ist das Wegfallen einer durch die Funktion definierten oberen Grenze. Um numerischen Problemen vorzubeugen, empfiehlt es sich daher wie in Abschnitt 7.3 beschrieben, eine Regularisierung der Netzwerkgewichte vorzunehmen.

Weitere Aktivierungsfunktionen

Aufgrund des dargestellten Einflusses auf das Netzwerktrainings, sowie den jüngsten Erfolgen beim Training tiefer neuronaler Netzwerke, wurden in den vergangenen Jahren zahlreiche weitere Aktivierungsfunktionen präsentiert. In Tabelle 3.1 ist eine Übersicht relevanter Aktivierungsfunktionen dargestellt, die im Rahmen dieser Arbeit für Untersuchungen bezüglich der Fahrdynamikregelung implementiert, getestet und gegenübergestellt wurden.

Weitere Aktivierungsfunktionen, die in den vergangenen Jahren zum Training künstlicher neuronaler Netzwerke präsentiert wurden, in dieser Arbeit jedoch nicht weiter betrachtet werden, sind beispielsweise Exponential Linear Units (ELU) [27], Parametric Rectified linear Units (PReLU) [69] und Scaled Exponential Linear Units (SELU) [88].

Tabelle 3.1 In der Literatur präsentierte Variationen von Aktivierungsfunktionen künstlicher neuronaler Netzwerke

Aktivierungsfunktion	
Softplus [198] Die Softplus Aktivierungsfunktion (grau) stellt eine glatte Annäherung der ReLU-Aktivierungsfunktion dar und kann formelmäßig wie folgt beschrieben werden: $$o_j^{(l)} = ln\left(1 + e^{(i_j^{(l)})}\right). \qquad (3.14)$$ Der Wertebereich der Softplus-Funktion liegt zwischen $[0,\infty]$. Aufgrund der asymptotischen Annäherung der unteren Grenze des Wertebereichs werden im Gegensatz zur ReLU-Funktion die Neuronen, die über eine negative Eingabe verfügen, nicht inaktiv, sondern liefern dauerhaft einen Anteil zur Gesamtausgabe des Netzwerkes.	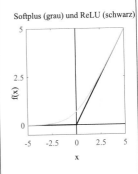
Leaky Rectified linear Unit (LReLU) [40] Die LReLU Aktivierungsfunktion (grau) kann wie folgt beschrieben werden: $$o_j^{(l)} = \begin{cases} i_j^{(l)}, & \text{falls} \quad i_j^{(l)} \geq 0 \\ -a \cdot i_j^{(l)}, & \text{falls} \quad i_j^{(l)} < 0 \end{cases}, \qquad (3.15)$$ für die glatte Annäherung (schwarz) gilt: $$o_j^{(l)} = -a \cdot ln\left(1 + e^{(i_j^{(l)})}\right). \qquad (3.16)$$ Ähnlich wie bereits im vorherigen Abschnitt bei den sigmoiden Aktivierungsfunktionen beschrieben, können auch die ReLU-, bzw. Softplus-Aktivierungsfunktion um einen Twisting-Term a erweitert werden. Dadurch verschiebt sich der Wertebereich auf $[-\infty,\infty]$.	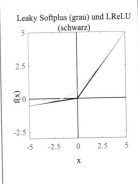

Tabelle 3.1 (Fortsetzung)

Bent Identity Aktivierungsfunktion [46]	
Die Bent Identity Aktivierungsfunktion lässt sich formelmäßig wie folgt darstellen: $$o_j^{(l)} = \frac{\sqrt{\left(i_j^{(l)}\right)^2 + 1} - 1}{2} + i_j^{(l)}. \qquad (3.17)$$ Sie stellt eine Modifikation der Identitätsfunktion dar, die für negative Eingaben einknickt und so nichtlineare Abbildungen durch das neuronale Netzwerk ermöglicht. Die Bent Identity Aktivierungsfunktion stellt eine beidseitig unbegrenzte Aktivierungsfunktion mit einem Wertebereich von $[-\infty,\infty]$ dar.	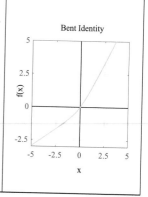

3.4   Lernen in künstlichen neuronalen Netzwerken

Lernalgorithmen für neuronale Netzwerke verfolgen das Ziel, aus einer zur Verfügung stehenden Datenmenge ein Modell anhand einer gewünschten Zielvorgabe zu generieren. Dabei dient ein ausgewählter Lernalgorithmus dazu, die variablen Parameter im Netzwerk anzupassen. Diese können in Form der Gewichte, aber auch als Schwellenwerte einzelner Neuronen im Netz integriert sein. Grundsätzlich ist für die Modellbildung kein a priori Wissen über die physikalischen Gesetzmäßigkeiten, die dem Lernprozess zu Grunde liegen, notwendig. Diese müssen ausschließlich in hinreichender Form durch die zur Verfügung stehenden Trainingsdaten repräsentiert werden. Um die vorgegebenen Ziele erreichen zu können, ist ein Trainingsprozess notwendig. Durch asymptotische Anpassung der Netzwerkausgabe an eine Zielvorgabe wird während des Trainingsprozesses versucht, eine optimale Annäherung der internen Parameter an ein Minimum im Fehlerraum zu finden. Dieser Vorgang ist in Abbildung 3.12 dargestellt.

Dem neuronalen Netzwerk werden Zustandsgrößen, die in funktionalem Zusammenhang mit den vorgegebenen Lernzielen stehen, für den Trainingsprozess bereitgestellt. Für jede Kombination von Eingabegrößen wird eine Netzwerkausgabe berechnet, die anschließend mit der bereitgestellten Zielstellung verglichen wird und aus deren Differenz der Netzwerkfehler berechnet werden kann. Anschließend wird der kalkulierte Netzwerkfehler mit einem zuvor definierten Gütemaß verglichen. Sind alle Anforderungen erfüllt, wird das Netzwerktraining beendet und die

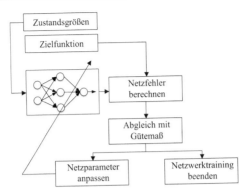

Abbildung 3.12 Exemplarische Darstellung der notwendigen Schritte beim Training neuronaler Netzwerke

im Netzwerk vorhandenen Parameter bleiben konstant. Erfüllt die Netzwerkausgabe nicht die gewünschten Anforderungen, so wird das Netzwerk entsprechend des berechneten Fehlers angepasst und der beschriebene Prozess wird weiter durchlaufen, bis das vom neuronalen Netzwerk bereitgestellte Modell den Anforderungen genügt.

3.4.1   Klassifizierung von Lernalgorithmen

Die Art und Weise wie innerhalb von neuronalen Netzwerken gelernt wird, kann stark variieren und wird einerseits durch die gewünschte Zielstellung, andererseits durch die zur Verfügung stehenden Daten und das vorhandene Wissen über den Zusammenhang zwischen Eingabe und Ausgabe maßgeblich bestimmt [147]. In Abbildung 3.13 sind die wesentlichen Formen unterschiedlicher Lernmethoden zum Training neuronaler Netzwerke, analog zu [153] aufgeführt. Es wird zwischen supervised, unsupervised, semi-supervised und Reinforcement Learning unterschieden.

Supervised Learning
Sind gewünschte Ausgaben zu einer vorgegebenen Kombination von Eingaben bekannt, d.h. es existiert ein Trainingsdatensatz mit bekannter Eingabe-Ausgabekombination (*gelabelt*), so kann in jedem Trainingsschritt die Güte der Netzausgabe mit dem definierten Zielwert verglichen und der resultierende Fehler zur Anpassung der Netzwerkgewichte genutzt werden. Man spricht von

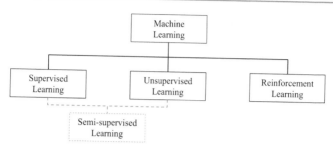

Abbildung 3.13 Die wesentlichen Lernparadigmen künstlicher neuronaler Netzwerke

überwachtem Lernen (*supervised Learning*) bei dem Zielfunktion und Netzwerk in einer Lehrer-Schüler-Beziehung stehen [147]. Durch die direkte Vorgabe von Eingabe-Ausgabe-Paarungen soll der in den Trainingsdaten repräsentierte funktionale Zusammenhang durch eine vom Netzwerk bereitgestellte Funktionsabbildung möglichst genau approximiert werden. Dies ist sinnvoll, wenn komplexe physikalische Zusammenhänge eines realen, nichtlinearen Prozesses über ein Modell abgebildet werden sollen. Können relevante Zustände sowie das gewünschte Ergebnis beobachtet werden, so kann ein aus hinreichend aufgezeichneten Daten trainiertes Modell eine günstige Alternative zur zeitintensiven, komplexen Modellierung darstellen. Dabei ist ein Kompromiss aus genauer Abbildung der Trainingsdaten und robuster Generalisierung unbekannter Muster notwendig. Werden von einem neuronalen Netzwerk die im Trainingsdatensatz bereitgestellten Muster ausschließlich auswendig gelernt, nicht aber der funktionale Zusammenhang erfasst, so wird von *Overfitting* gesprochen [181]. Dies kann anhand einer einfachen Klassifizierungsaufgabe deutlich gemacht werden, die in Abbildung 3.14 dargestellt ist.

In (a) und (b) ist jeweils der identische Datensatz dargestellt. In der ersten Abbildung ist mit der grauen Linie eine Trennung der Datensätze eingezeichnet, die zwar einen Restfehler bezüglich der klassifizierten Trainingsdaten aufweist, jedoch auch eine allgemeinere Lösung darzustellen scheint, die weniger genau von den Trainingsdaten abhängig ist als die in (b) dargestellte Trennlinie. Diese trennt den Trainingsdatensatz perfekt. Es ist jedoch relativ deutlich, dass die Trennung sehr genau an einzelne Punkte im Datensatz angepasst wird. In diesem Fall liegt Overfitting vor, wodurch das Risiko steigt, bei der Verarbeitung unbekannter Daten höhere Approximationsfehler zu generieren.

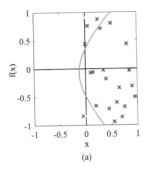 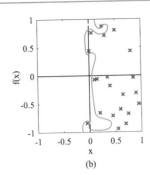

(a)   (b)

Abbildung 3.14 Klassifikation durch Supervised Learning: (a) Gute Approximation, (b) Overfitting

Unsupervised Learning

Beim *unsupervised Learning* wird dem Netzwerk kein explizites Feedback zur Bewertung der Ausgabe bereitgestellt. Das bedeutet, dass die Korrelation zwischen Eingabe und Ausgabe erlernt werden muss, ohne eine explizite Vorgabe zu kennen. Die bekannteste Form des unsupervised Learning ist das Clustering [153]. Dabei muss der Algorithmus die Eigenschaften von Eingabemustern bewerten und in Cluster unterteilen. Als Zielvorgabe wird beispielsweise die Anzahl der Cluster vorgegeben.

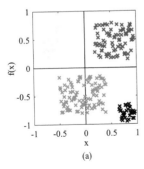 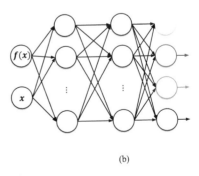

(a)   (b)

Abbildung 3.15 Unsupervised Learning: (a) Geclusterter Datensatz, (b) Umsetzung des Clustering Problems mittels KNN

In Abbildung 3.15 ist das Ergebnis der erfolgreichen Einteilung eines Datensatzes in vier Cluster dargestellt (a) sowie eine exemplarische Umsetzung mit Hilfe eines künstlichen neuronalen Netzwerkes (b). Die Datenpunkte, die in diesem Fall durch x und $f(x)$ an das Netzwerk übergeben werden, müssen dabei selbstständig auf Ähnlichkeit überprüft und diese Information mit Hilfe der gewichteten Verbindungen im Netzwerk bis in die Ausgabeschicht transportiert werden, wo die Einteilung in Cluster durch die Ausgabeneuronen vorgenommen wird. Das Ausgabeneuron mit der höchsten Eingabe wird angeregt und so die Netzeingabe einem Cluster zugeordnet. Die gesamte Organisation hat durch das Netzwerk zu erfolgen, ohne dass eine Lehrer-Schüler-Beziehung existiert [147].

Semi-supervised Learning

Das *semi-supervised Learning* stellt eine Kombination aus supervised und unsupervised Learning dar. Dabei steht dem Netzwerktraining ein kleiner Satz aus gelabelten Daten, das bedeutet Daten mit einer festen Zuordnung von Eingabe und Ausgabepaaren wie es beim supervised Learning der Fall sein muss, zur Verfügung. Die wesentlich größere Menge des Trainingsdatensatzes besteht jedoch aus Daten, für die kein Label vorhanden ist [25, 153]. Ungelabelte Daten sind deutlich einfacher zu generieren, da keine feste Klassifizierung von Eingabegrößen zu einem gewünschten Ziel erforderlich ist. Zudem wurde in der Vergangenheit gezeigt, dass eine Kombination aus ungelabelten und gelabelten Daten zu einer gesteigerten Genauigkeit beim Training neuronaler Netzwerke führen kann [144, 200].

Um die Funktionsweise von semi-supervised Learning zu verdeutlichen, ist in Abbildung 3.16 zweimal ein identischer Trainingsdatensatz abgebildet. Die Aufgabe des Algorithmus besteht darin, eine sinnvolle räumliche Trennung der Datenpunkte zu generieren, d.h. zwei geeignete Cluster zu finden. Von den zum Training zur Verfügung stehenden Datenpunkten sind 20% gelabelt (dunkle, bzw. helle Kreuze).

In (a) erfolgt die Modellbildung ausschließlich mit der kleinen Menge an Datenpunkten, die für einen rein überwachten Lernalgorithmus genutzt werden können. Die räumliche Trennung der für das Training genutzten Datenpunkte ist einerseits möglich, die ungelabelten Muster werden jedoch nicht berücksichtigt und so nur eine unvollständige Modellbildung generiert, die nicht generalisierbare Ergebnisse für die vernachlässigten Datenpunkte liefert. In (b) erfolgt das Training mit einer Kombination aus gelabelten und ungelabelten Daten, wodurch eine bessere Trennung ermöglicht wird und somit eine genauere Abbildung des Problems umsetzbar ist.

Reinforcement Learning

Beim *Reinforcement Learning* steht ein Agent in Interaktion mit seiner Umwelt und lernt anhand von Belohnungen bei erfolgreicher Absolvierung einer

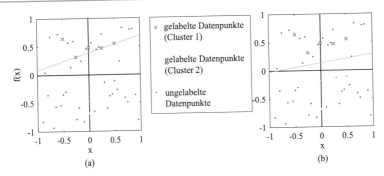

Abbildung 3.16 (a) Räumliche Trennung nach Training durch rein gelabelte Daten, (b) Räumliche Trennung nach Training auf Basis eines Datensatzes mit gelabelten und ungelabelten Daten

vorgegebenen Aufgabe, bzw. erhält Bestrafungen, wenn eine gewünschte Zielstellung verfehlt wird [153, 177]. Die Interaktion zwischen dem Agenten und seiner Umwelt ist in Abbildung 3.17 (a) skizziert. Dabei wird nicht jede Handlung unmittelbar nach deren Ausführung für sich bewertet, sondern eine Kombination von ausgeführten Schritten in Relation zu einem gewünschten globalen Ziel zum Training des Algorithmus verwendet. Anschaulich kann dies anhand des in Abbildung 3.17 (b) dargestellten Labyrinths verdeutlicht werden. Das globale Ziel ist die erfolgreiche Bewältigung des Labyrinths, wobei nur vorwärts gerichtete Züge erlaubt sind, also kein Feld doppelt besucht werden darf. Insgesamt sind drei ausgewählte Wege dargestellt, von denen die in hellgrau abgebildete Wegstrecke in eine Sackgasse läuft, der in dunkelgrau dargestellte Weg das Ziel nach einigen Umwegen erreicht und der schwarze Weg die optimale Trajektorie durch das Labyrinth beschreibt. Eine Iteration, die zum Training genutzt wird, beschreibt einen vollständigen Versuch, das Labyrinth zu durchlaufen. Das bedeutet, dass bei der Auswertung unterschiedlich viele Schritte zum Training des Algorithmus herangezogen werden können. Im Falle des hellgrauen Weges wird, nachdem in der Sackgasse keine weiteren Züge mehr möglich sind, eine Bestrafung ausgesprochen, mit der die zuvor getroffenen Entscheidungen bewertet werden, sodass diese Zustände in Zukunft für den Algorithmus weniger attraktiv sind. Da sowohl die in schwarz als auch in dunkelgrau dargestellte Strategie das Ziel erreichen, wird jeweils eine Belohnung ausgeschüttet. Da der schwarze Weg kosteneffizienter ist und daher gegenüber der längeren Wegstrecke bevorzugt werden soll, können neben der Belohnung für das Erreichen des globalen Ziels weitere Aspekte in einer Belohnungsfunktion berücksichtigt werden, wie beispielsweise die benötigte Zeit, um das Ziel zu erreichen oder

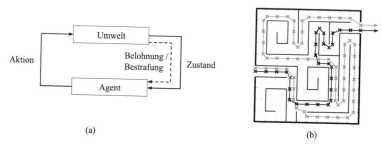

(a)   (b)

Abbildung 3.17 (a) Interaktion zwischen Agent und Umwelt beim Reinforcement Learning nach [177], (b) Lösung eines Labyrinths, aus der unterschiedliche Belohnungen / Bestrafungen resultieren

die zurückgelegte Anzahl an Schritten. Der Aufwand eine geeignete Belohnungs-funktion zu definieren, steigt mit einem erhöhten Komplexitätsgrad der Umgebung [201]. Damit nach einem Trainingsdurchgang mit erfolgreicher Bewältigung der Aufgabe in der Folge nicht durchgehend der gleiche Weg gewählt wird, sondern der gesamte Zustandsraum erkundet wird, um die Lösung mit der höchsten Belohnung zu finden, wird beim Reinforcement Learning eine Kombination aus Anwendung bereits erlernten Wissens sowie eine in Interaktion mit der Umgebung erfolgende Erkundung umgesetzt [177]. So kann über eine große Anzahl von Wiederholungen nach dem Trial and Error Prinzip der gesamte Raum erkundet werden und eine, unter den gesetzten Rahmenbedingungen, optimale Lösung gefunden werden.

3.4.2 Der Backpropagations-Algorithmus

Das in den vergangenen Jahren deutlich verstärkte Interesse an Anwendungen von künstlichen neuronalen Netzwerken ist neben der erhöhten Rechnerperformanz und den zur Verfügung stehenden Trainingsdaten auch darin begründet, dass die Effizi-enz beim Training komplexer Netzwerkarchitekturen immer weiter steigt [41, 50, 64, 87, 158]. Der Backpropagations-Algorithmus, dessen mathematische Grundla-gen bereits in den 70er Jahren entwickelt wurden [147], erhielt erst durch Rumelhart 1986 größere Aufmerksamkeit [152] und stellt bis heute die Grundlage für ein effi-zientes Training tiefer künstlicher neuronaler Netzwerke mit einer hohen Anzahl zu optimierender Gewichte dar. Das Prinzip des Backpropagations-Algorithmus stellt einen Gradientenabstieg im Fehlerraum dar. Das bedeutet, dass für ein Trainings-ziel eine asymptotische Annäherung an ein Minimum der Fehlerfunktion erfolgt.

Die zu optimierenden Parameter werden durch die Gewichte innerhalb des Netzwerkes beschrieben, wodurch das Ziel der Lernaufgabe darin besteht, eine optimale Gewichtskonfiguration zu bestimmen, die den Netzwerkfehler minimiert. Daher galten lange Zeit die in Abschnitt 3.3.2 beschriebenen sigmoiden Aktivierungsfunktionen als beste Möglichkeit nichtlineare Funktionszusammenhänge abzubilden. Die Ableitung von Sigmoiden ist stetig differenzierbar, wodurch gewährleistet wird, dass die partiellen Ableitungen der Fehlerfunktion nach sämtlichen Verbindungsgewichten für jeden Zustand definiert sind [147]. Erst jüngste Experimente haben gezeigt, dass der Einsatz von nicht stetig differenzierbaren ReLU Aktivierungsfunktionen zu besseren Ergebnissen bezüglich des Netzwerktrainings führen kann [56, 57, 96, 119].

Gewichtsanpassung mittels Backpropagation

Wie bereits im vorangegangenen Abschnitt erwähnt, werden in künstlichen neuronalen Netzwerken durch Addition und Multiplikation multipler, gewichteter Funktionsausgaben Eingabevektoren in Ausgabevektoren umgerechnet. Dabei soll eine gewünschte Funktion, die nicht explizit bereitgestellt wird, sondern ausschließlich durch Trainingsdaten in Form von Eingabe-Ausgabe-Paaren abgebildet wird, möglichst genau approximiert werden. Beim Netzwerktraining wird für diese Zielstellung eine optimale Gewichtskonfiguration gesucht [147].

Die Zielstellung besteht entsprechend darin, den n-dimensionalen Eingabevektor $i_1, i_2, \ldots, i_n$ in p Ausgänge $o_1, o_2, \ldots, o_p$ zu überführen und dabei die ebenfalls p Referenzgrößen $t_1, t_2, \ldots, t_p$ möglichst genau abzubilden. Üblicherweise wird als Maß für die Güte der durch das Netzwerk vorgenommenen Approximation der mittlere quadratische Fehler E (MSE = Mean Squared Error) herangezogen, der analog zu Gleichung (3.18) bestimmt werden kann:

$$E = \frac{1}{2} \sum_{i=1}^{l} \left(\vec{t_i} - \vec{o_i} \right)^2 . \qquad (3.18)$$

Dabei repräsentiert l die Anzahl zur Verfügung stehender Trainingsmuster. Bei zufälliger Initialisierung der Netzwerkgewichte von denen ausgehend die Optimierung gestartet wird, korrigiert der beim Backpropagationsalgorithmus berechnete Gradient die Startgewichte in Richtung eines lokalen Minimums der Fehlerfunktion. Dazu wird in jedem Optimierungsschritt eine Gewichtsänderung berechnet, die zu den bestehenden Netzwerkgewichten addiert wird:

$$\underline{W}_{(neu)} = \underline{W}_{(alt)} + \Delta \underline{W} . \qquad (3.19)$$

Im folgenden Abschnitt wird die Backpropagation für ein vorwärtsgerichtetes Netzwerk mit n Eingabeneuronen, m versteckten Schichten $(_{hid})$ mit $n_{hid}^{(1)}$ bis $n_{hid}^{(m)}$ Neuronen und p Ausgabeneuronen beschrieben. Entsprechend sind die Netzwerkgewichte auf $m+1$ Gewichtsmatrizen $\underline{W}^{(1)}\ldots\underline{W}^{(m+1)}$ verteilt. Zur besseren Veranschaulichung ist das beschriebene Backpropagationsnetz in Abbildung 3.18 dargestellt.

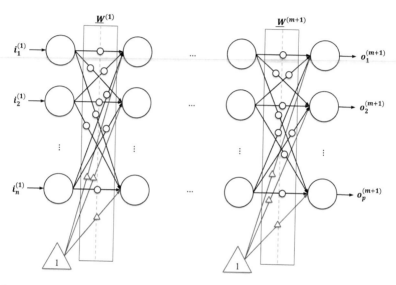

Abbildung 3.18 Visualisierung eines vorwärtsgerichteten Backpropagationsnetzes mit n-Eingängen, m-versteckten Schichten und p-Ausgaben

Da das Lernziel des neuronalen Netzwerkes eine Minimierung des Fehlers E durch iterative Anpassung $\Delta\underline{W}$ der Netzwerkgewichte $\underline{W}$ mit Hilfe eines Gradientenabstiegverfahrens darstellt, muss der Gradient bestimmt werden. Dazu ist es notwendig die partiellen Ableitungen der Fehlerfunktion auf sämtliche Gewichte im Netzwerk zu bestimmen:

$$\vec{\nabla}E = \left(\frac{\partial E}{\partial w_{1,1}^{(1)}}, \ldots, \frac{\partial E}{\partial w_{n+1,n_{hid}^{(1)}}^{(1)}}, \ldots, \frac{\partial E}{\partial w_{1,1}^{(m+1)}}, \ldots, \frac{\partial E}{\partial w_{n_{hid}^{(m)}+1,p}^{(m+1)}} \right). \qquad (3.20)$$

In dieser Gleichung sind die Gewichte des jeweiligen Bias der unterschiedlichen Schichten durch ein zusätzliches Gewicht, das jeder Schicht angehängt ist und durch die +1 im Index symbolisiert wird, dargestellt. So folgt exemplarisch:

$$\frac{\partial E}{\partial b_{1,1}^{(1)}} = \left(\frac{\partial E}{\partial w_{n+1,1}^{(1)}} \right). \tag{3.21}$$

In den vorangegangen Abschnitten wurde insbesondere die Informationsverarbeitung in vorwärtsgerichteter Richtung innerhalb des neuronalen Netzwerkes betrachtet. Dabei wurde eine Teilung der Aufgaben von idealisierten Neuronen in die Berechnung der Erregung (Summe aller Eingänge) sowie deren Verarbeitung mit Hilfe einer Aktivierungsfunktion (vgl. Abbildung 3.6) vorgenommen. Für die Backpropagation wird ein weiterer Pfad innerhalb des Neurons implementiert, der die Ableitung der jeweiligen Aktivierungsfunktion beinhaltet [147]. Diese Erweiterung ist in Abbildung 3.19 für ein Neuron dargestellt.

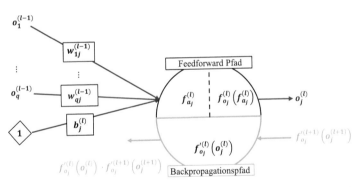

Abbildung 3.19 Erweiterungen des in Abbildung 3.6 dargestellten idealisierten Neurons um einen Backpropagationsschritt

Um die Gewichtsanpassung und damit das Lernziel des Netzwerkes mit Hilfe des Backpropagationsalgorithmus umzusetzen, sind insgesamt vier Schritte notwendig:

1. Feedforward Propagation des Eingabevektors durch das neuronale Netzwerk
2. Berechnung des Netzwerkfehlers und Backpropagation bis zur Ausgabeschicht
3. Backpropagation des Fehlers durch die versteckten Schichten des Netzwerkes
4. Anpassung der Netzwerkgewichte

In den ersten drei Schritten werden die partiellen Ableitungen der Fehlerfunktion E nach den Netzwerkgewichten, analog zu Gleichung (3.20), berechnet. Im vierten Schritt erfolgt die Optimierung der Netzwerkparameter entsprechend des vorgegebenen Lernziels. Um diese Schritte anschaulich zu erläutern, wird zunächst auf eine exemplarische 2-3-2 Netzwerkarchitektur analog zu Abbildung 3.5 eingegangen.

1. Feedforward Propagation

Die vorwärtsgerichtete Informationspropagation durch ein künstliches neuronales Netzwerk wurde in vorherigen Abschnitten erläutert. Mit den für Backpropagationsnetzwerke beschriebenen Erweiterungen der implementierten Neuronen soll für das in Abbildung 3.5 dargestellte 2-3-2 Netzwerk die Feedforward-Funktionskomposition betrachtet werden. Es existieren zwei Gewichtsmatrizen $\underline{W}^{(1)}$ und $\underline{W}^{(2)}$:

$$\underline{W}^{(1)} = \begin{bmatrix} w_{1,1}^{(1)} & w_{1,2}^{(1)} & w_{1,3}^{(1)} \\ w_{2,1}^{(1)} & w_{2,2}^{(1)} & w_{2,3}^{(1)} \\ b_1^{(1)} & b_2^{(1)} & b_3^{(1)} \end{bmatrix}^T, \quad \underline{W}^{(2)} = \begin{bmatrix} w_{1,1}^{(2)} & w_{1,2}^{(2)} \\ w_{2,1}^{(2)} & w_{2,2}^{(2)} \\ w_{3,1}^{(2)} & w_{3,2}^{(2)} \\ b_1^{(2)} & b_2^{(2)} \end{bmatrix}^T, \quad (3.22)$$

die analog zu [90] in einer Gesamtgewichtsmatrix $\underline{W}$ zusammengefasst werden können:

$$\underline{W} = \begin{bmatrix} \underline{W}^{(2)} & 0 \\ 0 & \underline{W}^{(1)} \end{bmatrix}. \quad (3.23)$$

Bei der Feedforward Propagation wird das Netzwerk vollständig in vorwärtsgerichteter Richtung durchlaufen, bis die Eingabewerte $\vec{i}$ in eine Netzwerkausgabe $\vec{y}$ transformiert wurden. Zur Berechnung der Netzwerkausgabe wird in jedem Neuron eine Aufsummierung der parallel geschalteten Neuronenausgaben der vorherigen Schicht, multipliziert mit der entsprechenden Gewichtsmatrix, vorgenommen. Der daraus resultierende skalare Wert wird von der Aktivierungsfunktion verarbeitet und stellt die Neuronenausgabe dar. Diese Rechenschritte werden entsprechend der Dimensionierung des Netzwerkes bis in die Ausgabeschicht wiederholt, in der die Netzwerkausgabe berechnet wird. Für das 2-3-2 Netzwerk folgt:

$$\vec{y} = \vec{o}^{(3)} = \vec{f}_o^{(3)}\left(\underline{W}^{(2)} \cdot \vec{f}_o^{(2)}\left(\underline{W}^{(1)} \cdot \vec{f}_o^{(1)}(\vec{i}^{(1)})\right)\right). \quad (3.24)$$

Ein komplexeres Netzwerk mit grundsätzlich beliebig vielen, m versteckten Schichten (vgl. Abbildung 3.18), verfügt entsprechend über $(m+1)$ Gewichtsmatrizen der Form:

$$\underline{W}^{(l)} = \begin{bmatrix} w_{1,1}^{(l)} & w_{1,2}^{(l)} & \cdots & w_{1,n^{(l+1)}}^{(l)} \\ \vdots & \vdots & \ddots & \vdots \\ w_{n^{(l)},1}^{(l)} & w_{n^{(l)},2}^{(l)} & \cdots & w_{n^{(l)},n^{(l+1)}}^{(l)} \\ b_1^{(l)} & b_2^{(l)} & \cdots & b_{n^{(l+1)}}^{(l)} \end{bmatrix}^T . \qquad (3.25)$$

Dabei stellt $\underline{W}^{(l)}$ die Gewichtsmatrix zwischen der (l)-ten sowie der nachfolgenden Schicht des Netzwerkes dar, in denen $n^{(l)}$ bzw. $n^{(l+1)}$ Neuronen vorhanden sind. Für ein beliebiges, vorwärts gerichtetes Netzwerk mit m versteckten Schichten berechnet sich der Netzausgabevektor entsprechend wie folgt:

$$\vec{y} = \vec{o}^{(m+1)} = \vec{f}_o^{(m+1)} \left(\underline{W}^{(m+1)} \cdots \left(\underline{W}^{(2)} \cdot \vec{f}_o^{(2)} \left(\underline{W}^{(1)} \cdot \vec{f}_o^{(1)} (\vec{i}^{(1)}) \right) \right) \right). \qquad (3.26)$$

Für einfach strukturierte neuronale Netzwerke mit einer versteckten Schicht, einem Netzausgang und linearen Aktivierungsfunktionen in sowohl Eingabe- als auch Ausgabeschicht lässt sich Gleichung (3.26) folgendermaßen vereinfachen:

$$y = \underline{W}^{(2)} \cdot \vec{f}_o^{(2)} \left(\underline{W}^{(1)} \cdot \vec{i}^{(l)} \right). \qquad (3.27)$$

Neben der reinen Transformation von Eingabegrößen in Netzwerkausgaben wird für den 2. und 3. Schritt zudem die jeweilige Ableitung der Aktivierungsfunktionen aller Neuronen f_o' gespeichert, was nachfolgend erläutert wird.

2. Berechnung des Netzwerkfehlers und Backpropagation bis zur Ausgabeschicht
Im ersten Schritt der Backpropagation wird die Ausgabeschicht des neuronalen Netzwerkes zunächst analog zu Abbildung 3.20 um einen Block zur Fehlerberechnung erweitert. Ziel ist die Berechnung von $\frac{\partial E}{\partial \underline{W}^{(m+1)}}$.

Für jedes Gewicht der Matrix $\underline{W}^{(m+1)}$ existiert jeweils ein Pfad von Fehlerberechnung bis rückwärtsgerichteter Neuronenausgabe der Ausgabeschicht. Dieser Pfad wird über den rückwärtsverteilten Fehler δ beschrieben und ergibt sich zu:

$$\vec{\delta}^{(m+1)} = \vec{f}_o'^{(m+1)} \left(\vec{t} - \vec{o}^{(m+1)} \right). \qquad (3.28)$$

Die Berechnung der partiellen Ableitung der Fehlerfunktion nach den Gewichten der von hinten betrachteten, ersten Gewichtsmatrix im Netzwerk $\frac{\partial E}{\partial \underline{W}^{(m+1)}}$ kann mit Hilfe des rückwärtsverteilten Fehlers wie folgt dargestellt werden [147]:

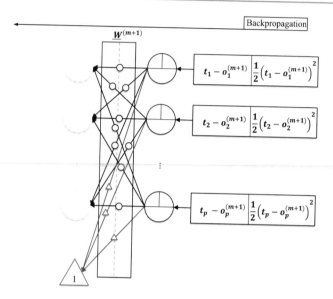

Abbildung 3.20 Erweiterung des Netzwerkes zur Berechnung der Fehlerfunktion sowie Backpropagation bis in die erste Gewichtsmatrix

$$\frac{\partial E}{\partial \underline{W}^{(m+1)}} = -\vec{\delta}^{(m+1)}\vec{o}^{(m)}. \tag{3.29}$$

Da der rückwärtsverteilte Fehler für ein Ausgabeneuron mit linearer Aktivierungsfunktion konstant ist, hängt die Variation der partiellen Ableitung der Fehlerfunktion aller gewichteten Verbindungen eines Ausgabeneurons in diesem Fall ausschließlich von der Größe der Ausgaben der vorangegangen Schicht ab.

3. Backpropagation des Fehlers durch die versteckten Schichten
Im folgenden Schritt soll exemplarisch aufgezeigt werden, welche Rechenoperationen durchzuführen sind, um die partielle Ableitung der Fehlerfunktion nach einem Gewicht der Gewichtsmatrix zwischen den Eingabeneuronen und der aus Backpropagationssicht letzten versteckten Schicht zu ermitteln. Dazu wird das Gewicht zwischen dem jeweils zweiten Neuron dieser Schichten betrachtet $\left(w_{22}^{(1)}\right)$ und der Übersicht halber in Abbildung 3.21 weitere Informationspfade ausgegraut. Das Ziel in diesem Schritt ist es, $\frac{\partial E}{\partial w_{22}^{(1)}}$ zu berechnen. Dafür wird analog zum zuvor beschrie-

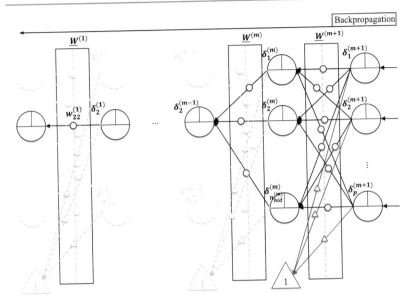

Abbildung 3.21 Backpropagation durch die versteckten Schichten

benen Schritt der rückwärtsverteilte Fehler bis zu dem entsprechenden Gewicht propagiert. Für die in schwarz markierten Verbindungen in der Gewichtsmatrix $\underline{W}^{(m+1)}$ folgt:

$$\delta_2^{(m-1)} = f_2'^{(m-1)} \left(\sum_{i=1}^{n_{hid}^{(m)}} \left(w_{2i}^{(m)} \cdot \delta_i^{(m)} \right) \right). \tag{3.30}$$

Dieser Schritt ist entsprechend der Netzwerktiefe noch $m-1$ weitere Male bis in die erste versteckte Schicht zu wiederholen, in der für die partielle Ableitung der Fehlerfunktion nach dem gesuchten Gewicht $w_{22}^{(1)}$ analog zu [147] bzw. Gleichung (3.29) folgt:

$$\frac{\partial E}{\partial w_{22}^{(1)}} = -\delta_2^{(1)} \cdot o_2^{(1)}. \tag{3.31}$$

Auf diese Weise lassen sich für Netzwerke mit beliebigen Kombinationen versteckter Neuronen und Schichten die Zusammenhänge der Fehlerfunktion und beliebiger, im Netzwerk implementierter Gewichte, ermitteln. Somit wird die Grundlage für den vierten Schritt geschaffen, in dem eine gezielte Änderung der Gewichte den

Lernprozess abbildet und dem neuronalen Netzwerk ermöglicht, eine Zielfunktion zu approximieren.

4. Anpassung der Netzwerkgewichte

Nachdem der rückwärtsverteilte Fehler für alle Pfade im neuronalen Netzwerk berechnet wurde, wird eine Modifizierung der Gewichte vorgenommen. Dabei erfolgt die Optimierung immer in negativer Gradientenrichtung, so dass die Veränderung der Gewichte und damit die Annäherung der Zielfunktion asymptotisch in ein Minimum auf der Fehlerfläche überführt wird [147]. Die Schrittweite, mit der der Gradientenabstieg erfolgt, wird durch die Lernrate μ bestimmt, die maßgeblich für die Konvergenzgeschwindigkeit des Netzwerktrainings verantwortlich ist. Große Lernraten können eine schnelle Annäherung der Netzwerkausgabe an die gewünschte Zielfunktion begünstigen, jedoch auch dazu führen, dass geeignete Minima übersprungen werden bzw. durch zu hohe Änderungsraten eine Oszillation und damit Destabilisierung des Netzwerktrainings hervorgerufen wird [90]. Die Änderung der Netzwerkgewichte nach dem Gradientenabstiegsverfahren wird formelmäßig wie folgt beschrieben:

$$\Delta \underline{W} = \mu \cdot \nabla E\left(\underline{W}\right). \tag{3.32}$$

Für ein dreischichtiges Netzwerk mit q Neuronen in der Eingabeschicht, r Neuronen in der versteckten Schicht und p Neuronen in der Ausgabeschicht folgt für die Gewichtsanpassung:

$$\Delta w_{ij}^{(2)} = \mu \cdot o_i^{(2)} \cdot \delta_j^{(2)}, \quad \text{mit} \quad i = 1, \ldots, r+1; \quad j = 1, \ldots, p, \tag{3.33}$$

$$\Delta w_{ij}^{(1)} = \mu \cdot o_i^{(1)} \cdot \delta_j^{(1)}, \quad \text{mit} \quad i = 1, \ldots, q+1; \quad j = 1, \ldots, r. \tag{3.34}$$

Die Erweiterungen ($q+1$ und $r+1$) repräsentieren die Gewichte im Netzwerk, die nicht direkt von den Eingaben abhängig, sondern innerhalb der Leitungen als Bias implementiert sind.

Das beschriebene Gradientenabstiegsverfahren stellt eine wichtige Säule des erfolgreichen Trainings künstlicher neuronaler Netzwerke dar. Dennoch wird der Algorithmus vor grundlegende Probleme gestellt, die eine erfolgreiche Trainingsphase und damit das Erreichen vorgegebener Lernziele einschränken können. Wie in [105] beschrieben, führen lokale Minima der Fehlerfunktion zu einer vom Optimum und damit dem globalen Minimum abweichenden Lösung beim Netzwerktraining. Des weiteren können schlechte Startwerte der Netzwerkgewichte, die nicht zufällig, sondern gleich oder symmetrisch gewählt werden, das Netzwerktraining negativ beeinflussen (*Symmetry Breaking*). Weitere Probleme können aus der Beschaffenheit der Fehlerfläche resultieren, wie beispielsweise die Stagnation des Gradienten innerhalb flacher Plateaus und daraus resultierend eine Verringerung der Gewichtsänderung für eine große Anzahl an Iterationen. Ebenfalls kritisch sind zu steile „Schluchten" der Fehlerfläche, die eine Oszillation des Trainings nach sich ziehen können.

Um eine Effizienzsteigerung beim Netzwerktraining zu bewerkstelligen, werden neben Untersuchungen zur Optimierung von Netzwerktopologie [114, 169] und Aktivierungsfunktionen [69, 79, 124] auch effizientere Methoden zum Netzwerktraining untersucht, die in Abschnitt 3.4.3 näher erläutert werden und Modifikationen des klassischen Gradientenabstiegsverfahrens darstellen.

3.4.3 Trainings- / Lernverfahren

Beim Lernen innerhalb neuronaler Netzwerke spielt die Präsentation der Daten sowie das ausgewählte Trainingsverfahren eine wichtige Rolle für den späteren Trainingserfolg des Algorithmus. Grundsätzlich wird zwischen Offline-Training - auch bekannt als Batch-Training- und Online-Training unterschieden.

Offline-Training
Beim Offline-Training werden große Anteile der zum Training zur Verfügung stehenden Datenpunkte gebündelt und im Rahmen des Netzwerktrainings epochenweise präsentiert, bis der resultierende Netzwerkfehler einem zuvor definierten Gütekriterium entspricht. Die Anpassung der Netzwerkgewichte erfolgt erst, nachdem alle in einem Batch zusammengefassten Datenpunkte (oftmals alle verfügbaren Trainingsdaten) im Rahmen einer Epoche präsentiert wurden [93]. Die gebündelte Anpassung der Gewichte für einen Datensatz mit m Eingabe-Ausgabepaaren erfolgt nach [90] in der Form:

$$\Delta \underline{W} = \Delta_1 \underline{W} + \Delta_2 \underline{W} + \cdots + \Delta_m \underline{W}. \tag{3.35}$$

Die Optimierung der Netzwerkgewichte in dieser Form bietet den Vorteil, dass die gemittelte Gradientenrichtung eine zielgerichtete Bewegung in Richtung des Minimums der Fehlerfläche ermöglicht, wohingegen beim Online-Training ein leichtes Rauschen der Gradientenrichtung auftreten kann [90, 147]. Ein geläufiges Verfahren zum Offline-Training ist der Levenberg-Marquardt Algorithmus [90]. Durch die Parallelisierbarkeit des Lernprozesses können die Kalkulationen für unterschiedliche Eingabemuster unabhängig voneinander durchgeführt werden [68], wodurch der in [147] beschriebene erhöhte Rechenbedarf teilweise relativiert werden kann. Allerdings ist der notwendige Speicherbedarf bei Offline-Trainingsverfahren im Vergleich zum Online-Training höher, da die Gewichtsänderungen für jeden Eingang bis zur Gewichtsänderung am Ende einer Epoche gespeichert werden müssen [68].

Online-Training

Beim Online-Training wird eine Anpassung des Algorithmus mit jedem verfügbaren Muster des Trainingsdatensatzes durchgeführt. Das bedeutet, dass nach jedem präsentierten Trainingsbeispiel ein Lernschritt ausgeführt wird [93, 147], weshalb in diesem Fall auch von inkrementellem oder in der Folge iterativem Netzwerktraining gesprochen wird.

Im Vergleich zum Batch-Training bietet Online-Training bezüglich der Anwendung in Fahrdynamikregelungssystemen Vorteile. Einerseits lässt sich ein bestehender Trainingsdatensatz problemlos um zusätzliche Trainingsdaten erweitern. Das bedeutet, dass ein vortrainiertes Basisnetzwerk schrittweise nachtrainiert werden kann, sobald neue Trainingsmuster verfügbar werden. Beim Offline-Training müssen unter Umständen die Batches angepasst werden, was zusätzlichen Aufwand sowie ein umfangreicheres nachträgliches Training nach sich zieht.

Ein weiterer Vorteil, gegenüber dem Batch-Training, ist der geringere Speicherbedarf [68] und die schnellere Berücksichtigung erforderlicher Anpassungen, da es nicht notwendig ist, einen großen Teil der Trainingsdaten zu berücksichtigen. Um eine anpassungsfähige Regelung im Fahrzeug zu realisieren, die auf dynamische Änderungen der Umwelt und Regelstrecke außerhalb eines zum Training bereitgestellten Trainingsdatensatzes reagiert, ist es entsprechend sinnvoll, maximal sehr kleine Batches zu berücksichtigen, um keine kritischen Verzögerungen aus dem Netzwerktraining in die Stellgröße einzubringen. Ein Nachteil, den das Online-Training gegenüber dem Batch-Training mit sich bringt, ist die unter Umständen gesteigerte Anzahl an Präsentationsmustern, die benötigt werden, um die Netzwerkgewichte in einen finalen Sättigungszustand zu überführen. Darüber hinaus kann der Stabilitätsnachweis beim Training im geschlossenen Regelkreis und bei direktem Einfluss auf die Fahrzeugführung kritisch sein, da kein definierter Test- und Validierungsdatensatz zur Bewertung der Netzwerkperformanz herangezogen werden kann.

Um die Unterschiede zu verdeutlichen, sind in Abbildung 3.22 zwei 2-3-1 Netzwerke, die zur Lösung des in Abschnitt 3.2.2 beschriebenen XOR-Problems trainiert wurden, dargestellt. Die Startgewichte beider Netzwerke sind identisch und in einem Fall werden die Netzwerkgewichte mit Hilfe von Online-Training optimiert, im anderen Fall erfolgt ein Batch-Training, wobei ein Batch vier Eingabe-Ausgabepaare enthält.

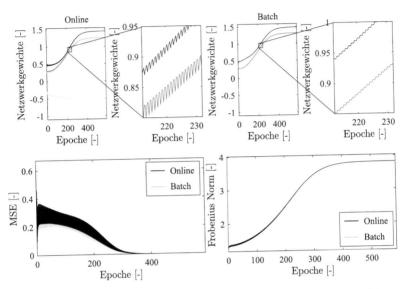

Abbildung 3.22 Lösung des XOR-Problems mit einem online und einem offline trainierten, vorwärtsgerichteten 2-3-1 Netzwerk

Im oberen Abschnitt der Abbildung ist die Änderung der Netzwerkgewichte zwischen versteckter und Ausgabeschicht über den Trainingsepochen dargestellt, auf der linken Seite die Ergebnisse für das inkrementelle Training, auf der rechten Seite für das Batch-Training. Der Verlauf der Gewichte und der jeweilige Endzustand sind in beiden Fällen vergleichbar, jedoch wird in den vergrößerten Ausschnitten deutlich, wie der gemittelte Gradient im Falle des Batch-Trainings die Änderung der Netzwerkgewichte glättet. Dies wird auch in der Darstellung des mittleren quadratischen Fehlers in der unteren linken Abbildung deutlich, der ebenfalls über die Trainingsepochen dargestellt ist. Beide Trainingsverfahren konvergieren in vergleichbarer Zeit mit einem definierten Gütemaß $MSE \leq 1 \cdot 10^{-8}$, jedoch ist im Falle des Online-Trainings das bereits beschriebene Rauschen zu Beginn des Trainings deutlich erkennbar.

In der rechten unteren Teilabbildung ist die Frobenius Norm aller Netzwerkgewichte über den Trainingsepochen dargestellt. Die Frobenius Norm ermöglicht eine Aussage über das Gewichtsniveau des Netzwerkes, ohne jedes Element der Gewichtsmatrix betrachten zu müssen [186]. Die Frobenius Norm $||\underline{W}||_F$ kann gemäß Formel (3.36) für ein Netzwerk mit einer $(m \times n)$-Gewichtsmatrix $\underline{W} \in \mathbb{R}^{(m \times n)}$ gebildet werden:

$$||\underline{W}||_F = \sqrt{\sum_{i=1}^{m} \sum_{j=1}^{n} |w_{ij}|^2}. \tag{3.36}$$

Die Darstellung der Frobenius Norm bestätigt den ähnlichen Verlauf und ein vergleichbares Gewichtsniveau beider Trainingsverfahren. Die Norm rauscht während der ersten Epochen im Fall des Online-Trainings stärker, als für den Fall der zu Batches aggregierten Trainingsdaten. Nach Durchlaufen der ersten Trainingsepochen und sukzessiver Annäherung an das gesättigte Endniveau der Netzwerkgewichte wird das Rauschen schrittweise geringer, bis ein im Vergleich zum Batch-Training ähnliches Endniveau erzielt wird.

Die Unterschiede zwischen Online- und Batch-Training fallen für das dargestellte Beispiel relativ gering aus. Dies liegt unter anderem an der sehr geringen Größe von nur vier Datenpunkten pro Batch. Für große Datensätze und entsprechend umfangreichere Batches sind deutlichere Unterschiede zwischen Online- und Offline-Training zu erwarten.

Gradientenabstiegsbasierte Verfahren zur Gewichtsanpassung

Neben der Art und Weise wie Trainingsmuster dem Netzwerk präsentiert werden, spielt die Art des gradientenabstiegsbasierten Trainingsverfahren eine entscheidende Rolle für den Erfolg des Netzwerktrainings. In den vergangenen Jahren wurde eine Reihe unterschiedlicher Methoden vorgeschlagen, die nachweislich den Trainingserfolg neuronaler Netzwerke gegenüber dem klassischen Gradientenabstieg erhöhen [68, 93, 147].

Nachfolgend ist eine Auswahl gradientenabstiegsbasierter Trainingsverfahren dargestellt, die im Rahmen dieser Arbeit Anwendung finden und in den folgenden Kapiteln für das Online-Training, der innerhalb des Fahrdynamikreglers implementierten neuronalen Netzwerke, analysiert werden.

1. **Vanilla Update**

Das Vanilla Update stellt eine einfach zu realisierende Anpassung der Netzwerkgewichte dar. Der formelmäßige Zusammenhang kann wie folgt dargestellt werden:

$$\Delta\underline{W} = -\mu \cdot \nabla E\left(\underline{W}\right). \tag{3.37}$$

Die Gewichtsänderung erfolgt entsprechend in negativer Gradientenrichtung im Fehlerraum. Die Schrittweite wird maßgeblich durch den Parameter der Lernrate μ bestimmt, der im Falle des Vanilla-Updates konstant ist und vom Anwender geschätzt wird.

2. **Momentum Update (GDM)**

Das Momentum Update ist ein weiteres gradientenbasiertes Lernverfahren, welches für die Optimierung tiefer neuronaler Netzwerke üblicherweise zu besseren Ergebnissen führt als das Vanilla Update [147]. Dies ist insbesondere anhand der Beschaffenheit der Fehlerfunktion in Abhängigkeit der zu optimierenden Netzwerkgewichte zu erklären. Wie im vorangegangenen Abschnitt bereits erwähnt, existieren lokale Minima und flache Plateaus, die eine Herausforderung bei der Suche nach dem globalen Minimum darstellen. Die zufällige Initialisierung von Startgewichten in einem neuronalen Netzwerk zieht einen unbekannten Startpunkt der Optimierung nach sich, womit bei konstanter Abstiegs-Schrittweite nicht sichergestellt werden kann, dass eine Annäherung an ein lokales Minimum erfolgt, in dem die Netzwerkgewichte stagnieren. Dadurch kann keine weitere Annäherung an das globale Minimum erfolgen.

Ein Vorschlag, der in der Literatur zur Verbesserung der Annäherung der Optimierung an das globale Minimum dargestellt wird, ist die Erweiterung des Vanilla Updates um einen zusätzlichen Momentum Term. Der formelmäßige Zusammenhang ist in Gleichung 3.38 dargestellt:

$$\Delta \underline{W} = \alpha \cdot \Delta \underline{W}_{(t-1)} - \mu \cdot \nabla E \left(\underline{W} \right). \tag{3.38}$$

Die Erweiterung setzt sich dabei aus einem gewählten Parameter α, der üblicherweise in einer Größenordnung zwischen 0.5 und 0.99 liegt und der Gewichtsanpassung des vorangegangenen Zeitschritts zusammen.

3. **Nesterov Momentum Update (GDNM)**

Das Nesterov Momentum Update stellt eine leicht abgewandelte Form des zuvor dargestellten Verfahrens dar. Beim Nesterov Momentum wird das Wissen um die Tatsache genutzt, dass beim GDM-Verfahren der reine Anteil aus der Erweiterung um den Momentum Term die Gewichtsänderung um $\alpha \cdot \Delta \underline{W}_{(t-1)}$ verschiebt. Mit dieser Annahme kann bei der Berechnung des Gradienten eine zukünftige Position x_{ahead} geschätzt werden, die als eine Art Vorsteuerung das Wissen über die vom Momentum Term initiierte Verschiebung mit in die Berechnung des Gradienten einbezieht [176]. Zur Verdeutlichung sind die Annahmen, die einem Änderungsschritt im Rahmen des GDM- und GDNM-Updates zu Grunde liegen, nachfolgend skizziert.

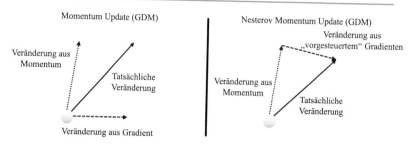

Eine Gewichtsanpassung des neuronalen Netzwerkes mit dem Nesterov Momentum Update kann wie folgt dargestellt werden:

$$V_{GDNM} = \alpha \cdot V_{GDNM(t-1)} - \mu \cdot \nabla E\left(\underline{W}\right), \tag{3.39}$$

$$\Delta\underline{W}_{ahead} = -\alpha \cdot V_{GDNM(t-1)} + (1+\alpha) \cdot V_{GDNM}. \tag{3.40}$$

4. **Adagrad**

Das Adagrad Trainingsverfahren stellt dem Netzwerk eine adaptive Lernrate zur Verfügung und wurde erstmals in [41] präsentiert. Für die Gewichtsanpassung wird ein quadratischer Anteil der Summe der vergangenen Gradienten gespeichert, der genutzt wird, um die Updates der Gewichte zu normalisieren. Dadurch lässt sich die Lernrate der Gewichte mit hohem Gradienten reduzieren, wohingegen Gewichten, die einen niedrigen Gradienten erfahren, eine hohe Lernrate zur Anpassung bereitgestellt wird.

$$G_t = \sum_{i=1}^{t} \nabla E\left(\underline{W}\right)_i^2, \tag{3.41}$$

$$\Delta\underline{W} = -\mu \cdot \frac{\nabla E\left(\underline{W}\right)}{\left(\sqrt{G_t} + s_{Ada}\right)} \tag{3.42}$$

s_{Ada} stellt einen Glättungsterm dar, der eine Division durch Null verhindert und üblicherweise in einer Größenordnung zwischen $1e^{-4}$ und $1e^{-8}$ gewählt wird. Ein Vorteil, den das Adagrad Verfahren mit sich bringt, ist die eigenständige Anpassung der Lernrate, die das Training robuster gegenüber händisch schlecht gewählten Lernraten macht. Ein Nachteil ist die aggressive, monotone Verringerung der Lernrate, die das Training oftmals zu früh stoppt.

5. **RMSprop**
   Das RMSprop Update verändert das Adagrad Verfahren geringfügig, um den zuvor beschriebenen Nachteil einer stark monotonen, degressiven Lernrate abzuschwächen [151]. Dazu nutzt das RMSprop Verfahren einen gleitenden Mittelwert („*Moving Average*") der quadratischen Summe der vorherigen Gradienten:

$$G_t = d \cdot G_{t(t-1)} + (1-d) \cdot \nabla E \left(\underline{W} \right)_i^2 , \tag{3.43}$$

$$\Delta \underline{W} = -\mu \cdot \frac{\nabla E \left(\underline{W} \right)}{\left(\sqrt{G_t} + s_{RMSp} \right)} \tag{3.44}$$

Der an dieser Stelle eingeführte Parameter d stellt eine Reduzierung des Speichers G_t dar, um das monotone Abfallen der Lernrate zu reduzieren. Typische Werte liegen zwischen 0.9 und 0.999. Das RMSprop Verfahren variiert die Lernrate wie das Adagrad Verfahren anhand der Größe der Gradienten. Der einzige Unterschied ist der Abminderungsfaktor d, der den monotonen Abfall der effektiven Lernrate verhindert.

6. **Adam**
   Ein weiteres Verfahren zur Gewichtsanpassung mit Hilfe einer adaptiven Lernrate stellt das Adam Verfahren dar, welches wie eine Kombination aus RMSprop und Momentum Update wirkt [87]. Im ersten Schritt des Adam Lernverfahrens erfolgt eine glatte Annäherung des verrauschten Gradienten:

$$\nabla \tilde{E} \left(\underline{W} \right) = \beta_1 \cdot \nabla \tilde{E} \left(\underline{W} \right)_{(t-1)} + (1-\beta_1) \cdot \nabla E \left(\underline{W} \right) . \tag{3.45}$$

Anschließend erfolgt eine Glättung der quadrierten Summe der bisherigen Gradienten:

$$G_t = \beta_2 \cdot G_{t(t-1)} + (1-\beta_2) \cdot \nabla E \left(\underline{W} \right)_i^2 . \tag{3.46}$$

Da die Initialisierung für $\nabla \tilde{E} \left(\underline{W} \right)$ und G_t als Nullvektor erfolgt, schlägt [151] eine Bias-Korrektur vor, die einen Bias Richtung Null für den Initialisierungsschritt sowie kleine Abminderungsraten (β_1, β_2 nahe Null) verhindern soll:

$$\nabla \tilde{E} \left(\underline{W} \right)_{corr} = \frac{\nabla \tilde{E} \left(\underline{W} \right)}{1-\beta_1^t} , \quad G_{t,corr} = \frac{G_t}{1-\beta_2^t} \tag{3.47}$$

Im letzten Schritt wird die Gewichtsanpassung berechnet:

$$\Delta \underline{W} = -\mu \cdot \frac{\nabla \tilde{E}\left(\underline{W}\right)_{corr}}{\left(\sqrt{G_{t,corr}} + s_{Adam}\right)}. \tag{3.48}$$

Das Update entspricht weitestgehend der RMSprop Methode, nur das beim Adam Verfahren eine glatte Annäherung des Gradienten für die Berechnung der Gewichte herangezogen wird.

In [87] werden die neu eingeführten Parameter mit $\beta_1 = 0.9$, $\beta_2 = 0.999$ und $s_{Adam} = 1e^{-8}$ angenommen. Diese Größenordnung dient auch in den folgenden Untersuchungen als Ausgangspunkt.

Da die Auswahl des Trainingsverfahrens eine wichtige Rolle für den Lernerfolg des neuronalen Netzwerkes spielt, ist die Optimierung bestehender Trainingsverfahren bzw. die Entwicklung neuartiger Ansätze weiterhin ein großer Bestandteil aktueller Forschung. Weitere Verfahren, auf die an dieser Stelle nicht vertieft eingegangen wird, sind zum Beispiel das SMC Trainingsverfahren [90, 158, 159], das Adadelta Verfahren [196], das Adamax Verfahren [87] sowie das Nadam Verfahren [37].

Adaptive Fahrdynamikregelung

Um eine automatische Fahrzeugführung bis an die physikalischen Grenzen zu ermöglichen, sind unterschiedliche Anforderungen zu gewährleisten. Wesentliche Herausforderungen sind die Bereitstellung redundanter Hardware, die Erstellung und Interpretation eines Umfeldmodells, der Einsatz hinreichend präziser Sensorik, die eine Verortung des Fahrzeuges gewährleistet und eine Bahnplanung, die eine fahrbare Trajektorie bereitstellt, welche das physikalische Limit des betrachteten Versuchsträgers voll ausschöpft.

Ein weiterer wesentlicher Bestandteil ist die Bereitstellung eines robusten Fahrdynamikregelungskonzeptes, welches die Vorgaben aus der Bahnplanung sowie die verfügbaren Informationen über Fahrzeugzustand und Umgebung in eine präzise Trajektorienfolge überführt. Die Aufgaben eines solchen Regelungskonzeptes sind innerhalb des Blockschaltbildes in Abbildung 4.1 dargestellt.

Neben einem hohen Maß an Präzision ist dabei der Ausgleich von Störungen ein wichtiges Auslegungskriterium für die Regelungsstrategie. Diese Störungen können beispielsweise aus unzureichend identifizierten Modellparametern, wie z. B. Fahrzeugmasse und Gewichtsverteilung oder Reifenparametern, deutlich vereinfachten Annahmen bei der Modellbildung, wie z. B. Reifenmodell, Systemdynamik, Änderungen der Umgebungsbedingungen, wie z. B. Reibwert oder abgeändertem Führungsverhalten aufgrund von Störungen der Regelstrecke, wie z. B. durch Systemfehler oder Sensorfehler, Abnutzungserscheinungen oder Schäden resultieren. Wie in Abschnitt 1.3 aufgeführt, existieren für die Umsetzung der beschriebenen Kriterien eine Vielzahl unterschiedlicher Lösungsansätze. Im folgenden Abschnitt werden die Anforderungen an den adaptiven Regler und die Vorteile der im Rahmen dieser Arbeit ausgewählten hybriden Regelungsarchitektur näher erläutert. Dabei wird der adaptive Ansatz ausschließlich im Rahmen der Fahrzeugquerführung betrachtet.

J. Kaste, *Künstliche neuronale Netzwerke zur adaptiven Fahrdynamikregelung,* AutoUni – Schriftenreihe 171, https://doi.org/10.1007/978-3-658-43109-9_4

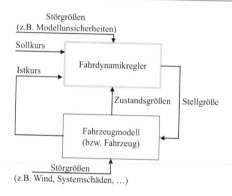

Abbildung 4.1 Darstellung des Regelkreises Fahrzeugführung nach [72]

4.1 Anforderungen an den adaptiven Regler und Motivation der hybriden Regelungsarchitektur

Die Zielstellung der Arbeit liegt in der Umsetzung eines Regelungskonzeptes, welches die Fahrzeugquerführung bis in den fahrdynamischen Grenzbereich gewährleistet, leicht zu parametrieren ist und eine Adaption an Systemstörungen ermöglicht. Die Anforderungen an das Regelungskonzept zur Fahrzeugquerführung sind in Tabelle 4.1 erläutert.

In Abschnitt 1.3.1 wurden unterschiedliche in der Literatur vorgestellte Konzepte zur Fahrdynamikregelung eines autonomen Versuchsträgers dargestellt. Für die Gewährleistung eines sicheren und allumfassenden Betriebs muss die Fahrzeugführung ein breites Spektrum unterschiedlicher Systemzustände adressieren. Da die Systemgrenzen zwischen komfortabler Fahrt bis hin zu anspruchsvollen, nichtlinearen Manövern im fahrdynamischen Grenzbereich, beispielsweise bei einem Ausweichmanöver, aufgespannt sind, muss die herangezogene Regelungsstrategie in der Lage sein, diese Bereiche abzubilden.

Eine Möglichkeit ist die präzise Identifikation der Regelstrecke mit anschließender Überführung in ein mathematisches Modell. Je nach Modellkomplexität können so unterschiedliche Eigenschaften des Fahrzeuges abgebildet und der modellbasierte Anteil der Regelstrategie an die Realität angenähert werden [83, 91, 94, 179]. Jedoch geht mit einem gesteigerten Komplexitätsgrad des zu Grunde liegenden Modells der Regelstrecke ein erhöhter Aufwand bei der Parametrierung sowie bei einer potentiell notwendigen Invertierung des Modells einher. Ergeben sich Systemzustände,

Tabelle 4.1 Anforderungen an das Regelungskonzept zur Fahrzeugquerführung

	Anforderung	Erläuterung
Betriebsbereich	Linearer und nichtlinearer Einsatzbereich	Der untersuchte Regelungsalgorithmus soll in der Lage sein, ein reales Fahrzeug sowohl im linearen, als auch nichtlinearen Dynamikbereich mit hoher Regelgüte zu bewegen. Entsprechend muss das nichtlineare Systemverhalten bei Annäherung an die Kraftschlussgrenze abgebildet werden.
Modell-komplexität	Geringe Anzahl zu identifizierender Parameter und Echtzeitfähigkeit	Der Querdynamikregler soll in der Lage sein, eine präzise Fahrzeugführung auch unter komplexen Randbedingungen mit einer stark abstrahierten Abbildung eines physikalischen Fahrzeugmodells zu gewährleisten. Dabei sollen sowohl die zu identifizierenden Modellparameter als auch die Identifikation und Modellierung der Systemdynamik und zu Grunde liegende Nichtlinearitäten auf ein Minimum reduziert werden, um den Identifikationsprozess einfach zu gestalten und die Berechnung der Regelgrößen in Echtzeit zu gewährleisten.
Robustheit & Adaptions-vermögen	Ausgleich von Systemstörungen und Parameterungenauigkeiten	Der Regelungsansatz soll das Fahrzeug auch bei Systemungenauigkeiten und Störungen mit akzeptabler Regelgüte auf einer gewünschten Trajektorie bewegen. Neben Fehlzuständen und Systemstörungen, die sich destabilisierend auf die Regelstrecke auswirken, sollen Einschränkungen, die aus einer vereinfachten Modellbildung resultieren, ohne signifikante Einbußen bezüglich der Führungsgenauigkeit kompensiert werden.

die aufgrund von Abnutzung, Beschädigung oder abgeänderter Umgebungsbedingungen zu einer Abweichung der zur Identifikation herangezogenen Regelstrecke führen, ist das identifizierte Modell nicht valide und eine Verschlechterung der Regelgüte zu erwarten. Ein weiterer Nachteil sind Einschränkungen bei der Echtzeitfähigkeit, sollte das Modell über einen zu hohen Komplexitätsgrad verfügen. Um den Aufwand bei der Abstimmung und Identifikation der Systemparameter sowie die Komplexität bei der Invertierbarkeit der Regelstrecke zu verringern, kann wie in Kapitel 2 beschrieben auf ein reduziertes Fahrzeugmodell zurückgegriffen werden. Lineare oder nichtlineare Einspurmodelle bilden die Fahrdynamik im Vergleich zu komplexeren Vollfahrzeugmodellen mit einem kleineren Satz an Systemparametern ab und benötigen entsprechend geringere Ressourcen zur Berechnung der Systemgleichungen. Ein Nachteil ist jedoch die reduzierte Abbildungsgenauigkeit komplexer Fahrmanöver [173].

Eine weitere Möglichkeit, ein Konzept zur Fahrdynamikregelung ohne explizites Modellwissen umzusetzen, ist der Einsatz lernender Algorithmen zur Abbildung eines gewünschten Systemverhaltens aus aufgezeichneten Messdaten. In der Literatur sind unter anderem End-to-End Konzepte dargestellt, bei denen ein neuronales Netzwerk Rohbilder einer Frontkamera in einen zu kommandierenden Lenkradwinkel überführt [11, 44, 193]. Darüber hinaus werden Ansätze diskutiert, die klassische physikalische Modelle innerhalb der Regelungsstrategie durch ein aus Daten erlerntes Modell ersetzen [168]. Auch wenn maschinelle Lernverfahren ein hohes Potential bieten, klassische Ansätze bezüglich der präzisen Fahrzeugführung zu übertreffen [168], gibt es Herausforderungen, die beim Einsatz datengetriebener Ansätze in einem hochgradig sicherheitskritischen Einsatzbereich wie der Fahrzeugführung adressiert werden müssen. Üblicherweise werden neuronale Netzwerke mit großen Datenmengen a priori trainiert, um in der späteren Applikation das im Training vermittelte Wissen anzuwenden. In diesem Fall wird von *Inferencing* gesprochen. Je nach Komplexitätsgrad der Aufgabe werden tiefe Netzwerkarchitekturen mit vielen Schichten, Neuronen und Gewichten mit einer hohen Anzahl an Trainingssamples trainiert. Dieser Prozess erfordert neben einem hohen Maß an Zeit auch performante Rechner. Zudem muss sichergestellt werden, dass im Rahmen des Trainingsprozesses der gesamte Applikationsbereich des Fahrzeuges abgedeckt wurde, da unterrepräsentierte Szenarien eine deutlich verringerte Regelgüte und potentiell fatale Folgen nach sich ziehen könnten.

Mit Blick auf die in Tabelle 4.1 formulierten Anforderungen an das Regelungskonzept weisen sowohl der modellbasierte, als auch der lernende Ansatz unterschiedliche Stärken und Schwächen auf. Die Abbildung eines physikalischen Modells kann bei angemessener Wahl des Komplexitätsgrades eine präzise Fahrt im linearen sowie nichtlinearen Operationsbereich ermöglichen [83, 91, 94, 173]. Mit steigender Modellkomplexität erhöht sich die Anzahl der Systemparameter und die Komplexität der notwendigen Modellgleichungen, wodurch der Aufwand bei der Parameteridentifikation sowie der Invertierbarkeit des Fahrzeugmodells verglichen mit einem linearen Fahrzeugmodell deutlich zunimmt. Degradiert die Regelstrecke aufgrund von Abnutzungserscheinungen oder Beschädigungen, müssen diese Effekte identifiziert und auf das für die Regelung zu Grunde liegende Modell übertragen werden. Bei einer hohen Anzahl Parameter kann die Echtzeitfähigkeit einer solchen Identifikation problematisch, bzw. bei eingeschränkten Rechenressourcen nicht zu gewährleisten sein, wodurch die Regelgüte bei deutlichen Abweichungen zwischen Modell und Regelstrecke reduziert wird.

Bei einem modellfreien Ansatz mittels neuronaler Netzwerke wurde beispielsweise in [168] aufgezeigt, dass die Fahrzeugführung im nichtlinearen Bereich beherrschbar und die Regelgüte für das betrachtete Szenario mit einem modellbasierten Ansatz vergleichbar ist oder diesen übertrifft. Die Herausforderung beim Inferencing eines neuronalen Netzwerkes mit Blick auf die Anforderungen aus Tabelle 4.1 stellt insbesondere der Aspekt der Modellkomplexität sowie das Adaptionsvermögen an unvorhersehbare Störungen dar. Für eine ganzheitliche Abbildung des fahrdynamischen Spektrums sind Netzwerke von hinreichender Tiefe notwendig und Trainingsdaten, die im gesamten Einsatzbereich des Fahrzeuges aufgezeichnet wurden. Vor der Applikation im Fahrzeug ist zu gewährleisten, dass das Modell in Echtzeit ohne signifikante Latenzen eine situativ passende Ansteuerung der Aktoren umsetzen kann. Ein weiteres potentielles Problem ist der Umgang mit sogenannten *White Spots* in den Trainingsdaten. Werden Situationen unzureichend abgebildet oder kommt es durch Degradation der Regelstrecke zu einer vom Training divergierenden Reaktion des Fahrzeuges, so ist eine reduzierte Genauigkeit bei der Fahrzeugführung wahrscheinlich.

Um die Anforderungen an das Regelungskonzept zu erfüllen, wird daher für die folgenden Simulationen und Fahrversuche ein hybrider Ansatz gewählt. Dabei soll ein stark abstrahiertes lineares Einspurmodell die Grundlage der modellbasierten Regelungsanteile darstellen. Zusätzlich wird ein neuronales Netzwerk in die Regelstrategie integriert, welches über eine geringe Anzahl an versteckten Schichten, Neuronen und entsprechend zu optimierenden Gewichten verfügt. Aufgrund der reduzierten Anzahl an Parametern soll das Netzwerk im geschlossenen Regelkreis nicht ausschließlich erlerntes Wissen abrufen und anwenden, sondern in Echtzeit im geschlossenen Regelkreis trainiert werden, wenn das vereinfachte Modell nicht in der Lage ist, definierte Gütekriterien zu erfüllen. Die Motivation für den in der Folge näher erläuterten Regelungsansatz ist in Abbildung 4.2 schematisch dargestellt.

Mit dem gewählten Ansatz kann mit Hilfe eines einfach zu parametrierenden Modells ein breites Spektrum alltäglicher Fahrszenarien abgebildet werden. Gleichzeitig bietet die modellbasierte Regelungsstrategie einen stabilen Rahmen, in dem das neuronale Netzwerk bei geeigneter Auswahl der Trainingsparameter die Zusammenhänge aus fahrdynamischen Eigenschaften, Kostenfunktion, der eigenen Netzwerkausgabe und der erfolgten Fahrzeugreaktion erlernen kann. Verändert sich die Fahrzeugreaktion aufgrund von Verschleiß oder einer Annäherung an die Systemgrenzen, so folgen aufgrund der verringerten Abbildungsgenauigkeit erhöhte Regelfehler. Diese spiegeln sich direkt in der Kostenfunktion sowie über die Fahrzeugreaktion in den Eingabegrößen des Netzwerkes wider. Ziel ist es, das Lernproblem in

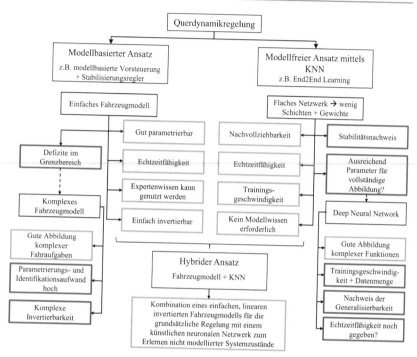

Abbildung 4.2 Unterschiedliche Konzepte zur Fahrdynamikregelung mit Vor- und Nachteilen sowie Motivation für den herangezogenen, hybriden Regelungsansatz

der dargestellten hybriden Regelungsarchitektur so zu formulieren, dass eine situationsabhängige, zielgerichtete Optimierung der Netzwerkgewichte vorgenommen werden kann und eine Adaption an nicht modellierte oder a priori trainierte Systemzustände erfolgt. Dadurch soll die Präzision der Fahrzeugquerführung trotz eines wenig komplexen physikalischen Modells sowie eines flachen neuronalen Netzwerkes situationsunabhängig auf hohem Niveau gewährleistet werden.

4.2 Adaptive Querdynamikregelung

Die Synthese aus modellbehafteten Regelungskomponenten mit lernenden, modellfreien Ansätzen bietet das Potential, ansatzspezifische Stärken in die Regelungsaufgabe einzubringen und gleichzeitig Schwächen, die bei isolierter Betrachtung zum

Tragen kommen würden, auszugleichen. In [76] wird ein detaillierter Regelungsentwurf beschrieben, der einen auf dynamischer Inversion basierenden Regler um einfache neuronale Netzwerke erweitert und darüber hinaus Betrachtungen zum Stabilitätsnachweis diskutiert. Der Ansatz eines kaskadisch aufgebauten Reglers mit einem invertierten Modell der Regelstrecke sowie der Erweiterung um neuronale Netzwerke, wird ebenfalls in [90, 158, 159] aufgegriffen. Dabei liegt der Fokus in [76, 90, 159] auf simulierten Betrachtungen eines unbemannten Flugsystems, wohingegen [158] die Regelungsarchitektur auf ein autonom agierendes Fahrzeug überträgt und die grundsätzliche Eignung des betrachteten Regelungskonzeptes in realen Testfahrten aufzeigt. Aufgrund der vielversprechenden Ergebnisse wird in der vorliegenden Arbeit ein ähnlicher Ansatz gewählt, dessen wesentliche Aspekte in der Folge erläutert werden. Für ausführlichere, theoretische Überlegungen bezüglich Reglerentwurf und Stabilität eines um neuronale Netzwerke erweiterten Regelkreises wird an dieser Stelle auf [76, 90, 158, 159] verwiesen.

4.2.1 Kaskadisch aufgebauter Querdynamikregler mit invertiertem Modell der Regelstrecke

Eine kaskadierte Regelungsstrategie unterteilt den Regelkreis in unterschiedliche, voneinander abhängige Teilregelkreise, die ineinander verschachtelt sind. So dienen die vorgelagerten Kaskaden als Führungsgröße nachgeschalteter Kaskaden. Dabei wird das Ziel verfolgt, die Gesamtregelstrecke in weniger komplexe Komponenten zu unterteilen, um eine präzise Abbildung des Übertragungsverhaltens der Teilsysteme zu ermöglichen. So können auftretende Störungen bereits in der inneren Kaskade adressiert werden, bevor sie sich auf den überlagerten Regelkreis auswirken [107]. Dadurch soll die Genauigkeit im Vergleich zu direkt wirkenden Regelungskonzepten erhöht werden. Voraussetzung ist ein Anstieg der Dynamik von äußerer zu innerer Kaskade. So baut sich eine Beschleunigung im Vergleich zu einer Rate oder einem Winkel schneller auf. Entsprechend würde eine Kaskade zur Winkelregelung den äußeren Teil einer kaskadierten Reglerarchitektur darstellen, eine Kaskade zur Beschleunigungsregelung den inneren Teil. Zur Veranschaulichung ist in Abbildung 4.3 exemplarisch der Aufbau eines kaskadierten Gierwinkelreglers mit drei Regelkaskaden dargestellt.

Aufgrund der kaskadierten Systemarchitektur dienen die Stellgrößen der überlagerten Kaskaden als Führungsgröße der nachfolgenden unterlagerten Kaskade. Um ein präzises Führungsverhalten zu ermöglichen, ist dabei die Systemdynamik der einzelnen Teilkomponenten abzuschätzen, bzw. experimentell zu ermitteln. So bauen sich Beschleunigungen, Raten und Winkel mit unterschiedlicher Dynamik

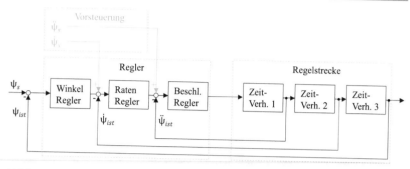

Abbildung 4.3 Exemplarischer Aufbau eines kaskadierten Gierwinkelreglers mit drei Regelkaskaden

auf, was in den Zeitkonstanten der jeweiligen Kaskade innerhalb der Regelstrategie abzubilden ist.

Für den Soll-Ist-Abgleich werden in jeder der betrachteten Regelkaskaden aus der Regelstrecke zurückgeführte Messgrößen benötigt. In dem exemplarischen Gierwinkelregler in Abbildung 4.3 ist entsprechend sicherzustellen, dass eine Messeinrichtung Zustandsgrößen für den Gierwinkel, die Gierrate und die Gierbeschleunigung bereitstellt und an die Regelstrategie zurückführt. Eine weitere Möglichkeit das Führungsverhalten zu verbessern, ist die Integration einer Vorsteuerung, die in jeder der Kaskaden einen a priori berechneten Wunschzustand zur Fehlerberechnung berücksichtigt.

Der in dieser Arbeit betrachtete Regelungsansatz orientiert sich an der grundsätzlichen Systemarchitektur, die in [76, 90, 158, 159] präsentiert wurde. Daraus wurde die in Abbildung 4.4 dargestellte Regelungsarchitektur zur Querführung eines automatisierten Versuchsträgers abgeleitet. Um die in Abbildung 4.2 formulierten Anforderungen möglichst umfassend zu adressieren, unterteilt sich das Konzept in drei wesentliche Komponenten, die in Abbildung 4.4 in den schwarz gestrichelten Blöcken dargestellt sind und in den Abschnitten 4.2.2–4.2.4 näher erläutert werden.

Es handelt sich um den Basisregler, der im Rahmen der Navigationsregelung den aus Ungenauigkeiten resultierenden Querversatz kompensiert sowie eine Kaskadenregelung mit zwei Kaskaden für die Regelung des Gierwinkels und der Gierrate. Gestützt wird der Regelungsansatz durch ein neuronales Netzwerk, welches durch iterative Optimierung der Netzwerkgewichte ein lernendes Regelungselement darstellt. Ziel ist es, den Basisregler bei Systemdegradation und Unsicherheiten zu unterstützen und die Regelgüte sukzessive zu erhöhen. Der dritte Block stellt eine simplifizierte Abbildung der Regelstrecke in Form eines invertierten, linearen

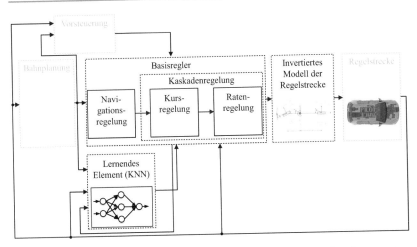

Abbildung 4.4 Übersicht des im Rahmen der Arbeit herangezogenen Regelungsansatzes zur Querführung eines automatisierten Fahrzeuges

Einspurmodells dar. Dieses dient in erster Linie dazu, die Stellgröße der Regelstrategie, eine modifizierte Gierbeschleunigung, in eine Anforderung an die Aktoren zu überführen. Neben den beschriebenen Elementen sind in den grau gestrichelten Blöcken weitere Elemente des Gesamtkonzeptes dargestellt, die jedoch in diesem Abschnitt nicht detailliert erläutert werden. Die Regelstrecke stellt den Versuchsträger, bzw. eine Abbildung des Versuchsträgers in Form eines nichtlinearen Einspurmodells im Rahmen der durchgeführten Simulationen dar. Die Bahnplanung liefert die benötigten Sollgrößen der Wunschtrajektorie, denen der Versuchsträger folgen soll. Mit Hilfe der Vorsteuerung kann Modellwissen in den Regelkaskaden genutzt werden, um das Führungsverhalten zu verbessern. Im Rahmen der Arbeit wird ein vorgesteuerter Wunschgierwinkel für die Regelstrategie betrachtet, die Gierrate jedoch nicht um einen vorgesteuerten Term erweitert.

4.2.2 Umsetzung des Basisreglers

Der Basisregler stellt die Grundform der für die späteren Fahrversuche herangezogenen Querdynamikregelstrategie dar. Wie in Abbildung 4.4 dargestellt, wird die Regelung dabei in drei hintereinander angeordnete Regelungskomponenten unterteilt. Diese Architektur orientiert sich an [76, 90, 158] und wird in der Folge kurz erläutert.

Navigationsregelung nach [76]

Die erste Teilkomponente der Regelungsarchitektur stellt die Navigationsregelung dar. Analog zu [76] wird der aus der Trajektorienplanung gewünschte Kurswinkel ψ_{soll} um einen Term erweitert, der die laterale Abweichung der Regelstrecke in Korrelation zu dem aus der Planung gewünschten Soll-Verhalten reduziert. Diese Erweiterung dient unter anderem dazu, einen initialen Versatz zu reduzieren. Mit einem Regelungskonzept, welches ausschließlich die Abweichung des Kurswinkels und dessen zeitliche Ableitungen als Gütemaß heranzieht, wäre dies auch bei idealem Folgeverhalten nicht möglich und entsprechend keine präzise Trajektorienfolge zu realisieren. Darüber hinaus stellt die Erweiterung um den Term des Querversatzes einen Gegenpart zur Winkelregelung dar, um eine präzise Fahrzeugführung mit Blick auf die Orientierung sowie auf die Position zu ermöglichen. In Abbildung 4.5 ist der Ansatz zur Navigationsregelung nach [76] dargestellt.

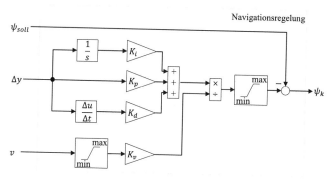

Abbildung 4.5 Ansatz zur Navigationsregelung nach [76]

Die Ausgabe der Navigationsregelung stellt der zu kommandierende Kurswinkel ψ_k dar. Die Beaufschlagung des Querversatzes Δy erfolgt über einen PID-Regler, der zusätzlich um einen geschwindigkeitsabhängigen Term skaliert wird, um den Einfluss variierender Systemdynamik auf die Navigationsregelung zu berücksichtigen. Darüber hinaus wird die Änderungsrate des Querversatz-Terms $\Delta\psi_{\Delta y}$ begrenzt, um beispielsweise bei hohen initialen Abweichungen eine

Destabilisierung durch unverhältnismäßig hohe Regelungsanteile zu verhindern. Entsprechend folgt für ψ_k:

$$\psi_k = \psi_{soll} - \frac{\overbrace{K_p \cdot \Delta y}^{\text{p-Anteil}} + \overbrace{K_i \cdot \int \Delta y}^{\text{i-Anteil}} + \overbrace{K_d \cdot \left(\frac{d\,\Delta y}{dt}\right)}^{\text{d-Anteil}}}{K_v \cdot v}, \qquad (4.1)$$

mit

$$v_{min} \leq v \leq v_{max} \qquad (4.2)$$

und

$$\Delta\psi_{\Delta y,min} \leq \Delta\psi_{\Delta y} \leq \Delta\psi_{\Delta y,max}. \qquad (4.3)$$

Die Konstanten K_p, K_i und K_d stellen die Koeffizienten des proportionalen, integralen und differentialen Regelanteils dar, K_v den Skalierungsterm des Geschwindigkeitsanteils. Der aus dem Soll-Kurswinkel ψ_{soll} und dem Term des Querversatzes $\Delta\psi_{\Delta y}$ zusammengesetzte kommandierende Kurswinkel ψ_k stellt die Eingabe der Kursregelung dar, die im nächsten Abschnitt detailliert erläutert wird.

Kursregelung

Das nachfolgende Regelelement beschreibt die Kursregelung, in der der zuvor berechnete kommandierte Kurswinkel ψ_k in Relation zur Orientierung des Fahrzeuges ψ_{ist} genutzt wird, um den Winkelfehler der Regelstrecke zu minimieren. Darüber hinaus stellt der Ausgang der Kurswinkelregelung die zu kommandierende Gierrate $\dot{\psi}_k$ und damit den Eingang der Ratenregelung dar. Die Kursregelung setzt sich aus zwei wesentlichen Elementen zusammen, die in Abbildung 4.6 dargestellt sind.

Analog zu [90, 158] wird der kommandierte Kurswinkel zunächst in einem Referenzmodell erster Ordnung modifiziert, welches, wie in Abbildung 4.6 dargestellt, einem PT_1 Verhalten entspricht. Der Einsatz des Referenzmodells verfolgt für den betrachteten Regelungsansatz zwei Ziele. Einerseits kann durch die Parametrierung des Koeffizienten T_ψ eine Wunschdynamik vorgegeben werden, wodurch das System gegenüber Sprüngen und hohen Änderungen der Eingangsgröße gedämpft wird.

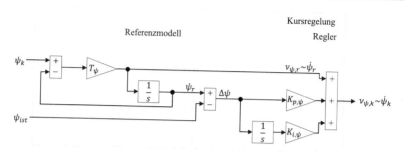

Abbildung 4.6 Ansatz zur Kursregelung, analog zu [158]

Darüber hinaus dient der Abgriff vor dem Integrator dazu, eine Ersatzsteuergröße $v_{\psi,r}$ zu bestimmen, die einer Annäherung der gewünschten Gierrate $v_{\psi,r} \sim \dot{\psi}_r$ entspricht und einen additiven Anteil der nachfolgenden Winkelregelung darstellt.

Im zweiten Modul der Kursregelung erfolgt ein Ausgleich des Gierwinkelfehlers mit Hilfe eines PI-Reglers. Dazu wird zunächst eine Fehlerbildung anhand des Referenzwinkels ψ_r, der den Ausgang des Referenzmodells darstellt, sowie des gemessenen Gierwinkels des Versuchsträgers durchgeführt. Anschließend wird der Fehlerterm $\Delta\psi$ durch das proportionale und integrale Glied des Reglers minimiert. So setzt sich der Ausgang der Kurswinkelregelung $\dot{\psi}_k$ aus drei Anteilen wie folgt zusammen:

$$v_{\psi,k} \sim \dot{\psi}_k = v_{\psi,r} + K_{p,\psi} \cdot \Delta\psi + K_{i,\psi} \cdot \int \Delta\psi. \qquad (4.4)$$

Dabei werden mit Hilfe von $K_{p,\psi}$ und $K_{i,\psi}$ die Koeffizienten des proportionalen, bzw. des integralen Regelanteils beschrieben. Die zu kommandierende Gierrate stellt den Ausgang der Kursregelung sowie den Eingang der nachfolgenden und letzten Regelkaskade, der Ratenregelung, dar.

Ratenregelung

Die Ratenregelung des Basisregelungsansatzes entspricht bezüglich des Systemaufbaus im Wesentlichen der vorherigen Kaskade zur Kursregelung. Der einzige Unterschied ist, dass der Regler ausschließlich einen proportionalen Anteil zum Ausgleich des Gierratenfehlers enthält.

Im ersten Schritt wird der zu kommandierenden Gierrate ein Zeitverhalten durch ein Referenzmodell erster Ordnung aufgeprägt. Der Koeffizient $T_{\dot{\psi}}$ ist dabei wesentlich größer zu wählen als in der vorgeschalteten Kaskade, da die Dynamik der

Gierrate im Vergleich zum Gierwinkel zunimmt. Die Ausgänge des Referenzmodells werden einerseits durch die Referenzgierrate $\dot{\psi}_r$ dargestellt, aus der in Kombination mit der im Versuchsträger anliegenden Gierrate $\dot{\psi}_{ist}$, der für die Regelung herangezogene Gierratenfehler $\Delta\dot{\psi}$ bestimmt wird. Darüber hinaus wird durch Abgriff vor dem Integrator die Ersatzsteuergröße $v_{\dot{\psi},r} \sim \ddot{\psi}_r$ bestimmt, die eine Annäherung an die gewünschte Gierbeschleunigung darstellt und sich in Kombination mit dem Anteil des Proportionalgliedes zu der zu kommandierenden Gierbeschleunigung $\ddot{\psi}_k$ aufsummiert:

$$v_{\dot{\psi},k} \sim \ddot{\psi}_k = v_{\dot{\psi},r} + K_{p,\dot{\psi}} \cdot \Delta\dot{\psi}. \tag{4.5}$$

Wird der Basisregler isoliert zur Querdynamikregelung eingesetzt, wird die so berechnete Ersatzsteuergröße $v_{\dot{\psi},k}$ mit Hilfe eines invertierten linearen Einspurmodells in eine Lenkwinkelanforderung überführt. Da das Kernelement der vorliegenden Arbeit die Untersuchung eines lernenden neuronalen Netzwerkes im Regelkreis darstellt, wird jedoch zunächst im folgenden Abschnitt die vorgenommene Erweiterung des Basisreglers um ein neuronales Netzwerk erläutert.

4.2.3 Erweiterung des Basisreglers um neuronale Netzwerke

Aufgrund von Störgrößen, die auf die Regelstrecke einwirken, ist eine optimale Folgeregelung der gewünschten Trajektorie in der Realität nicht zu gewährleisten. Störgrößen können aus der Umgebung resultieren und treten beispielsweise aufgrund von wechselndem Streckenbelag, Seitenwind oder Witterungseinflüssen, aus Abweichungen der Regelstrecke durch Wechsel oder Abnutzung der Reifen, der Masseverteilung, Systemschäden oder dem Fahrzustand bei Fahrten im Grenzbereich auf und haben eine erhöhte Ungenauigkeit des zu Grunde liegenden Modells zur Folge. Die dynamische Schätzung unterschiedlicher Störgrößen und die entsprechende Rückführung und Berücksichtigung in der Planung und im Fahrzeugmodell stellen eine komplexe Aufgabe dar, da der Großteil der genannten Einflüsse nicht direkt messbar ist.

Eine robuste Auslegung der Regelstrategie kann gewährleisten, dass Störgrößen teilweise ausgeglichen und das Fahrzeug die Trajektorienfolge bewerkstelligen kann. Jedoch ist je nach Schwere der Störung eine Verringerung der Regelgüte wahrscheinlich. Der in Abschnitt 4.2.2 beschriebene Ansatz zur Querdynamikregelung, in Kombination mit dem vereinfachten invertierten Fahrzeugmodell aus Abschnitt 4.2.4 sowie dem Längsdynamikregelungsansatz aus 4.3, stellt die Basisarchitektur für nachfolgende Simulationen sowie die Regelung des realen Versuchsträgers dar.

Dieser Ansatz ist jedoch nur bedingt robust gegen Störungen. Da die in Tabelle 4.1 formulierten Anforderungen den Wunsch einer präzisen Fahrzeugführung auch bei Parameterungenauigkeiten, Systemstörungen und Fahrten im physikalischen Grenzbereich adressieren, wird der kaskadisch aufgebaute Basisregler analog zu [76, 90, 158] um ein lernendes Element erweitert. Dieses soll eine verbesserte Anpassung der Regelstrategie an unvorhergesehene Situationen ermöglichen und durch gezielte Unterstützung des Basisregelungskonzeptes eine erhöhte Regelgüte im gesamten Betriebsbereich des Versuchsträgers gewährleisten. Als lernendes Element wird ein neuronales Netzwerk in den Kaskadenregler integriert.

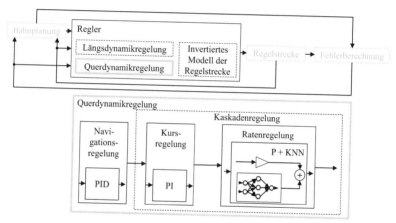

Abbildung 4.7 Integration des neuronalen Netzwerkes in die Regelstrategie

Die Integration erfolgt analog zu Abbildung 4.7 innerhalb der inneren Regelkaskade. So hat das neuronale Netzwerk direkten Einfluss auf den Eingang des invertierten Fahrzeugmodells und liefert einen additiven Anteil zur Gierratenregelung. Durch die Integration in der inneren Kaskade kann sichergestellt werden, dass das Netzwerk bei auftretenden Fehlern in der Lage ist, mit hoher Dynamik auf Störungen zu reagieren. Für die Ersatzgröße der zu kommandierenden Gierbeschleunigung $\nu_{\dot{\psi},k} \sim \ddot{\psi}_k$ ergibt sich:

$$\ddot{\psi}_k = \nu_{\dot{\psi},k} = \nu_{\dot{\psi},r} + \nu_{p,\dot{\psi}} + \nu_{KNN}, \tag{4.6}$$

mit $\nu_{\dot{\psi},r}$ als aus dem Referenzmodell abgeleiteter Pseudogröße für die Gierbeschleunigung, dem Ausgang des linearen Fehlerreglers der Gierratenkaskade $\nu_{p,\dot{\psi}}$ und dem

Ausgang des neuronalen Netzwerkes v_{KNN}. Auf einen robustifizierenden Term wie in [90, 158] wird im Rahmen dieser Arbeit verzichtet, da der Fokus auf ein robustes Netzwerktraining gelegt wird und in der Folge Metriken betrachtet werden, die diesen Trainingsprozess direkt beeinflussen.

Im Gegensatz zum Supervised Learning, wie in Abschnitt 3.4 beschrieben, existiert im hier betrachteten, regelungstechnischen Kontext keine klassische Lehrer-Schüler-Beziehung, da die Aufgabe des neuronalen Netzwerkes im Regelkreis nicht darin besteht, ein Systemverhalten nachzubilden (*Imitation Learning*). Die Aufgabe des Netzwerkes liegt in der situationsgerechten Unterstützung des unterlagerten Basisreglers, um die Stabilisierung der Regelstrecke und damit die präzise Trajektorienfolge in nicht modellierten Situationen zu verbessern. Im Gegensatz zu Abbildung 3.12 ist die Zielfunktion für das Training des neuronalen Netzwerkes nicht direkt bekannt. Das übergeordnete Ziel ist die präzise Fahrzeugführung entlang einer gewünschten Trajektorie. Da keine Regelstrategie vom neuronalen Netzwerk kopiert werden soll und es entsprechend nicht möglich ist, optimale Stellgrößen für die Nachbildung der Netzwerkausgabe vorzugeben, muss ein erforderliches Führungsverhalten indirekt aus den Fehlern, die die Fahrzeugführung in Relation zu einer gewünschten Solltrajektorie beschreiben, erlernt werden.

Zur Verdeutlichung des im Rahmen der Arbeit adressierten Lernproblems, ist in Abbildung 4.8 der Prozess des Netzwerktrainings im geschlossenen Regelkreis dargestellt. Je nach Situation, Fahrzeugzustand und Modellierungsgenauigkeit wird die Regelaufgabe durch den Basisregler mit einem Restfehler bewältigt, der entsprechend der Komplexität der zu bewältigenden Fahraufgabe zunimmt. Durch einen Abgleich zwischen Bahnplanung und Regelstrecke erfolgt eine Berechnung der Positions-, Orientierungs-, und Ratenfehler, die durch die Regelstrategie sowie das neuronale Netzwerk minimiert werden sollen. Neben den Fehlergrößen $\vec{x}_{Fehler}$ erhält das neuronale Netzwerk ausgewählte Größen des Basisreglers $\vec{x}_{Regler}$, Zustandsgrößen der Regelstrecke $\vec{x}_{Strecke}$ sowie der Bahnplanung $\vec{x}_{Planung}$:

$$\vec{x}_{KNN} = \begin{bmatrix} \vec{x}_{Fehler} \\ \vec{x}_{Regler} \\ \vec{x}_{Strecke} \\ \vec{x}_{Planung} \end{bmatrix}. \tag{4.7}$$

Entsprechend stehen dem künstlichen neuronalen Netzwerk Zustände, die den Wunschzustand des Fahrzeuges beschreiben, das tatsächliche Fahrzeugverhalten, welches als Reaktion auf die Stellanforderungen der Regelstrategie resultiert und die Anteile der einzelnen Regelkaskaden sowie die Fehlerzustände zur Anpassung der Netzwerkgewichte zur Verfügung. Die Anforderung an das neuronale Netzwerk

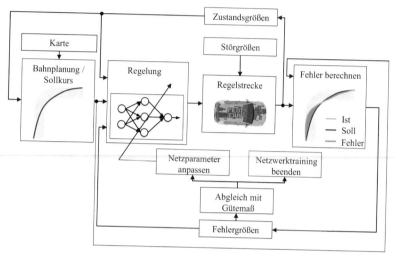

Abbildung 4.8 Iteratives Lernen des neuronalen Netzwerkes im Kontext der Fahrzeugführung als Wirkketten-Diagramm

ist entsprechend die Reduktion der Abweichung zwischen gefahrener und geplanter Trajektorie. Die Anpassung der Netzwerkgewichte erfolgt analog zu Abschnitt 3.4.3 mit einem Gradientenabstiegsverfahren. Der für das Training herangezogene Fehler wird jedoch nicht aus der Differenz zwischen Netzwerkausgabe und Sollwert gebildet, sondern aus der Abweichung zwischen Wunschverhalten und realer Fahrzeugbewegung. Das neuronale Netzwerk muss entsprechend den Zusammenhang aus Fahrzeugverhalten, Wunschverhalten, Regelaktivität und dem Einfluss der eigenen Stellaktivität erfassen und die Gewichte so optimieren, dass mit Hilfe der Netzwerkausgabe der Regelfehler minimiert wird. Somit beinhaltet das betrachtete Lernproblem Elemente der in Abschnitt 3.4.1 beschriebenen Methoden des überwachten Lernens und des Reinforcement Learnings.

Das Netzwerk steht in direkter Interaktion mit der Regelstrecke und jede Stellausgabe bewirkt eine Änderung des Systemverhaltens. Gleichzeitig wird durch die Minimierung des Regelfehlers ein direktes Trainingsziel formuliert, welches nicht über einen zeitlichen Verlauf und abstrakte Belohnungen oder Bestrafungen erreicht werden soll. Die grundsätzliche Idee des Ansatzes liegt darin, dass der Basisregler in einem breiten Spektrum unterschiedlicher Systemzustände gute Ergebnisse liefert und nur in nichtlinearen und komplex zu modellierenden Situationen eine verringerte Regelgüte nach sich zieht. Aufgrund der geringen Fehler kann das Netzwerk mit konservativ gewählten Parametern zur Gewichtsanpassung das Systemverhalten erlernen, während der Basisregler eine stabilisierende Umgebung liefert. Durch das iterative Training kann das Netzwerk bei Bedarf in komplexen Situationen sukzessive eine dominantere Rolle gegenüber dem Basisregler einnehmen, wohingegen in gut modellierten Bereichen nur wenig Stellaktivität vom Netzwerk erforderlich ist.

Aufgrund des iterativen Trainings werden die Gewichte des neuronalen Netzwerkes analog zu Abbildung 4.8 trainiert. Ist der Regelfehler aufgrund eines geringen Komplexitätsgrades der jeweiligen Situation gering und werden die Gütekriterien erfüllt, so bleiben die Gewichte in diesem Zeitschritt konstant. Werden die Gütekriterien jedoch nicht durch den Basisregler eingehalten, so werden die Netzwerkgewichte auf Basis des Regelfehlers optimiert.

4.2.4 Betrachtung des invertierten Modells der Regelstrecke

Die Integration von Modellwissen wird im Rahmen des invertierten Fahrzeugmodells in die kaskadierte Regelstrategie implementiert. Dabei wird auf ein simples lineares Einspurmodell analog zu Abschnitt 2.2 zurückgegriffen. Die Vorteile dabei sind einfache Parametrierbarkeit, Invertierbarkeit sowie geringer Rechenaufwand. Die Erweiterung um eine Reifenkennlinie ist denkbar, wird jedoch im Regler vernachlässigt, da die Adaption an nichtlineares Fahrverhalten ein Ziel der Arbeit darstellt. Ein komplexeres nichtlineares Modell wird zudem im Rahmen der Simulationen für die Modellierung der Regelstrecke betrachtet.

Da für die betrachteten Untersuchungen einzig der aus dem Lenkrad resultierende Ausschlag der Räder berücksichtigt wird, kann entsprechend ein erforderlicher Radwinkel berechnet werden. Für eine optimale Ausnutzung des querdynamischen Potentials ist darüber hinaus eine aktive Ansteuerung weiterer Aktoren denkbar. So können die Führungseigenschaften des Fahrzeuges beispielsweise durch die gezielte Abbremsung einzelner Räder über das ESC (*Electronic Stability Control*) oder die Umverteilung von Antriebsmomenten an den Rädern mit Hilfe eines Sperrdifferentials (*Active Yaw Control*) verbessert werden. Im Rahmen dieser Arbeit wird als aktives Stellorgan für die Fahrzeugquerführung jedoch ausschließlich das Einlenken der Räder mit Hilfe des Lenkrades betrachtet. Für das herangezogene invertierte Einspurmodell kann der zur Regelung benötigte Radwinkel δ mit Hilfe des Drallsatzes, der in Gleichung (2.3) beschrieben wird, ermittelt werden:

$$J_z \cdot \ddot{\psi} = F_{y,v} \cdot l_v - F_{y,h} \cdot l_h. \tag{4.8}$$

Mit Hilfe der aus den Gleichungen 2.4 und 2.5 bekannten Zusammenhänge:

$$F_{y,v} = \alpha_v \cdot c_{\alpha,v} \quad \text{und} \quad F_{y,h} = \alpha_h \cdot c_{\alpha,h} \tag{4.9}$$

sowie

$$\alpha_v = \delta - \beta - \frac{l_v \cdot \dot{\psi}}{v} \quad \text{und} \quad \alpha_h = -\beta + \frac{l_h \cdot \dot{\psi}}{v}, \tag{4.10}$$

kann die Beziehung zwischen Giermoment und Radwinkel entsprechend der nachfolgenden Gleichung (4.11) formuliert werden:

$$\delta = J_z \cdot \ddot{\psi}_k + \left(\beta + \frac{l_v \cdot \dot{\psi}}{v} \right) \cdot c_{\alpha,v} \cdot l_v + \left(\beta - \frac{l_h \cdot \dot{\psi}}{v} \right) \cdot c_{\alpha,h} \cdot l_h. \tag{4.11}$$

Der dem invertierten Modell vorgelagerte Regelungsansatz verfolgt das Ziel, die Regelung des Fahrzeuges durch Eingriffe in die Navigations-, Kurs und Ratenregelung umzusetzen. Dabei stellt der Ausgang der inneren Regelkaskade eine modifizierte Gierbeschleunigung $\ddot{\psi}_k$ dar, die als Eingang des invertierten Modells zur Berechnung des Radwinkels dient. Darüber hinaus werden die Fahrzeuggeschwindigkeit v, die Gierrate $\dot{\psi}$ und der Schwimmwinkel β mit der in Abschnitt 9.1 beschriebenen Messtechnik aufgezeichnet und an das invertierte Modell zurückgeführt. Die fahrzeugspezifischen Parameter J_z, l_v, l_h wurden im Vorfeld der Experimente ermittelt, die Schräglaufsteifigkeiten $c_{\alpha,v}$ und $c_{\alpha,h}$ der Reifen wurden sowohl für Sommer- als auch Winterbereifung experimentell bestimmt.

4.3 Längsdynamikregelung

Da der Versuchsträger im Rahmen der Versuche sowohl in Längs- als auch in Querrichtung autonom betrieben wird, soll an dieser Stelle das herangezogene Regelungskonzept für die Längsdynamikregelung erläutert werden. Da der Fokus der Ausarbeitung die adaptive Querdynamikregelung darstellt, wird die Längsdynamikregelung in der Folge nur kurz skizziert. Ausführlichere Betrachtungen zu Konzepten der Längsdynamikregelung eines autonom agierenden Versuchsträgers bis an die physikalischen Grenzen sind unter anderem in [91, 94, 95] beschrieben. Für die gesamtheitliche Fahrdynamikregelung wird die Längsdynamikregelung in den betrachteten Untersuchungen als von der Querdynamikregelung entkoppelt angenommen.

Analog zu [91] setzt sich der Längsdynamikregler aus einem modellbasierten Anteil zur Vorsteuerung sowie einem Regelungsanteil zur Stabilisierung zusammen. Der Vorsteuerungsanteil dient dabei dazu, aus den von der Bahnplanung bereitgestellten Geschwindigkeits- und Beschleunigungsprofilen eine Längskraft zu berechnen, die nachfolgend in eine Ansteuerung des Gas- und Bremspedals überführt wird. Aus der Fahrzeugmasse m sowie dem angeforderten Beschleunigungsprofil $a_{x,soll}$ folgt für die Längskraft F_x^{FFW}:

$$F_x^{FFW} = m \cdot a_{x,soll}. \tag{4.12}$$

Neben der Trägheit müssen Widerstände überwunden und entsprechend modelliert werden, um das herangezogene Modell dem jeweiligen Betriebspunkt des Fahrzeuges anzunähern. Im Rahmen der Arbeit wurden für die Widerstände in Längsrichtung Luftwiderstand F_x^{aero}, Rollwiderstand F_x^{roll}, Steigungswiderstand F_x^{grade} und Kurvenwiderstand $F_x^{turning}$ berücksichtigt. Entsprechend folgt für die Modellierung der Widerstände analog zu [91]:

$$F_x^{drag} = F_x^{aero} + F_x^{roll} + F_x^{grade} + F_x^{turning}, \tag{4.13}$$

mit

$$F_x^{aero} = f_{aero} \cdot V_{x,soll}^2, \tag{4.14}$$

$$F_x^{roll} = f_{roll}, \tag{4.15}$$

$$F_x^{grade} = -m \cdot g \cdot sin(\alpha), \tag{4.16}$$

$$F_x^{turn} = \frac{l_h}{l} \cdot |\kappa_{soll}| \cdot V_{x,soll}^2 \cdot m \cdot sin(\delta_{rad}). \tag{4.17}$$

Die Beiwerte für den Luftwiderstand f_{aero} sowie Rollwiderstand f_{roll} können experimentell bestimmt werden. Für den Kurvenwiderstand wurden analog zu [117] die Vereinfachungen, die sich aus einer stationären Kreisfahrt ergeben, berücksichtigt. Zusätzlich wurde für die Modellierung ein Schwimmwinkel ($\beta = 0$) angenommen. Dabei beschreibt κ_{soll} die Krümmung der geplanten Trajektorie, l_h den Abstand des Schwerpunktes zur Hinterachse, l den Radstand, $V_{x,soll}$ die Sollgeschwindigkeit und δ_{rad} den Radwinkel. Aufgrund der vereinfachten Annahmen sowie nicht berücksichtigter Effekte, wie beispielsweise Schleppmomente des Antriebsstranges oder unzureichend abgebildetes, dynamisches Verhalten beim Kraftaufbau, ist die Implementierung eines Feedback-Reglers notwendig, um trotz störender Effekte eine präzise Längsdynamikregelung zu gewährleisten. In dieser Arbeit wurde jeweils ein Proportionalregler für die Geschwindigkeits- und die Beschleunigungsregelung verwendet:

$$F_x^{V_x,FB} = K_{V_x} \cdot \left(V_{x,soll} - V_{x,ist} \right), \tag{4.18}$$

$$F_x^{a_x,FB} = K_{a_x} \cdot \left(a_{x,soll} - a_{x,ist} \right). \tag{4.19}$$

Dabei sind K_{V_x} und K_{a_x} die jeweiligen Verstärkungsfaktoren der Proportionalregler. Entsprechend der Gleichungen 4.12 bis 4.19 folgt für die gesamte Längskraft:

$$F_x^{gesamt} = F_x^{FFW} + F_x^{drag} + F_x^{V_x,FB} + F_x^{a_x,FB}. \tag{4.20}$$

Diese Kraft wird zur Längsdynamikregelung in eine Pedalstellung überführt und je nach Vorzeichen durch Ansteuerung des Gas- oder Bremspedals entweder zum Antreiben oder Verzögern des Versuchsträgers genutzt.

Simulationen als Grundlage für Fahrversuche

5

Als Grundlage für die Untersuchung der Eignung künstlicher neuronaler Netzwerke als Ergänzung der bestehenden Regelungsstrategie zur Querführung eines autonom operierenden Versuchsträgers dient in der vorliegenden Arbeit die in der Folge erläuterte Simulationsumgebung. Neben dem Verhalten des neuronalen Netzwerkes innerhalb des geschlossenen Regelkreises können reproduzierbare Ergebnisse bezüglich der untersuchten Stabilitätskriterien analysiert werden. Dadurch wird ein erster Anhaltspunkt für die Eignung der betrachteten Metriken für den späteren operativen Betrieb im realen Versuchsträger generiert.

Im Rahmen der simulativen Untersuchungen werden unterschiedliche Trajektorien mit variierender Streckengeometrie und Fahrzeugdynamik betrachtet. So ist es möglich, den Einfluss des neuronalen Netzwerkes in variablen Fahrszenarien zu bewerten und Lernregeln abzuleiten, die einen streckenunabhängigen, robusten Einsatz gewährleisten sollen. Bevor auf die Ziele bezüglich der Integration des neuronalen Netzwerkes innerhalb des geschlossenen Regelkreises eingegangen wird, erfolgt eine kurze Erläuterung zum Aufbau der Simulationsumgebung sowie der Bedeutung einzelner Elemente.

Ergänzende Information Die elektronische Version dieses Kapitels enthält Zusatzmaterial, auf das über folgenden Link zugegriffen werden kann https://doi.org/10.1007/978-3-658-43109-9_5.

J. Kaste, *Künstliche neuronale Netzwerke zur adaptiven Fahrdynamikregelung*, AutoUni – Schriftenreihe 171, https://doi.org/10.1007/978-3-658-43109-9_5

5.1 Aufbau der Simulationsumgebung zur Bewertung der untersuchten Fahrdynamikregelungskonzepte

Um den Anforderungen einer präzisen, harmonischen und robusten Regelung eines bis in den fahrdynamischen Grenzbereich eigenständig operierenden Fahrzeuges gerecht zu werden, sind unterschiedliche Kernkomponenten erforderlich. Diese stellen die Bahnplanung, den Zustandsbeobachter, den Fahrdynamikregler sowie das Fahrzeugmodell dar. Mit Hilfe der Integration dieser Module in eine realistische Simulationsumgebung lässt sich ein konzeptioneller Test sowie die Evaluierung und Adaption einzelner Funktionen für den späteren Realfahrbetrieb durchführen. Andere Aspekte, die für eine sichere Integration autonomer Fahrzeuge in den Straßenverkehr notwendig sind, wie beispielsweise die Umfeldwahrnehmung, -modellierung und -interpretation, Car2X-Kommunikation oder Sensordatenfusion werden in dieser Arbeit vernachlässigt, da sich die Untersuchungen auf den Entwurf des Fahrdynamikreglers, bzw. dessen Erweiterung um ein adaptives neuronales Netzwerk beschränken. Die grundsätzliche Software-Architektur der im Rahmen der Arbeit genutzten Simulationsumgebung ist in Abbildung 5.1 dargestellt.

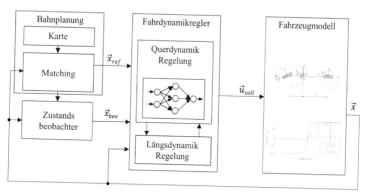

Abbildung 5.1 Elemente der Simulationsumgebung zur Evaluierung des untersuchten Fahrdynamikreglers

Es wird deutlich, dass die Simulationsumgebung modular aufgebaut ist und aus vier wesentlichen Komponenten besteht. Die Zielstellung liegt darin, einzelne Module nach erfolgreicher Validierung innerhalb der Simulation, ohne strukturelle Änderungen in die Softwarearchitektur, die für den Betrieb des realen Versuchsträgers Anwendung findet, übernehmen zu können. Die einzelnen Elemente werden nachfolgend kurz erläutert.

Bahnplanung

Die Bahnplanung setzt sich aus einer vorab generierten Karte, die alle notwendigen Informationen für die simulierte und reale Fahrt auf einer gewünschten Trajektorie enthält, sowie dem Matching zusammen.

Karte

Innerhalb der Karte werden die für die Fahrzeugführung notwendigen geometrischen Größen, die eine zu fahrende Wunschtrajektorie beschreiben sowie weitere Kartendaten und Referenzgrößen, die zum späteren Soll-Ist-Abgleich notwendig sind, hinterlegt.

Für die rundenzeitoptimierte Bahnplanung einer gewünschten Trajektorie können unterschiedliche Optimierungsansätze herangezogen werden [62, 78, 85]. Das Ziel dabei ist es neben der optimalen Rennlinie, eine auf das Fahrzeug und den aktuellen Fahrzustand zugeschnittene Lösung zu berechnen. Die Ideallinie ergibt sich nicht ausschließlich aus der Geometrie des zur Verfügung stehenden befahrbaren Raumes, sondern zusätzlich aus den Informationen eines für die Optimierung zur Verfügung stehenden Modells, welches das Fahrzeug beschreibt. Für einen Kompromiss zwischen schneller Konvergenz des Optimierungsalgorithmus und hinreichender Modellgüte können unterschiedliche Detaillierungsgrade bei der Fahrzeugmodellierung betrachtet werden [173].

In [172] erfolgt die Beschreibung der Fahrzeugbewegung durch ein einfaches Punkt-Masse-Modell, welches um die Berücksichtigung der Achslastverlagerung in longitudinaler Richtung sowie die Topographie der Trajektorie erweitert wird. Durch die einfache Modellierung des Fahrzeugverhaltens lässt sich eine zyklische Neuplanung in unter $20ms$ für einen Planungshorizont von $10s$ realisieren. Die Erweiterungen des Modells führen zu einer realitätsnäheren Abbildung des Fahrzeuges, wodurch das Führungsverhalten verbessert wird [174]. Für die Umsetzung modellbasierter Trajektorienplanung ist diese komplexere Modellierung der Fahrzeugbewegung ebenfalls vorstellbar. Die Eignung eines nichtlinearen Einspurmodells mit Pacejka-Reifenkennlinie wird für Offline-Anwendungen in [61, 63] sowie für kontinuierliche Neuplanungen in [61, 62] aufgezeigt.

Im Rahmen dieser Arbeit werden ausschließlich offline generierte Lösungen für die zu befahrende Trajektorie betrachtet, da der Fokus auf die Adaption der Regelstrategie gerichtet ist. Daher wird die Annahme physikalischer Machbarkeit, d. h. Umsetzbarkeit des gewünschten Sollkurses durch das Fahrzeug, für die Untersuchungen vorausgesetzt und mit der lernenden Regelstrategie versucht, diese so genau wie möglich durch die Regelstrecke, d. h. Fahrzeugmodell oder Versuchsträger umzusetzen. Die von der Bahnplanung generierten und in der Karte abgelegten Parameter sowie deren Beschreibung sind in Tabelle 5.1 aufgeführt.

Tabelle 5.1 In der Karte hinterlegte Referenzgrößen zur Beschreibung der Soll-Trajektorie

Kartendaten

Parameter	Beschreibung
s_{ref}	Streckenmeter, beschreibt die Länge der geplanten Trajektorie.
x_{ref}	Beschreibung der Streckengeometrie in x-Richtung.
y_{ref}	Beschreibung der Streckengeometrie in y-Richtung.
ψ_{ref}	Kurswinkel der geplanten Trajektorie.
κ_{ref}	Soll-Bahnkrümmung der geplanten Trajektorie.
μ_{ref}	Reibwert der geplanten Trajektorie.
bank	Querneigung der geplanten Trajektorie.
grade	Längsneigung der geplanten Trajektorie.

Fahrdaten

Parameter	Beschreibung
V_{ref}	Geplante Soll-Geschwindigkeit in x-Richtung.
a_{ref}	Geplante Soll-Beschleunigung in x-Richtung.

Matching

Das Matching dient dazu, die Position und Ausrichtung des Fahrzeuges in jedem Zeitschritt einem Punkt der in der Karte hinterlegten Soll-Trajektorie zuzuordnen. Dazu wird ein senkrechtes Lot aus der Position des Fahrzeuges auf die Karte projiziert und das Streckensegment, das die höchste Ähnlichkeit bezüglich Position und Ausrichtung aufweist, aus der Karte ausgelesen. Das Ziel ist es, eine kontinuierliche, glatte Wunschtrajektorie zu generieren, die der Regelungsstrategie als Referenz dient und für den Soll-Ist-Abgleich zur Verfügung gestellt wird.

Zustandsbeobachter

Der Zustandsbeobachter spielt in der Simulation nur eine untergeordnete Rolle und dient in erster Linie dazu, im Fahrversuch verrauschte Messgrößen aufzubereiten, um der Regelung eine bessere Signalqualität zur Verfügung stellen zu können.

Fahrdynamikregler

Das zu Grunde liegende Fahrdynamikregelungskonzept ist in Kapitel 4 detailliert beschrieben und unterteilt sich in Längs- und Querdynamikregelung, die als voneinander entkoppelt angenommen werden. Der Fokus der vorliegenden Arbeit liegt auf der Querdynamikregelung. Der Querdynamikregler besteht aus einem kaskadierten Regelungskonzept mit drei Regelkaskaden, das entsprechend der gesteigerten Dynamik von äußerer zu innerer Kaskade das Ziel verfolgt, den Ablagefehler,

Gierwinkelfehler und Gierratenfehler zu minimieren. Am Ende berechnet ein invertiertes, lineares Fahrzeugmodell aus modifizierten Eingabegrößen einen Lenkwinkel, der an die Regelstrecke übergeben wird. Das neuronale Netzwerk ist innerhalb der inneren Regelkaskade eingebunden und modifiziert so unmittelbar den Eingang des invertierten Fahrzeugmodells.

Die Längsdynamikregelung besteht aus einer modellbasierten Vorsteuerung, die mit Hilfe einer Zugkraftgleichung die Antriebs- und Bremskräfte an den Rädern, den Luftwiderstand, Reibungswiderstände aus Straße-Fahrbahnkontakt, Motor und Getriebe sowie das Schleppmoment des Antriebsstrangs annähert. Durch Stabilisierungsregler ergänzt, erfolgt die Regelung von Antrieb und Bremse.

Fahrzeugmodell
Das in die Simulationsumgebung integrierte Fahrzeugmodell dient zur Beschreibung des Referenzfahrzeuges, welches der Regelstrecke im Rahmen der Fahrversuche entspricht. Um einen guten Kompromiss zwischen Modellierungsgüte und Identifikationsaufwand notwendiger Parameter zu finden, wird analog zu Kapitel 2 ein nichtlineares Einspurmodell als Referenzfahrzeug innerhalb der Simulation betrachtet. Die Parametrierung der physikalisch messbaren Parameter, wie beispielsweise Radstand, Masse, Achslast, Lenkübersetzung und Leistung entsprechen den Größen des realen Versuchsträgers. Die Identifikation der Parameter der mathematischen Modelle, wie die Annäherung der am Reifen anliegenden Seitenkraft über ein Pacejka-Reifenmodell, erfolgt über eine Optimierung des Fahrverhaltens, des in der Simulation angenommenen Modells in Bezug auf reale Messdaten.

5.2 Validierung der Simulationsumgebung

Die simulativen Untersuchungen bilden die Grundlage für die späteren Versuche im realen Versuchsträger. Auch wenn das Ziel der vorgestellten Experimente nicht darin begründet liegt, eine genaue Nachbildung der realen Bedingungen in eine Simulationstoolkette zu überführen, ist es unerlässlich, eine Aussage darüber treffen zu können, wie genau die simulativen Ergebnisse die Realität abbilden. Zu diesem Zweck wird im ersten Schritt die in Abschnitt 5.1 beschriebene Simulationskette validiert. Die Validierung erfolgt für die in Abbildung 5.2 dargestellte Trajektorie.

Im linken Teil der Abbildung ist der Streckenverlauf in Relativkoordinaten dargestellt. Der Referenzpunkt bezieht sich auf den Punkt, in dem sich die langen Geradenstücke der Trajektorie überschneiden. Die geometrische Form entspricht einer „eckigen" Acht mit drei Links- und drei Rechtskurven sowie zwei geraden Streckenabschnitten. Im rechten Teil der Abbildung sind der gewünschte Kurswinkel

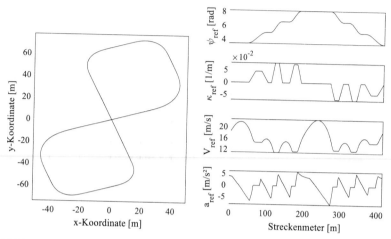

Abbildung 5.2 Geometrischer Verlauf sowie offline generierte Kartendaten einer exemplarischen 8-förmigen Trajektorie

ψ_{ref}, die Kurvenkrümmung κ_{ref}, die Geschwindigkeit V_{ref} sowie die Längsbeschleunigung a_{ref} über dem Streckenmeter der Trajektorie dargestellt.

Die Karten wurden unter der Annahme von hohem Kraftschluss zwischen Reifen und Fahrbahn ($\mu = 1$) sowie einer Fahrt auf ebenem Untergrund (*bank* = 0, *grade* = 0) generiert. Da die Fahrversuche zur Validierung der Simulationsumgebung jedoch auf regennassem Untergrund im Prüfgelände durchgeführt wurden, wurde die Reibwertausnutzung in Fahrversuch und Simulation entsprechend skaliert.

Da die Arbeit ein sich selbst adaptierendes Querdynamik-Regelungskonzept untersucht, werden als Referenz für die Abbildungsgenauigkeit der Simulation die querdynamischen Größen Querbeschleunigung a_y und Gierrate $\dot{\psi}$ herangezogen. Diese können mit der in Abschnitt 9.1 beschriebenen Messtechnik direkt gemessen und innerhalb der Simulationsumgebung durch die in Kapitel 2 beschriebenen Gleichungen modelliert werden. Die Gegenüberstellung der gemessenen und berechneten Größen liefert einen Anhaltspunkt über die Abbildungsgüte der Simulation und des herangezogenen Fahrzeugmodells.

Da die Untersuchungen zur Validierung eine Aussage über die grundsätzliche Eignung der Simulationstoolkette zur Abbildung des realen Fahrzeugverhaltens liefern sollen, ist in diesem Abschnitt kein neuronales Netzwerk zur Querdynamikregelung eingebunden, sondern ausschließlich das Basisregelungskonzept entsprechend

Abschnitt 4.2.1 aktiv. Die Validierung erfolgt für Fahrten im linearen sowie nicht-linearen Operationsbereich.

5.2.1 Linearer Betriebsbereich

Der lineare Betriebsbereich beschreibt den Dynamikbereich, in dem die Seiten-kräfte, die am Rad angreifen, annähernd durch einen linearen Zusammenhang zwischen Querkraft und Schräglaufwinkel, beschrieben werden können. Die anliegenden Querbeschleunigungen sind, bei gleichzeitig hohem Reibungsbeiwert, in diesem Bereich niedrig und das zur Modellierung herangezogene Pacejka-Modell muss gemäß Abschnitt 2.3.3 insbesondere die Steigung der sich aufbauenden Querkraft über dem Schräglaufwinkel nachbilden. Für die Evaluierung der Simulationsumgebung im linearen Bereich wurde das zur Verfügung stehende Dynamikpotential mit einem Faktor von 0.35 skaliert, wobei sowohl im Fahrversuch als auch in der Simulationsumgebung ein höheres tatsächliches Kraftschlusspotential ($\mu \approx 0.83$) vorliegt. Durch die Skalierung kann sichergestellt werden, dass die Fahrversuche nur einen geringen Teil des maximal zur Verfügung stehenden Potentials abrufen und das Fahrzeug im linearen Betriebsbereich bewegt wird. Der maximale Reibungs-koeffizient zwischen Reifen und Fahrbahn wurde auf homogenem Untergrund im Rahmen der Fahrversuche mit Hilfe einer ABS-Bremsung, d. h. einer Vollbremsung mit Eingriff des Antiblockiersystems, bestimmt (siehe Anhang F, Abbildung F.1 im elektronischen Zusatzmaterial). Die Messungen erfolgten bei regennasser Fahrbahn auf Winterreifen.

Die Ergebnisse für Messfahrten und Simulationen auf der 8-förmigen Trajektorie aus Abbildung 5.2 werden nachfolgend gegenübergestellt und anhand der Querbe-schleunigung und Gierrate verglichen. In Abbildung 5.3 ist zunächst die Querbe-schleunigung über dem Streckenmeter sowie ein Regressionsplot der Ergebnisse für Messung und Simulation dargestellt.

Aufgrund der unterschiedlichen Signalqualität zwischen Simulation und real aufgezeichneten Daten, die stark verrauscht sind, wird in einem ersten Schritt eine Nachprozessierung der Daten durchgeführt und die Messdaten gefiltert. In der linken Teilabbildung sind die ungefilterten Daten in schwarz-gestrichelt, die gefilterten Daten in dunkelgrau und die Simulationsergebnisse für die identische Solltrajekto-rie in hellgrau abgebildet. Es wird deutlich, dass die Simulation den gewünschten Verlauf, die Maxima und das Zeitverhalten des realen Versuchsträgers gut abbildet. Dies wird mit Blick auf die Korrelation zwischen Realdaten und simulierten Daten gestützt, die in der rechten Teilabbildung dargestellt ist. Die errechneten Korrelati-onskoeffizienten von 0.9686 für die ungefilterten Messdaten sowie 0.9930 für die

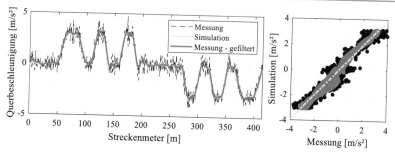

Abbildung 5.3 Vergleich der gemessenen und simulierten Querbeschleunigung für den linearen Betriebsbereich

im Rahmen der Nachprozessierung gefilterten Daten spiegeln eine starke Korrelation wider [12, 14]. Als zweite Größe für die Validierung der Simulationsumgebung wird die Gierrate betrachtet. Wie Abbildung 5.4 verdeutlicht, ist die Signalqualität der Messdaten im Vergleich zur Querbeschleunigung deutlich weniger verrauscht, wodurch eine nachträgliche Filterung nicht notwendig ist.

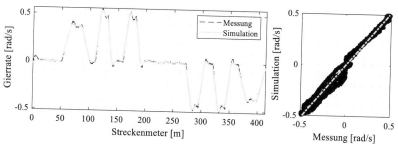

Abbildung 5.4 Vergleich der gemessenen und simulierten Gierrate für den linearen Betriebsbereich

Auch die in der Simulation durch das Fahrzeugmodell berechnete Gierrate zeigt mit einem Faktor von 0.9932 eine hohe Korrelation zu den aufgezeichneten Daten. Die Abbildung des Fahrverhaltens im linearen Bereich kann entsprechend mit hoher Güte durch die, für die herangezogenen Untersuchungen betrachtete Simulationsumgebung abgebildet werden.

5.2.2 Nichtlinearer Betriebsbereich

Im Vergleich zu der zuvor beschriebenen Validierung im linearen Betriebsbereich stellt der Betrieb des Fahrzeuges im nichtlinearen Betriebsbereich eine besondere Herausforderung dar. Die am Rad angreifenden Seitenkräfte knicken bei Annäherung an die Kraftschlussgrenze und entsprechend hohen Schräglaufwinkeln ab, wodurch der Reifen im Realbetrieb rutscht und weniger Kraft übertragen werden kann. In Abbildung 5.5 sind aus Messdaten errechnete Verläufe für die Seitenkraft über dem Schräglaufwinkel aufgezeichnet, sowie die Kennlinien, die den Zusammenhang mithilfe des in Abschnitt 2.3.3 beschriebenen Pacejka-Reifenmodells abbilden.

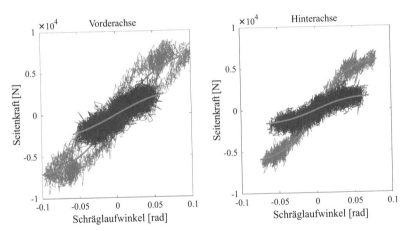

Abbildung 5.5 Reifenkennlinie für unterschiedliche Reibkoeffizienten an der Vorder- und Hinterachse – Realfahrdaten und Modell

Die Abbildung zeigt in der linken Darstellung die Kennlinien für die Vorderachse. In der rechten Darstellung ist der Zusammenhang zwischen Seitenkraft und Schräglaufwinkel für die Hinterachse aufgetragen. Es werden jeweils Fahrten für die in Abbildung 5.2 beschriebene Trajektorie betrachtet. Die Fahrversuche wurden auf regennassem Untergrund mit Winterreifen durchgeführt (hellgrau) sowie mit identischer Bereifung auf schneebedeckter Fahrbahn (dunkelgrau). Es wurden jeweils Fahrten mit Winterreifen durchgeführt, um die Ergebnisse bei gleicher Parametrierung des Reifenmodells und variierendem Reibungsbeiwert zu vergleichen. Weitere Messungen auf Hochreibwert mit Sommerreifen sind in Kapitel 9 dargestellt. Mit Blick auf die Ergebnisse für die Vorderachse wird zunächst deutlich, dass die Reifenkennlinie, die mit Hilfe des Pacejka-Modells beschrieben wird, eine gute Mittlung der aus aufgezeichneten Messdaten errechneten Kennlinie entspricht. Ein fester Satz an Parametern für das Pacejka-Reifenmodell kann bei gleichzeitiger realistischer Abschätzung des Reibungskoeffizienten den linearen sowie den nichtlinearen, abknickenden Bereich der Seitenkraft gut annähern. Dies wird mit Blick auf die an der Hinterachse wirkenden Seitenkräfte noch stärker verdeutlicht, da sowohl für die Fahrten auf Niedrigreibwert, als auch für die Fahrten auf Hochreibwert ein stärkeres Abknicken der Kurve deutlich wird. Dieses Verhalten wird mit Hilfe der errechneten Annäherungen durch das Modell gut abgebildet.

Für die Evaluierung der Modellgüte im nichtlinearen Bereich werden wie zuvor die querdynamischen Größen Querbeschleunigung und Gierrate herangezogen. Der Reibungskoeffizient wird mit $\mu = 0.8$ angenommen, also einer Ausnutzung von 96% des experimentell ermittelten Potentials (Vergleich Anhang F.1 im elektronischen Zusatzmaterial). Analog zu Abschnitt 5.2.1 wird die gemessene Querbeschleunigung in einem Nachprozessierungsschritt gefiltert und anschließend mit den Simulationsergebnissen verglichen. Die Ergebnisse sind in Abbildung 5.6 dargestellt.

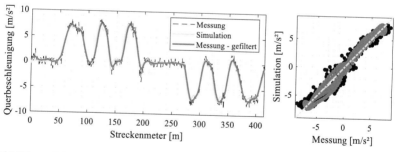

Abbildung 5.6 Vergleich der gemessenen und simulierten Querbeschleunigung für den nichtlinearen Betriebsbereich

Sowohl in der Darstellung der Querbeschleunigung über dem Streckenmeter im linken Teil der Abbildung, als auch im Korrelationsplot auf der rechten Seite wird deutlich, dass das herangezogene Modell die Realität mit hoher Genauigkeit abbildet. Die errechneten Korrelationskoeffizienten von 0.9854 für die ungefilterte Querbeschleunigung und 0.9928 für das aufbereitete Signal sind nur unwesentlich geringer als für die Untersuchungen im linearen Dynamikbereich und weisen nach wie vor eine starke Korrelation auf. Auch die in Abbildung 5.7 dargestellte Gierrate bestätigt die hohe Modellierungsgüte. Die Korrelation für gemessene und modellierte Gierrate ist mit 0.9933 nahezu identisch zu den Ergebnissen der linearen Betrachtungen.

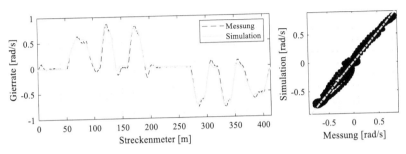

Abbildung 5.7 Vergleich der gemessenen und simulierten Gierrate für den nichtlinearen Betriebsbereich

Sowohl die betrachteten querdynamischen Größen, die zur Validierung der Simulationsergebnisse herangezogen wurden, als auch die Ergebnisse für die mathematische Modellierung der an den Reifen angreifenden Seitenkräfte hat aufgezeigt, dass die betrachtete Simulationsumgebung die im Fahrversuch vorliegenden realen Bedingungen mit hoher Genauigkeit abbilden kann. Somit ist eine Grundlage für die Einbindung des lernenden neuronalen Netzwerkes geschaffen und erste Aussagen über Trainings- und Netzwerkdesignparameter sowie den robusten Betrieb im geschlossenen Regelkreis können simulativ betrachtet und bewertet werden.

5.3 Integration des künstlichen neuronalen Netzwerkes

Das Ziel der vorliegenden Arbeit ist die Einbindung eines künstlichen neuronalen Netzwerkes in eine modellbasierte Regelungsstrategie zur Querführung eines autonom operierenden Fahrzeuges. Der Fokus liegt im Wesentlichen auf drei Aspekten, wie dem stabilen Langzeitbetrieb, der Reaktion auf plötzlich auftretende Störungen sowie dem iterativen Ausgleich auftretender Modellunsicherheiten als Folge unzureichender Systemidentifikation. Zudem soll dem Netzwerk kein Modell- oder Systemwissen durch ein Vortraining mit a priori aufgezeichneten Daten vermittelt werden. Im Rahmen der Untersuchungen der vorliegenden Arbeit soll das Training des neuronalen Netzwerkes vollständig im geschlossenen Regelkreis erfolgen. Aus diesem Grund spielen Design- und Trainingsparameter des künstlichen neuronalen

Netzwerkes eine entscheidende Rolle und sollen anhand von simulativen Untersuchungen analysiert und bewertet werden.

Um den Einfluss unterschiedlicher Faktoren auf die Netzwerkstabilität im geschlossenen Regelkreis bewerten zu können, werden die initialen Untersuchungen auf einer geometrisch einfachen quadratischen Trajektorie durchgeführt. Die Streckengeometrie sowie der Verlauf des Gierwinkels, der Kurvenkrümmung, der Referenzgeschwindigkeit und das gewünschte Beschleunigungsprofil sind in Abbildung 5.8 dargestellt.

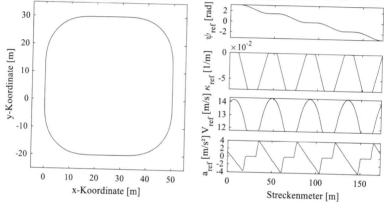

Abbildung 5.8 Geometrischer Streckenverlauf sowie offline generierte Kartendaten einer exemplarischen quadratischen Trajektorie

Die Strecke verfügt über vier kurze Geradenstücke und vier Kurven mit identischer Kurvenkrümmung. Der Vorteil dieser einfachen Streckengeometrie liegt darin, dass aufeinanderfolgende Streckensegmente mit vergleichbarer Systemdynamik durchfahren werden, wodurch bei mangelhafter Systemidentifikation ein sich wiederholendes Fehlerbild mehrfach pro Runde auftritt. Der lernende Algorithmus soll so entsprechend durch die erhöhte Anzahl vergleichbarer Streckenabschnitte schneller konvergieren, als es bei einer komplexen Strecke mit einer Vielzahl unterschiedlicher Kurven und Anregungen der Fall wäre. Dadurch lassen sich Einflussfaktoren auf die Netzwerkstabilität gezielt und effizient herausarbeiten, die in der Folge auf komplexeren Strecken analysiert und bewertet werden können.

Zunächst wird die Regelung des Fahrzeugmodells auf der dargestellten Trajektorie ohne die Interaktion mit dem neuronalen Netzwerk analysiert. In der Folge wird das Netzwerk aktiviert und unterschiedliche Einflussfaktoren auf das Netzwerktraining untersucht und bewertet. Wie im vorherigen Abschnitt aufgezeigt, stellt die im Rahmen der Simulationsumgebung betrachtete Modellierung sowohl im linearen, als auch im nichtlinearen Fahrdynamikbereich eine gute Annäherung an die Realität dar. Um jedoch jegliche Störeffekte aus einer Annäherung an die Grenzen des Kraftschlusspotentials auszuschließen, werden die Simulationen zunächst im linearen Fahrdynamikbereich durchgeführt.

5.3.1 Querdynamikregelung ohne künstliches neuronales Netzwerk

Zunächst soll die in Kapitel 4 detailliert betrachtete, modellbasierte Regelungsstrategie ohne den Einsatz eines neuronalen Netzwerkes simulativ betrachtet werden. Ziel ist es, den in Abbildung 5.8 gewünschten Trajektorienverlauf so präzise wie möglich einzuregeln. Da die Untersuchungen im linearen Fahrdynamikbereich durchgeführt werden und die Identifizierung der Parameter für das invertierte Fahrzeugmodell sowie das der Regelstrecke zu Grunde liegende nichtlineare Einspurmodell mit Reifenkennlinie präzise erfolgen kann, ist ein Abfahren der Trajektorie mit geringem seitlichen Versatz möglich. Die entsprechenden Ergebnisse sind in Abbildung 5.9 dargestellt.

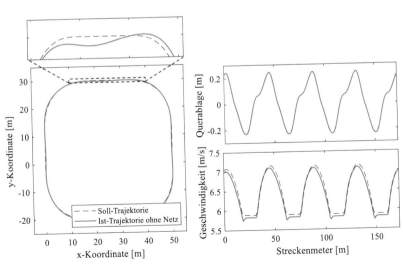

Abbildung 5.9 Soll-Ist-Abgleich für den zuvor beschriebenen Streckenverlauf in Bezug auf Position, Querablage und Geschwindigkeit

Der Verlauf der Querablage zeigt die Vorzüge der einfach gewählten Streckengeometrie. Jedes Kurvensegment hat mit der Basis-Regelungsstrategie einen identischen Fehlerverlauf, da die Parameter des Fahrzeugmodells und die Annahmen zur
Modellierung der Dynamik des Systems fest gewählte Größen sind, die sich in der
Simulation nicht aufgrund von Störungen ändern. Dies bietet bei der Applikation
eines sich adaptierenden neuronalen Netzwerkes zunächst den Vorteil, dass über
das lernende KNN nicht die Modellfehler des gesamten Zustands- und Aktionsraum eines Fahrzeuges abgebildet werden müssen, sondern zunächst lediglich die
Defizite in Bezug auf die einfache Streckengeometrie.

Für die Simulation des Basisregelungskonzeptes ohne lernendes neuronales
Netzwerk stellt sich für das betrachtete Szenario eine maximale Querablage von
0.244m und ein mittlerer, betragsmäßiger Fehler von 0.133m ein. Es zeigt sich, dass
der Querdynamikregler auch ohne das Netzwerk in der Lage ist den gewünschten
Kurs mit hoher Präzision einzuregeln. Dies zeigt neben der im vorherigen Abschnitt
beschriebenen Abbildungsgenauigkeit des Fahrzeugmodells auch die grundsätzlich
gut geeignete Identifikation der Regelparameter, Systemdynamik sowie die Eignung
des Basis-Regelungskonzeptes im linearen Fahrdynamikbereich für die dargestellte
Trajektorie.

Der Fokus der Arbeit liegt nicht auf der Abstimmung des Längsdynamikre-
gelungskonzeptes. Für das zuvor beschriebene Szenario zeigt der Soll- und Ist-
Geschwindigkeitsverlauf, dass die Vorgaben der Bahnplanung mit geringer Abweichung eingeregelt werden können. So beträgt der maximale Geschwindigkeitsfehler $0.149\frac{m}{s}$ und der mittlere absolute Geschwindigkeitsfehler über die volle Runde
lediglich $0.071\frac{m}{s}$ Die geringe Abweichung zeigt die grundsätzliche Eignung des
gewählten Ansatzes.

5.3.2 Querdynamikregelung mit integriertem neuronalen Netzwerk

Das Ziel der vorliegenden Arbeit ist die Integration eines neuronalen Netzwerkes
in die Regelungsstrategie eines autonom fahrenden Versuchsträgers. Dabei soll das
neuronale Netzwerk ohne jegliches Vorwissen im geschlossenen Regelkreis iterativ
trainiert werden und die Systemdynamik, Modellfehler und Unsicherheiten sowie
den Zustandsraum im Rahmen der Stellaktivität berücksichtigen, um situationsbe-
dingt den Basisregler entlasten zu können. Dabei sind Faktoren wie die Langzeitstabilität, Regelgüte sowie Echtzeitfähigkeit entscheidend für die spätere Applikation
im Versuchsträger und sollen in den folgenden Kapiteln anhand von Simulationen

untersucht werden, um eine Aussage über geeignete Konfigurationen abschätzen zu können.

Im ersten Schritt wird das in Kapitel 4 vorgestellte kaskadierte Querdynamik-regelungskonzept zur Lösung der zuvor beschriebenen Regelungsaufgabe um ein neuronales Netzwerk erweitert. Als Grundlage der Untersuchungen wird ein vor-wärtsgerichtetes Netzwerk betrachtet, welches analog zu Abschnitt 3.4.3 über ein gradientenbasiertes Trainingsverfahren mit zusätzlichem Momentum Term (GDM) trainiert wird. Diese Konfiguration wird mit dem Basisregler verglichen. Die gewähl-ten Netzwerk-Designparameter sind in Tabelle 5.2 beschrieben. Diese Parameter wurden auf Grundlage der detaillierten Untersuchungen in den folgenden Abschnit-ten exemplarisch ausgewählt und stellen das „Basisnetzwerk" dar. In den folgen-den Kapiteln werden variable Trainings- und Designparameter, Stabilitätsmetriken sowie deren Einfluss auf Adaptionsgeschwindigkeit der Netzwerkgewichte, Lang-zeitstabilität und Verhalten im Fehlerfall verglichen.

Das Netzwerk verfügt über eine versteckte Schicht mit 25 Neuronen. Es wird eine sigmoide Tangens-Hyperbolicus-Aktivierungsfunktion in der versteckten Schicht verwendet. Als Eingangsgrößen werden die Fahrzeuggeschwindigkeit, die Querbe-schleunigung, die Gierrate sowie die Regelaktivität des Basisreglers an das Netz-werk übergeben. Da das Netzwerk über keine internen Rückkopplungen verfügt und die Informationspropagation rein vorwärts gerichtet verläuft, werden die Eingabe-größen zusätzlich zum jeweils aktuellen Zeitpunkt zeitlich verzögert in das Netz-werk gegeben. Auf diese Weise sollen Informationen über die Dynamik der Regel-strecke bereitgestellt werden. Die Berücksichtigung des Basisreglers dient dazu, dem Netzwerk zu vermitteln, wie andere Komponenten zur Fahrzeugstabilisierung wirken. Es soll somit vermieden werden, dass Netzwerk und Regler gegeneinander arbeiten. Stattdessen sollen sie gemeinsam zur Stabilisierung des Fahrzeuges bei-tragen. Das Netzwerk verfügt aufgrund der 12 Eingänge, 25 versteckten Neuronen sowie einem Ausgang über insgesamt 351 Gewichte, die sich aus 325 Verbindungs-gewichten ($12 \cdot 25 + 25 \cdot 1$) und 26 Bias-Gewichten ($25 + 1$) zusammensetzen. Diese werden für die Untersuchungen anfangs zufällig in einem Bereich zwischen ± 0.1 initialisiert. Für alle Untersuchungen die ein 12–25–1 Netzwerk betrachten, werden zur besseren Vergleichbarkeit der Ergebnisse die gleichen Startgewichte verwendet. Das GDM-Verfahren zum Netzwerktraining wird mit einer Lernrate von $\mu = 0.005$ sowie einem Momentumterm von $\alpha = 0.9$ angewendet.

Die Simulationsergebnisse für jeweils eine simulierte Runde mit und ohne akti-viertem neuronalen Netzwerk sind in Abbildung 5.10 dargestellt. Das Geschwindig-keitsprofil und die weiteren Trajektorieninformationen sind identisch zu Abbildung 5.8.

Tabelle 5.2 Designparameter für das Netzwerk in der Basiskonfiguration

Designparameter		Beschreibung
Netzwerkarchitektur	12–25–1	Vollständig vernetztes, vorwärts gerichtetes KNN mit 12 Eingangsneuronen, 25 versteckten Neuronen und einem Ausgabeneuron.
Trainingsverfahren	GDM	Gradientenabstieg mit zusätzlichem Momentum, analog zu Abschnitt 3.4.3. Lernrate: $\mu = 0.005$, $\alpha = 0.9$
Netzwerkgewichte	351	Bestehend aus 325 realen Gewichten und 26 Bias-Gewichten. Die Startgewichte sind zufällig in einem Bereich zwischen ± 0.1 initialisiert.
Aktivierungsfunktion	tanh	Sigmoide Aktivierungsfunktion, begrenzt zwischen -1 und 1, analog zu Abschnitt 3.3.2
Eingangsgrößen	v, v_{t-1}, v_{t-2}	aktuelle Geschwindigkeit sowie Geschwindigkeiten vergangener Zeitschritte
	$a_y, a_{y,t-1}, a_{y,t-2}$	aktuelle Querbeschleunigung sowie Querbeschleunigungen vergangener Zeitschritte
	$\dot{\psi}, \dot{\psi}_{t-1}, \dot{\psi}_{t-2}$	aktuelle Gierrate sowie Gierraten vergangener Zeitschritte
	$u_{LR}, u_{LR,t-1}, u_{LR,t-2}$	aktueller Regelanteil des linearen Ratenreglers sowie Anteile vergangener Zeitschritte
Fehlergröße	$E_{\dot{\psi}}$	Gierratenfehler

In dunkelgrau sind die Ergebnisse des Basisreglers ohne neuronales Netzwerk analog zu Abschnitt 5.3.1 dargestellt. Das Fahrzeug ist bei niedriger Dynamik auch ohne Netzwerk in der Lage den Kurs mit geringem Ablagefehler zu befahren. Jedoch wird ebenfalls deutlich, dass jedes geometrisch vergleichbare Streckensegment, in diesem Szenario jede Kurve, mit vergleichbarer Querablage und ähnlichem Gierratenfehler, welcher dem Trainingsfehler für das Netzwerktraining entspricht, durchfahren wird. Das neuronale Netzwerk soll den aus Vereinfachungen und unzureichender Systemidentifikation resultierenden Restfehler iterativ minimieren.

Wie die in hellgrau dargestellten Verläufe deutlich machen, gelingt dies mit der in Tabelle 5.2 beschriebenen Netzwerkkonfiguration. Das Netzwerk wird in einer Kurve aktiviert. Die entsprechende Querablage ist daher initial vergleichbar mit

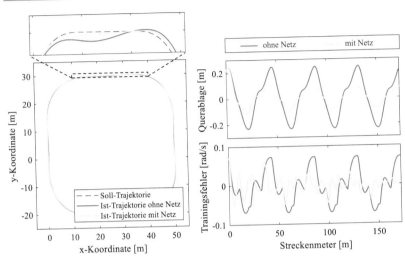

Abbildung 5.10 Soll-Ist-Abgleich für den zuvor beschriebenen Streckenverlauf in Bezug auf Position, Querablage sowie Trainingsfehler für eine Runde mit dem Basisregler sowie mit anschließender Aktivierung des neuronalen Netzwerks

dem Start der Runde ohne Netzwerk. Es wird jedoch deutlich, dass die Minima und Maxima der Querablage in Folge des aktivierten Netzwerkes reduziert werden. Aufgrund der Streckengeometrie ergeben sich die maximalen Fehler beim Ein- und Ausfahren aus den Kurven. Tabelle 5.3 zeigt die jeweiligen Fehlermaxima und Minima nach Streckensegment, nachdem das Netzwerk aktiv in die Regelstrategie einbezogen wurde.

Es wird deutlich, dass das Netzwerk die anliegende Querablage innerhalb einer Kurve stark reduzieren kann. Bereits am Ende der ersten Kurve wird der Fehler um 47% reduziert. Dieser Trend setzt sich über den weiteren Streckenverlauf fort, so dass die maximalen Ablagen um 63.5% bzw. 65.2% reduziert werden, was einem resultierenden maximalen, bzw. minimalen Fehler von $0.089m$ bzw. $0.081m$ entspricht. Das Netzwerk ist entsprechend in der Lage die verbleibende Querablage der Basiskonfiguration in kurzer Zeit zu verbessern und die Regelgüte im Laufe einer Runde iterativ zu steigern. Die schnelle Verbesserung wird dabei erzielt, ohne a priori Vorwissen an das Netzwerk vermittelt zu haben, was für einen effizienten Trainingsprozess spricht. In Abbildung 5.10 ist zusätzlich der Verlauf des Trainingsfehlers über dem Streckenmeter dargestellt. Auch beim Trainingsfehler wird deutlich, dass das neuronale Netzwerk in der Lage ist, den Fehler durch direkte

Tabelle 5.3 Maximale und minimale Querablage nach Streckensegmenten für den Basisregler und eine zum Vergleich herangezogene Erweiterung des Basisreglers um ein KNN

Gütemetrik	1. Kurve	2. Kurve	3. Kurve	4. Kurve
		ohne KNN		
max(dy) [m]	0.2441	0.2441	0.2441	0.2441
min(dy) [m]	−0.2330	−0.2330	−0.2330	−0.2330
		mit KNN		
max(dy) [m]	0.2441	0.1165	0.0973	0.0890
Verbesserung [%]	0.00	52.27	60.14	63.54
min(dy) [m]	−0.1230	−0.1080	−0.0926	−0.0810
Verbesserung [%]	47.21	53.65	60.26	65.24

Interaktion im geschlossenen Regelkreis zu reduzieren. Zunächst kommt es auf den ersten ca. 20m zu einer leichten Oszillation, die aus der zufällig gewählten Startkonfiguration sowie dem sprunghaften Dazuschalten des Netzwerkes resultiert. Diese klingt jedoch über den folgenden Verlauf der Strecke ab, ohne sich destabilisierend auszuwirken. In der Folge wird der Fehler schrittweise reduziert, was sich direkt auf die zuvor beschriebene Querablage auswirkt. In Abbildung 5.11 sind die Frobenius Norm, die aufsummierte Querablage sowie der aufsummierte Trainingsfehler über dem Streckenmeter dargestellt.

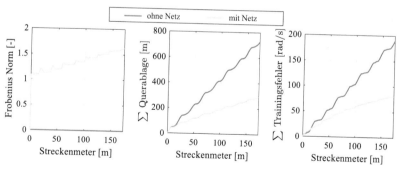

Abbildung 5.11 Frobenius Norm, aufsummierte Querablage und aufsummierter Trainingsfehler über dem Streckenmeter für den Basisregler und ein mit dem GDM Verfahren trainiertes KNN

Die Frobenius Norm dient bezogen auf die Anpassung der Netzwerkgewichte als Maß, um eine Aussage über die Änderung der Gewichte und somit direkt über die Adaption des Netzwerkes an den jeweiligen Systemzustand, treffen zu können. Da die Anpassung der Netzwerkgewichte mit dem Trainingsfehler korreliert, sind zu Beginn deutlich stärkere Änderungen des Gewichtsniveaus erkennbar, die zusätzlich schwanken. Mit einem iterativen Abbau des Fehlers reduzieren sich diese Schwankungen und der Gradient der Gewichtsänderung flacht ab, ohne jedoch ein konstantes Niveau zu erreichen. Es wird entsprechend deutlich, dass mit der betrachteten Konfiguration kein finales, gesättigtes Gewichtsniveau innerhalb von einer Runde erreicht werden kann.

Mit Blick auf die aufsummierten Größen der Querablage und des Trainingsfehlers wird deutlich, dass die Gradienten deutlich flacher sind, als es für den Basisregler ohne neuronales Netzwerk der Fall ist. Die aufsummierte Querablage flacht nahezu unmittelbar nach Hinzuschalten des neuronalen Netzwerkes ab, wohingegen die Summe des Trainingsfehlers nach Aktivierung des neuronalen Netzwerkes initial einen stärkeren Gradienten aufweist. Dieser resultiert aus der Oszillation in Folge der initialen Netzwerkausgabe sowie dem sprunghaften Einschalten in der Kurve. Es wird jedoch deutlich, dass der Gradient des aufsummierten Trainingsfehlers nach ca. 20m deutlich abflacht und im Verlauf einer beschränkten Funktion ähnelt. In Abbildung 5.12 sind die Regelanteile der inneren Regelkaskade (Gierratenregelung) über der Zeit abgebildet.

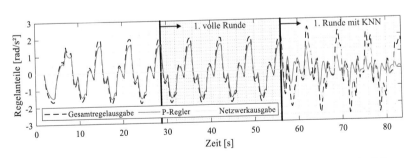

Abbildung 5.12 Darstellung der Regelanteile der inneren Regelkaskade über der Zeit

Für spätere Betrachtungen werden die erste volle Runde sowie die 1. Runde mit aktiviertem neuronalen Netzwerk analysiert, da zu Beginn der Simulation aufgrund von initialen Abweichungen erhöhte Fehler auftreten und somit die Bedingungen für den Vergleich der Regelungsstrategie mit und ohne Netzwerk erst nach Durchfahren einer vollen Runde identisch sind. Das neuronale Netzwerk nimmt nach der Aktivierung den dominanten Teil der Gierratenregelung ein und der Anteil des Proportionalreglers wird aufgrund des abklingenden Fehlers immer geringer. Dies verdeutlicht ebenfalls Abbildung 5.13, in der die Aktivität des Basisreglers über dem Streckenmeter dargestellt ist (rechts).

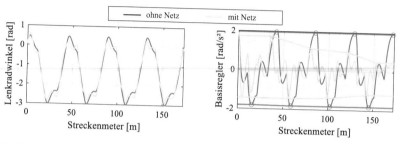

Abbildung 5.13 Lenkradwinkel sowie Anteil des P-Reglers für eine Runde ohne aufgeschaltetes Netzwerk und eine Runde mit integriertem KNN

Mit Blick auf den von der Regelungsstrategie angeforderten Lenkradwinkel in Abbildung 5.13, links wird deutlich, dass die Änderung bei Integration des neuronalen Netzwerkes vornehmlich in den Amplituden des gestellten Winkels sowie einem minimal steileren Gradienten liegen. Trotz der gering wirkenden Unterschiede hat der Einfluss des künstlichen Netzwerkes einen großen Effekt auf das Führungsverhalten der Regelstrecke. So resultiert aus der Aktivierung des neuronalen Netzwerkes eine Verbesserung der Regelgüte von mehr als 65% während der ersten simulierten Runde. Das Potential eines sich online adaptierenden Netzwerkes wird entsprechend deutlich, muss aber anhand der zuvor erwähnten Kriterien wie Langzeitstabilität, Robustheit und Echtzeitfähigkeit weiter evaluiert werden, um die Wahrscheinlichkeit des erfolgreichen Realfahrbetriebs zu maximieren.

In den folgenden Kapiteln werden daher zunächst die Einflüsse unterschiedlicher Trainings- und Designparameter auf die Adaptionsgeschwindigkeit und Performanz des neuronalen Netzwerkes im geschlossenen Regelkreis untersucht. Darauf aufbauend wird die Langzeitstabilität und der Einsatz von Stabilisierungsmetriken untersucht sowie das Verhalten im Fehlerfall simulativ betrachtet.

Effekte auf die Adaptionsgeschwindigkeit des KNN im geschlossenen Regelkreis

In dem folgenden Abschnitt werden Effekte auf die Adaptionsgeschwindigkeit des online trainierten neuronalen Netzwerkes und entsprechend die Konvergenzgeschwindigkeit des simulierten Versuchsträgers mit einem gewünschten Soll-Verhalten untersucht. Zu diesem Zweck werden im ersten Schritt unterschiedliche Trainingsverfahren innerhalb des geschlossenen Regelkreises implementiert und deren Eignung zur Stabilisierung des simulierten Fahrzeuges bewertet. Im nächsten Schritt werden die Effekte unterschiedlicher Aktivierungsfunktionen analysiert. Zuletzt wird der Einfluss von Netzwerktiefe und Gewichtsinitialisierung auf die Trainingsergebnisse sowie die Echtzeitfähigkeit des Netzwerktrainings betrachtet. Das Ziel ist es, eine grundsätzliche Aussage über die Eignung unterschiedlicher Netzwerkkonfigurationen abzuleiten, um in der Folge die Robustheit im Dauerbetrieb, den Einsatz unter komplexen Randbedingungen sowie im realen Versuchsträger zu evaluieren.

Für die beschriebenen Untersuchungen werden vergleichbare Rahmenbedingungen herangezogen. Daher wird in diesem Abschnitt ein geometrisch einfacher Rundkurs mit über den Runden gleichbleibendem Dynamikprofil gewählt. Die nachfolgenden Simulationen beziehen sich auf die in Abbildung 5.8 dargestellte Trajektorie mit dem im vorherigen Kapitel beschriebenen Geschwindigkeitsprofil. Die Untersuchungen konzentrieren sich auf die Anpassung der Netzwerkgewichte und das Führungsverhalten des simulierten Versuchsträgers innerhalb der ersten Runde

Ergänzende Information Die elektronische Version dieses Kapitels enthält Zusatzmaterial, auf das über folgenden Link zugegriffen werden kann https://doi.org/10.1007/978-3-658-43109-9_6.

J. Kaste, *Künstliche neuronale Netzwerke zur adaptiven Fahrdynamikregelung*, AutoUni – Schriftenreihe 171, https://doi.org/10.1007/978-3-658-43109-9_6

nach der Aktivierung des neuronalen Netzwerkes. In den nachfolgenden Kapiteln 7 und 8 werden dann nichtlineare Effekte aus grenzbereichsnaher Fahrt und komplexerer Streckenführung betrachtet sowie die Robustheit des neuronalen Netzwerkes im Rahmen von Langzeitsimulationen und externen Störungen untersucht.

6.1 Einfluss unterschiedlicher Trainingsverfahren auf das neuronale Netzwerk im geschlossenen Regelkreis

In diesem Abschnitt werden unterschiedliche Trainingsverfahren auf die Eignung zum iterativen Training des neuronalen Netzwerkes im geschlossenen Regelkreis simulativ untersucht. Wie in Abschnitt 3.4.3 dargelegt, spielt die Art des gradienten-abstiegsbasierten Trainingsverfahren eine entscheidende Rolle für den Erfolg des Netzwerktrainings. Um eine Aussage über die grundsätzliche Eignung unterschiedlicher Methoden treffen zu können, wurden die in Abschnitt 3.4.3 ausgewählten Trainingsmethoden implementiert und gegenüber gestellt. Dabei werden im ersten Schritt Netzwerke verwendet, die in Bezug auf Architektur, Aktivierungsfunktion und Netzeingang identisch zu dem in Tabelle 5.2 beschriebenen Basisnetzwerk sind. Lediglich die Trainingsmethode sowie die Hyperparameter des jeweiligen Trainingsverfahrens werden variiert um eine gute Vergleichsbasis schaffen zu können. Die ausgewählten Hyperparameter für die folgenden Untersuchungen sind im Anhang in Tabelle C.1 im elektronischen Zusatzmaterial aufgeführt. Abbildung 6.1 zeigt Ergebnisse für unterschiedliche gradientenbasierte Trainingsverfahren für eine Runde auf dem in Abbildung 5.8 dargestellten Rundkurs.

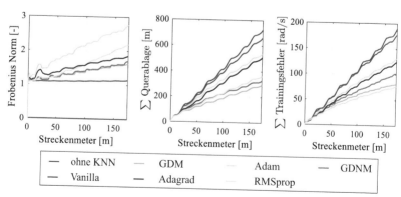

Abbildung 6.1 Frobenius Norm, aufsummierte Querablage sowie aufsummierter Trainingsfehler über dem Streckenmeter für unterschiedliche Trainingsverfahren

Es wird deutlich, dass die Trainingsverfahren sehr unterschiedliche Ergebnisse erzielen. Die Trainingsverfahren mit fest vorgegebener Lernrate, also das Vanilla-Update, das GDM und GDNM Verfahren werden mit einer Lernrate von $\mu = 0.002$ implementiert. Der Momentum Term des GDM und GDNM Verfahrens beträgt jeweils $\alpha = 0.9$. Die Frobenius Norm in der linken Darstellung von Abbildung 6.1 zeigt, dass für das Vanilla Update nur eine sehr geringe Änderung des Gewichtsniveaus erfolgt. Entsprechend wird nur eine geringfügige Verbesserung der Querablage und des Trainingsfehlers über die erste simulierte Runde erzielt. Im Vergleich zu den Simulationen ohne aktiviertes neuronales Netzwerk stellt sich eine Verbesserung des MSE des Trainingsfehlers um 22.2% sowie eine Verbesserung des MSE der Querablage um 19.3% ein, wie in Abbildung 6.2 bzw. im Anhang in Tabelle C.2 im elektronischen Zusatzmaterial deutlich wird. Die beiden Verfahren, bei denen eine Erweiterung des Vanilla Updates um Momentum Terme erfolgt, sind in der Lage, die bei der Simulation resultierenden Fehler deutlich schneller zu reduzieren. Beide Methoden liefern vergleichbare Ergebnisse, wobei die Regelgüte beim Training mit dem GDM Verfahren geringfügig höher ist. So wird der MSE der Querablage beim GDM um 78.5%, bzw. um 74.7% beim GDNM reduziert, der MSE des Trainingsfehlers um 77.8%, bzw. 72.2%. Mit Blick auf die Frobenius Norm wird deutlich, dass beide Verfahren nur geringfügige Unterschiede bei der Anpassung des Gewichtsniveaus zeigen und die Norm mit vergleichbarem Gradienten ansteigt. Dies erklärt die sehr ähnlichen Ergebnisse.

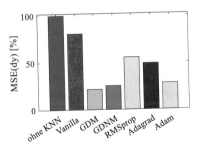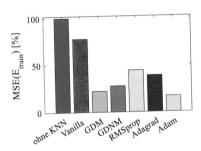

Abbildung 6.2 Vergleich der mittleren quadratischen Fehler (MSE) der Querablage und des Trainingsfehlers normiert auf eine simulierte Runde ohne aktiviertes KNN

Neben Trainingsverfahren, die eine feste Lernrate als Designparameter für die Anpassung der Netzwerkgewichte verwenden, existieren Verfahren, die in Abhängigkeit des Trainingszustandes eine gewichtsindividuelle, variable Lernrate berechnen. Im Rahmen dieser Arbeit wurden analog zu Abschnitt 3.4.3 das RMSprop, das Adagrad und das Adam Verfahren implementiert und analysiert. Da sich die Methoden bei der Anpassung der Gewichte teils deutlich unterscheiden, ist eine Analyse der zu Grunde liegenden Hyperparameter erforderlich, um valide Aussagen über die Eignung der Trainingsverfahren treffen zu können. Dies erfolgt in den folgenden Abschnitten. Die Abbildungen 6.1 und 6.2 verdeutlichen jedoch, dass die gewünschte Regelaufgabe mit allen gewählten Parametern bewältigt und eine deutliche Erhöhung der Regelgüte im Vergleich zur Basiskonfiguration erzielt werden kann. So verringert das RMSprop Verfahren den MSE der Querablage um 44.6%, das Adagrad Verfahren um 51.1% und das Adam Verfahren um 72.2%. Beim MSE des Trainingsfehlers stellt sich eine Verbesserung von 56.3% beim RMSprop, 61.1% beim Adagrad und 83.3% beim Adam Verfahren ein. Im Vergleich zu den Verfahren mit fester Lernrate ergibt sich eine stärkere Änderung der Frobenius Norm, was darauf schließen lässt, das eine stärkere Anpassung der Netzwerkgewichte vorgenommen wird. Trotz dieser starken Anpassungen erzielen das RMSprop und das Adagrad Verfahren eine über die Runde gemittelt geringere Regelgüte, als die Verfahren mit fester Lernrate und Momentum Erweiterung.

6.1.1   Auswahl geeigneter Hyperparameter

Die Auswahl geeigneter Hyperparameter für das jeweilige Trainingsverfahren ist ein wesentlicher Faktor für den Trainingserfolg eines neuronalen Netzwerkes. In der Literatur wurde ein Nachweis der Eignung der implementierten Trainingsverfahren erbracht [41, 87, 147, 151, 176], jedoch unterscheiden sich die Anwendungsfelder und Netzwerkarchitekturen sehr stark zu dem in dieser Arbeit betrachteten Szenario. Daher können die in der Literatur gewählten Trainingsparameter für die folgenden Untersuchungen lediglich als Richtwert dienen. Da sich insbesondere die Art des Netzwerktrainings im Rahmen von iterativer Anpassung der Gewichte mit direkter Auswirkung auf den Regeleingriff stark von den üblichen Batch-Trainings unterscheidet, ist eine Analyse geeigneter Hyperparameter in Bezug auf die Robustheit, Konvergenzgeschwindigkeit und Langzeitstabilität unerlässlich, da im Versagensfall das autonom operierende Fahrzeug destabilisiert werden könnte. Bei der Untersuchung geeigneter Hyperparameter wird an dieser Stelle zwischen Trainingsverfahren mit fester und variabler Lernrate unterschieden.

a) Trainingsverfahren mit fester Lernrate

Bei den Trainingsverfahren mit fester Lernrate wird die Lernrate μ als Designparameter für die Adaptionsgeschwindigkeit bei der Anpassung der Gewichte zu Beginn des Trainings ausgewählt. Bei den Verfahren mit Momentum Term wird zusätzlich ein Faktor α bestimmt, der neben der Gewichtsanpassung im aktuellen Zeitschritt einen zusätzlichen skalierten Wert der zuletzt durchgeführten Gewichtsanpassung berücksichtigt. Für die Verfahren mit fester Lernrate spielt die Größenordnung der Lernrate eine entscheidende Rolle für die Stabilität des Netzwerktrainings. Faktoren wie die Auswahl der Aktivierungsfunktion, Netzwerktopologie und Gewichtsinitialisierung sowie Normalisierung und Regularisierung werden zunächst außer Acht gelassen und in den folgenden Abschnitten näher betrachtet. Initial werden alle Untersuchungen mit dem in Tabelle 5.2 beschriebenen Basisnetzwerk durchgeführt. Einzig das Trainingsverfahren und die daraus resultierenden Parameter werden variiert.

1. Vanilla Update
Wie bereits in Abschnitt 3.4.3 erwähnt, stellt das Vanilla Update die einfachste Form der in dieser Arbeit betrachteten Trainingsverfahren dar. Die Gewichtsanpassung erfolgt durch:

$$\Delta \underline{W} = -\mu \cdot \nabla E\left(\underline{W}\right). \tag{6.1}$$

Wie aus der Formel deutlich wird, ist die vom Anwender geschätzte Lernrate der wesentliche Parameter für die Optimierung der Netzwerkgewichte. In den Abbildungen 6.1 und 6.2 wurde bereits deutlich, dass identische Lernraten für das Vanilla Update und die um einen Momentum Term erweiterten Trainingsverfahren sehr unterschiedliche Ergebnisse für den betrachteten Fall der Fahrzeugquerführung liefern. Aufgrund der geringen Änderung der Frobenius Norm sowie einer verhältnismäßig geringfügigen Steigerung der Regelgüte erscheint es naheliegend, dass für die gewählte Netzwerkkonfiguration im betrachteten Szenario die Lernrate von $\mu = 0.002$ zu gering ausfällt. Die Abbildungen 6.3 und 6.4 zeigen Ergebnisse für unterschiedliche Lernraten bei identischen Ausgangsbedingungen bezüglich des Netzwerks und der Simulation.

Die Lernrate wurde, ausgehend von den Untersuchungen im vorherigen Abschnitt, sukzessive verdoppelt und der Einfluss auf die Änderung der Frobenius Norm, die Querablage sowie den Trainingsfehler über dem Streckenmeter aufgetragen. Es wird deutlich, dass der Gradient der Änderung der Frobenius Norm mit ansteigender Lernrate steiler wird und die resultierenden Querablagen und Trainingsfehler geringer ausfallen als für die Simulationen mit dem Basisregler. Die Balkendiagramme in Abbildung 6.4 zeigen den Einfluss der Lernrate auf den MSE der Querablage, den MSE des Trainingsfehlers und die Aktivität des Basisreglers, jeweils normiert auf die Konfiguration ohne neuronales Netzwerk. Zudem wird der Einfluss der Lernrate auf die Netzwerkausgabe dargestellt, wobei die Normierung

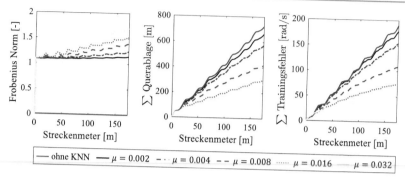

Abbildung 6.3 Frobenius Norm, aufsummierte Querablage und aufsummierter Trainings-fehler in Abhängigkeit von der Lernrate. Aufgetragen über dem Streckenmeter für ein mit dem Vanilla Update trainiertes Netzwerk

in diesem Fall auf die Konfiguration mit der höchsten aufsummierten Netzwerkaus-gabe über eine Runde erfolgt.

Zunächst wird ersichtlich, dass der MSE der Querablage und des Trainingsfehlers sowie die Aktivität des Basisreglers mit steigender Lernrate abflachen. Gleichzeitig steigt die Netzwerkausgabe sukzessive an. Bei niedrigeren Lernraten (0.002 bzw. 0.004) flacht der Anteil des Basisreglers über die simulierte Runde im Verhältnis zur Steigerung der Regelgüte langsam ab. So wird für eine Lernrate von $\mu = 0.004$ die Regelaktivität des Basisreglers durch Hinzuschalten des neuronalen Netzwer-kes um 15.9% reduziert, der MSE des Trainingsfehlers sinkt jedoch um 41.4% und der MSE der Querablage um 39.7%. Mit Blick auf die Gesamtregelausgabe wird deutlich, dass Netzwerke, die mit kleinen Lernraten trainiert werden, einen star-ken Anstieg der Gesamtregelausgabe herbeiführen. Im Vergleich zur Simulation ohne neuronales Netzwerk wird diese um 21.5%, bzw. 27.4% gesteigert. Um dieses Verhalten genauer zu analysieren, ist in Abbildung 6.5 die Netzwerkausgabe für die mit unterschiedlichen Lernraten trainierten Netzwerke über dem Streckenmeter aufgetragen.

Es wird deutlich, dass für kleine Lernraten die Tendenz der Netzwerkausgabe zwar vergleichbar mit den Ausgaben für größere Lernraten ist, jedoch kein vollstän-diger Fehlerausgleich durch das neuronale Netzwerk erfolgen kann. Dieses Verhal-ten lässt sich durch die zufällige Gewichtsinitialisierung und die geringe Adaptions-schrittweite erklären, die eine klein gewählte Lernrate für das Vanilla Update nach sich zieht und ausschließlich flache Gradienten der Netzwerkausgabe und geringe Maxima ermöglicht. Aufgrund der geringen Lernrate und verhältnismäßig gerin-ger Fehler, die aus einer geeigneten Parametrierung des Basisregelungskonzeptes

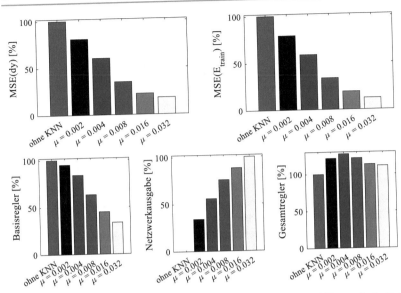

Abbildung 6.4 Einfluss der Lernrate auf die Querablage, den Trainingsfehler sowie die Stellaktivität von Basisregelungskonzept und neuronalem Netzwerk für unterschiedliche Lernraten beim Vanilla Update

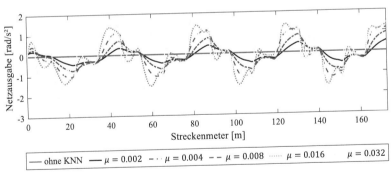

Abbildung 6.5 Netzwerkausgabe über dem Streckenmeter in Abhängigkeit von der Lernrate für das Vanilla Update

resultieren, ist es nicht möglich, während einer Runde die Netzwerkgewichte so zu optimieren, dass die Gesamtregelausgabe reduziert wird. Jedoch erfolgt eine gezielte, nichtlineare Verstärkung des Basisreglers, wodurch die aus der Simulation resultierenden Fehler verringert werden, jedoch gleichzeitig eine gesteigerte Gesamtregelausgabe resultiert.

Für eine Lernrate von $\mu = 0.008$ stellt sich bei der Gesamtregelausgabe ein rückläufiger Trend ein. Zwar erfolgt durch die Kombination aus Regler und Netzwerk prozentual auch weiter eine höhere Gesamtregelausgabe, jedoch nimmt diese im Vergleich zu den kleineren Lernraten ab, bei gleichzeitig deutlicher Reduktion der Fehler und Basisreglerausgabe. Der Blick auf die Abbildungen 6.3 und 6.4 suggeriert, dass eine sukzessive Erhöhung der Lernrate in Bezug auf die Fehlermetriken ausschließlich positive Resultate nach sich zieht. Die betrachteten Fehlergrößen werden deutlich reduziert und der Anteil des Basisreglers entsprechend verringert. Für die Lernrate von $\mu = 0.032$ wird der MSE des Trainingsfehler um 87.7%, der MSE der Querablage um 82.0% und die Stellaktivität des Basisregelungskonzeptes um 66.3% reduziert. Die Darstellung der Netzwerkausgabe über dem Streckenmeter in Abbildung 6.5 zeigt jedoch auf, dass neben den positiven Ergebnissen bezüglich der betrachteten Bewertungskriterien, unerwünschte Effekte bei der Auswahl einer hohen Lernrate auftreten. Unmittelbar nach der Aktivierung des neuronalen Netzwerkes kommt es auf den ersten ca. $30m$ zu starken Oszillationen, die als Folge einer zufälligen Gewichtsinitialisierung in Kombination mit einer hohen Adaptionsgeschwindigkeit der Gewichte resultieren. Diese Oszillationen treten ausschließlich für das Training mit einer Lernrate von $\mu = 0.032$ auf und werden in der Folge nicht gänzlich abgebaut. So kommt es beispielsweise zwischen 130 und $140m$ erneut zu einer hochfrequenten Oszillation. Es liegt nahe, dass die zu hoch gewählte Lernrate einerseits durch schnelle Anpassung der Netzwerkgewichte eine Minimierung des Trainingsfehlers im Fehlerraum bewirken kann, jedoch aufgrund der hohen Schrittweite dazu neigt, Minima zu überspringen. Dadurch kann eine stärkere Abweichung vom globalen Optimum erfolgen, was zu einer geringeren Robustheit des Netzwerktrainings bis hin zur Instabilität führen kann.

Um die Effekte hoch gewählter Lernraten auf die Trainingsergebnisse zu untersuchen, sind in Abbildung 6.6 und 6.7 Ergebnisse für die zuvor beschriebene Netzwerkkonfiguration bei einer weiteren Erhöhung der Lernrate abgebildet.

Es wird deutlich, dass eine weitere Steigerung der Lernrate zu einer abknickenden Kurve bei der Frobenius Norm über dem Streckenmeter führt, die für $\mu = 0.04$ ein exponentielles Wachstum aufzeigt. Diese Destabilisierung wird mit Blick auf die Netzwerkausgabe über dem Streckenmeter noch stärker hervorgehoben, in der die Netzwerkausgabe für zu hohe Lernraten im letzten Abschnitt der Strecke destabilisiert wird und ein Aufschwingen der Netzwerkausgabe beobachtet werden kann.

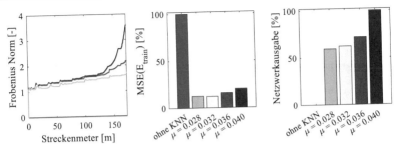

Abbildung 6.6 Vanilla Update: Einfluss zu hoher Lernraten auf die Frobenius Norm, den Trainingsfehler sowie Stellaktivität des Netzwerkes

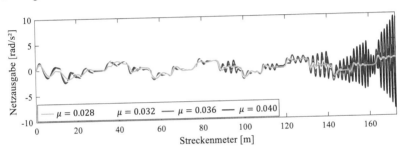

Abbildung 6.7 Vanilla Update: Netzwerkausgabe über dem Streckenmeter in Abhängigkeit von zu groß gewählten Lernraten

Die Auswahl der Lernrate ist entsprechend entscheidend für die Stabilität des Netzwerkes im geschlossenen Regelkreis und kann bei zu aggressiver Wahl zu einer Destabilisierung des Gesamtreglers führen, was im Realbetrieb zu einem Verlassen der befahrbaren Strecke führen könnte und unbedingt vermieden werden muss.

2. GDM Verfahren

Das GDM Verfahren stellt eine Erweiterung des Vanilla Updates um einen Momentum Term α dar. Da sich die Verfahren ähneln, soll an dieser Stelle primär die Auswirkung des Momentum Terms auf die Performanz des Netzwerktrainings im geschlossenen Regelkreis untersucht werden. Dabei werden Netzwerke mit geringer und hoher Lernrate simuliert und der Einfluss unterschiedlich gewählter Werte für den Momentum Term miteinander verglichen. Die Startbedingungen bezüglich Architektur, Gewichtsinitialisierung und Aktivierungsfunktion sind dabei aus Gründen der Vergleichbarkeit identisch gewählt. Abbildung 6.8 stellt den Einfluss des Momentum Terms auf die erzielten Trainingsergebnisse dar. Die Lernrate wurde dabei, entsprechend den vorangegangenen Untersuchungen, mit $\mu = 0.002$ gewählt und der Momentum Term zwischen 0 und 0.95 variiert. Die dargestellten Balkendiagramme wurden jeweils auf die Maximalwerte normiert.

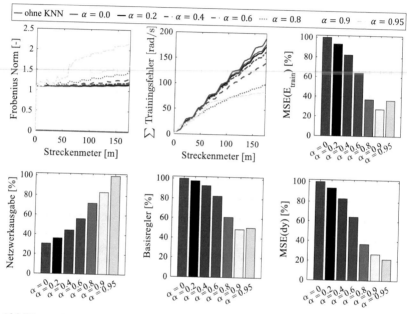

Abbildung 6.8 Einfluss des Momentum Terms bei niedrig gewählter Lernrate

Im Vergleich zum Vanilla Update, welches dem Fall $\alpha = 0$ entspricht, wird deutlich, dass die Hinzunahme des Momentum Terms in Bezug auf die Querablage und den Trainingsfehler eine höhere Genauigkeit ermöglicht. Durch die Berücksichtigung vergangener Gewichtsanpassungen $\Delta \underline{W}_{(t-1)}$ wird wie in Gleichung 3.38 dargestellt, eine effektivere Optimierung der Netzwerkgewichte erzielt. Der stärkere Anstieg der Frobenius Norm lässt auf eine schnellere Anpassung der Gewichte schließen, die eine aggressivere Reduktion der betrachteten Fehlergröße ermöglicht. Bei $\alpha = 0.9$ wird der MSE des Trainingsfehlers im Vergleich zum Vanilla Update um 72.6% reduziert, was im Vergleich zum Basisregler eine Verbesserung um 78.3% darstellt. Die Netzwerkausgabe, die in Abbildung 6.9 dargestellt wird, zeigt zudem, dass es bis zu dieser Größenordnung nicht zu Oszillationen kommt.

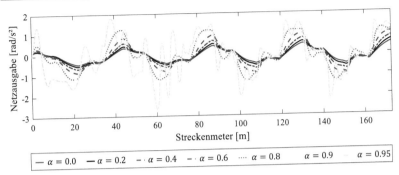

Abbildung 6.9 Netzwerkausgabe über dem Streckenmeter in Abhängigkeit des Momentum Terms für das GDM Verfahren mit einer Lernrate von $\mu = 0.002$

Erst bei einer weiteren Steigerung des Momentum Updates auf $\alpha = 0.95$ kommt es sowohl zu einer unverhältnismäßig großen Änderung der Frobenius Norm und in der Folge sowohl zu Oszillationen in der Netzwerkausgabe als auch zu einer schlechteren Performanz des Netzwerkes in Bezug auf die Verringerung des zum Training herangezogenen Fehlers. Dennoch wird deutlich, dass für kleine Lernraten ein zusätzlicher Momentum Term eine sinnvolle Erweiterung des Vanilla Updates darstellt und die Trainingsergebnisse verbessern kann.

In der Folge wird der Einfluss niedrig gewählter Momentum Terme auf eine hoch gewählte Lernrate analysiert. Die Lernrate wird mit $\mu = 0.016$ angenommen, da diese in den vorangegangenen Analysen für das Vanilla Update geringe Trainingsfehler ohne Oszillationen der Netzwerkausgabe liefert. Da die bisherigen Untersuchungen gezeigt haben, dass selbst für niedrige Lernraten ein zu hoher Momentum Term die Trainingsergebnisse verschlechtern und zu Oszillationen der Netzwerkausgabe führen kann, wird α zwischen 0 und 0.5 gewählt. Die Ergebnisse sind in Abbildung 6.10 dargestellt.

Die Abbildung zeigt, dass die gewählte Variation der Momentum Terme eine Verbesserung des MSE des Trainingsfehlers herbeiführt. Im Vergleich zum Vanilla Update erreicht das Netzwerk mit $\alpha = 0.4$ eine Verbesserung um 30.7%, das Netzwerk, das mit einem Momentum Term von $\alpha = 0.5$ trainiert wurde, eine Verbesserung um 33.6%. Im Vergleich zum Basisregler ohne Erweiterung um das neuronale Netzwerk bedeutet dies eine Reduktion von 86.7 bzw. 87.2%. Es wird entsprechend deutlich, dass der Mehrwert eines höheren Momentum Terms zwischen 0.4 und 0.5 nur eine geringe Verbesserung der erzielten Ergebnisse herbeiführt. Zudem fällt auf, dass die Änderung der Frobenius Norm für $\alpha = 0.5$ deutlich stärker ausfällt, als

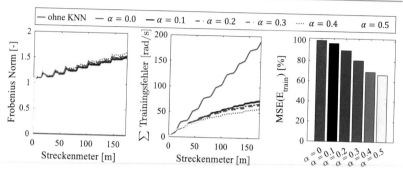

Abbildung 6.10 Einfluss des Momentum Terms bei hoher Lernrate

für die vorherigen Variationsschritte des Momentum Terms. Zwischen 0.3 und 0.4 bewirkt ein Anstieg der Frobenius Norm von 6% am Ende der simulierten Runde eine Verbesserung des MSE um 11.2%. Wohingegen zwischen 0.4 und 0.5 eine Steigerung der Norm von 13.1% nur zu einer Verbesserung des MSE von 2.9% führt. Dieser unverhältnismäßige Anstieg erhöht das Risiko einer Destabilisierung des Netzwerktrainings. Dies wird im Anhang in Abbildung C.1 im elektronischen Zusatzmaterial deutlich, in der die Netzwerkausgabe über dem Streckenmeter aufgetragen ist. Ähnlich wie bei einer zu hohen Lernrate beim Vanilla Update führen zu hohe Momentum Terme zu Oszillationen, die den Trainingserfolg und den stabilen Betrieb des Netzwerkes im geschlossenen Regelkreis gefährden. Dies resultiert aus der hohen Schrittweite bei der Anpassung der Netzwerkgewichte als Folge aus der Kombination einer hohen Lernrate mit einem hohen Momentum Term. Sind diese Hyperparameter zu groß gewählt, können Minima übersprungen werden, bzw. das Training durch zu große Veränderung der Netzwerkgewichte in einem Trainingsschritt destabilisiert werden. Es wird dennoch deutlich, dass auch für vergleichsweise hohe Lernraten ein sinnvoll gewählter Momentum Term zu einer Verbesserung der Trainingsergebnisse und einhergehend zu verbesserter Regelgüte führt. Für die Reglerauslegung scheint entsprechend eine konservative Lernrate mit Momentum Term sinnvoll, um einen stabilen Betrieb im geschlossenen Regelkreis zu gewährleisten.

3. GDNM Verfahren

Das GDNM Verfahren stellt, wie in Abschnitt 3.4.3 beschrieben, eine leicht abgewandelte Form des GDM Verfahrens dar. Beim GDNM Verfahren wird versucht, die zukünftige Position des Gradienten zu approximieren, um vorgesteuert das

Wissen über die vom Momentum Term initiierte Verschiebung mit in die Berechnung des Gradienten einzubeziehen. Da die Parameter des GDNM Verfahrens identisch zu denen des GDM Verfahrens sind, wird nachfolgend eine Untersuchung des Momentum Terms α in Abhängigkeit einer niedrigen Lernrate $\mu = 0.002$ und einer hohen Lernrate $\mu = 0.016$ durchgeführt und mit den Ergebnissen des GDM Verfahrens verglichen. Die Ergebnisse für eine Lernrate von $\mu = 0.002$ sind in Abbildung 6.11 dargestellt. Wie im vorherigen Abschnitt wird der Momentum Term zwischen 0 und 0.95 variiert und der Einfluss auf die Frobenius Norm, den Trainingsfehler, die Querablage sowie die Regelanteile von Netzwerk und Basisregler untersucht. Dabei sind innerhalb der Balkendiagramme die Ergebnisse für das GDNM Verfahren über die des GDM Verfahrens gelegt (gestrichelte Linie).

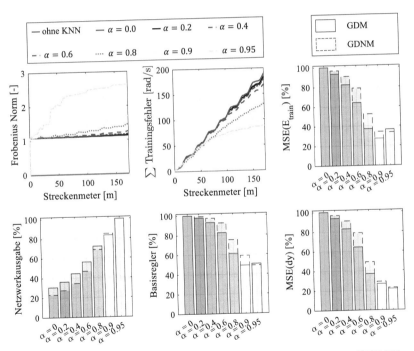

Abbildung 6.11 Vergleich der Simulationsergebnisse für das GDM und das GDNM Verfahren in Abhängigkeit vom Momentum Term

Auffällig ist, dass für Momentum Terme zwischen 0 und 0.9 zunächst ein sehr homogener Anstieg der Frobenius Norm erfolgt. Die Änderung für kleine

Momentum Terme ist gering und so wird auch der aufsummierte Trainingsfehler für $0 \leq \alpha \leq 0.6$ nur geringfügig reduziert. Für $\alpha = 0.8$ und $\alpha = 0.9$ erfolgen deutlichere Verbesserungen im Vergleich zum Vanilla Update. Mit Blick auf die dargestellten Ergebnisse wird jedoch deutlich, dass der MSE von Querablage und Regelfehler für das zuvor vorgestellte GDM Verfahren insbesondere bei kleinen Momentum Termen eine deutlichere Reduzierung der Fehlergrößen herbeiführt. Auch der Anteil der Netzwerkausgabe wächst für eine kleine Wahl des Momentum Terms schneller als beim GDNM Verfahren. Erst bei höheren Momentum Termen nähern sich beide Trainingsverfahren an. Für $\alpha = 0.95$ scheint das Training auf den initialen Metern nach der Aktivierung destabilisiert zu werden, was aus einem übermäßig starken Anwachsen der Frobenius Norm zwischen den Metern 0 und 50, sowie einer Verschlechterung des aufsummierten Trainingsfehlers auf diesen Streckenmetern deutlich wird. Dies kann als direkte Folge aus den Versuchsbedingungen in Kombination mit dem betrachteten Lernverfahren resultieren. Das GDNM Verfahren schätzt eine Position des zukünftigen Gradienten. In der initialen Phase nach Einschalten des Netzwerkes liegen zufällig gewählte Startgewichte vor. In Kombination mit hohen Hyperparametern sowie einer schritt- und nicht epochenweise durchgeführten Optimierung kann der Schätzfehler durch die eingangs starke Anpassung der Gewichte zu einer hohen Änderung der Netzwerkgewichte führen. Wird der Fehler dennoch reduziert und die Schrittweite in der Folge verringert, so ist das Trainingsverfahren in der Lage, ein exponentielles Anwachsen der Gewichtsnorm zu unterbinden, was in dem abflachenden Gradienten der Frobenius Norm deutlich wird. Aus der Stabilisierung resultieren zudem geringere Fehler im Laufe der restlichen Runde, sodass für einen Momentum Term von $\alpha = 0.95$ mit dem GDNM Verfahren ein geringerer MSE des Trainingsfehlers erzielt werden kann als beim GDM Verfahren mit gleichem Momentum Term.

Um zu analysieren, ob das GDNM bei kritisch hoher Auswahl der Trainingsparameter μ und α eine Stabilitätsreserve im Vergleich zum GDM Verfahren bereitstellt, wird in der Folge das Netzwerktraining mit hoher Lernrate $\mu = 0.016$ untersucht und die Momentum Terme zwischen 0.4 und 0.6 variiert. Die Ergebnisse der Untersuchungen für das GDM und GDNM Verfahren sind in Abbildung 6.12 dargestellt.

Die Abbildung zeigt, dass das Netzwerktraining für das GDM Verfahren für $\alpha = 0.6$ destabilisiert wird, was zu einem exponentiellen Wachstum der Frobenius Norm und einer sich verstärkenden Oszillation der Netzwerkausgabe führt. In der Folge ist der MSE des Trainingsfehlers für diese Konfiguration am höchsten. Für das GDNM Verfahren weist die Netzwerkausgabe für $\alpha = 0.95$ ebenfalls Oszillationen im Bereich zwischen 130 und 160 zurückgelegten Streckenmetern auf. Diese werden jedoch nicht weiter verstärkt und das Training wird nicht instabil. Für kleinere α-Werte liegt die, über eine Runde aufsummierte Netzwerkausgabe in einer

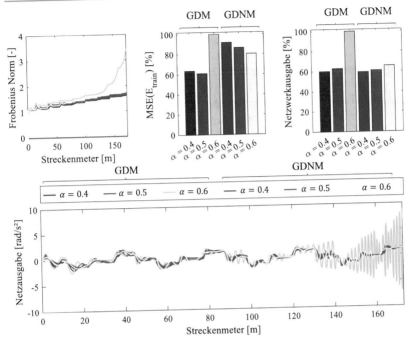

Abbildung 6.12 Vergleich für das GDM und das GDNM Verfahren in Abhängigkeit vom Momentum Term für eine hohe initiale Lernrate von $\mu = 0.016$

vergleichbaren Größenordnung. Trotzdem fällt der Trainingsfehler für das GDM Verfahren geringer aus. Bei kleineren Momentum Termen zeigt das GDM Verfahren entsprechend eine höhere Adaptionsgeschwindigkeit und damit verbunden eine gesteigerte Regelgüte, wohingegen das GDNM Verfahren eine erhöhte Robustheit aufweist und entsprechend bei schlecht gewählten Trainingsparametern weniger anfällig ist.

b) Trainingsverfahren mit variabler Lernrate

Neben den vorgestellten Verfahren mit fester, vom Anwender geschätzter Lernrate werden in der Literatur unterschiedliche Trainingsverfahren mit adaptiver Lernrate präsentiert [37, 41, 87, 90, 151, 158, 159, 196]. Im Rahmen dieser Arbeit werden das Adagrad, das RMSprop und das Adam Verfahren berücksichtigt. Der Vorteil gegenüber den Verfahren mit statischer Lernrate liegt darin begründet, dass entsprechend des Systemzustandes, Trainingsgrads und der Initialisierung der Gewichte, eine gewichtsindividuelle Lernrate bestimmt wird. Da die beschriebenen Verfahren üblicherweise für die Optimierung eines neuronalen Netzwerkes auf einen vorhandenen Datensatz angewandt werden, stellt eine Anwendung im geschlossenen Regelkreis mit iterativer Gewichtsanpassung eine Herausforderung dar. Die Eignung der Trainingsverfahren sich in jedem Zeitpunkt an sich ändernde Systemzustände anzupassen, bedarf einer Analyse der zu Grunde liegenden Trainingsparameter, da sich die Problemstellung deutlich von bekannten Anwendungsfällen unterscheidet.

1. Adagrad Verfahren

Beim Adagrad Verfahren wird ein quadratischer Anteil der Summe vergangener Gradienten gespeichert. Das Ziel ist es, die Updates der Gewichte zu normalisieren, um die Lernrate von Gewichten mit hohem Gradienten zu reduzieren, gleichzeitig den Gewichten mit niedrigem Gradienten eine hohe Lernrate bereitzustellen.
In Abbildung 6.13 sind die Ergebnisse für das Adagrad Verfahren dargestellt. Aufbereitet sind die Frobenius Norm und der aufsummierte Trainingsfehler über einer simulierten Runde sowie der mittlere quadratische Fehler als Balkendiagramm. Dieser wird auf das für eine Runde schlechteste Ergebnis normiert dargestellt.

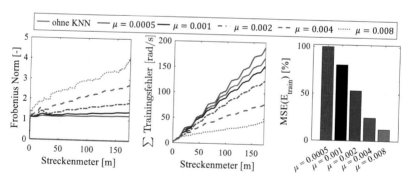

Abbildung 6.13 Frobenius Norm, aufsummierter Trainingsfehler sowie MSE des Trainingsfehlers normiert auf die Konfiguration mit dem größten Fehler. Dargestellt für je eine simulierte Runde für das Adagrad Verfahren mit unterschiedlichen Start Lernraten

Für die Untersuchungen werden die Netzwerktopologie sowie die Startgewichte analog zu den vorherigen Untersuchungen gewählt und ausschließlich die initiale Lernrate des Adagrad Verfahrens variiert. Diese wird geringer als zuvor zwischen 0.0005 und 0.008 gewählt, da durch die adaptive Lernrate des Trainingsverfahrens eine bedarfsgerechte Erhöhung möglich ist, hohe initiale Lernraten jedoch zu einer Destabilisierung führen können. Es wird deutlich, dass für kleine Basislernraten

$\mu = 0.0005$, bzw. $\mu = 0.001$ die Frobenius Norm nur moderat ansteigt. Dennoch zeigt der aufsummierte Trainingsfehler, dass im Vergleich zur Basisregelkonfiguration, die in blau dargestellt ist, eine merkliche Verbesserung bezüglich des Regelfehlers umgesetzt wird. Ein deutliches Abflachen des Gradienten des aufsummierten Fehlers ist jedoch nicht erkennbar. Dieses Verhalten, welches eine stetige Verbesserung der Regelgüte über den Verlauf einer Runde implizieren würde, stellt sich auch nicht für eine weitere Steigerung der Lernrate auf 0.002 ein. Erst bei einer weiteren Verdopplung auf $\mu = 0.004$ scheint der Gradient des aufsummierten Trainingsfehlers gegen Ende der Runde abzuflachen. Der Anstieg der Frobenius Norm bleibt jedoch nahezu konstant. Eine weitere Steigerung der Lernrate auf 0.008 bewirkt ein starkes Ansteigen der Norm. Der Trainingsfehler wird initial, nach Aufschalten des neuronalen Netzwerkes, sehr stark reduziert und der aufsummierte Fehler steigt in der Folge mit geringem Gradienten. Es wird jedoch deutlich, dass kein Abflachen der Norm und einhergehend kein stationärer Zustand der Netzwerkgewichte erreicht wird. Im letzten Streckensegment ist zudem ein starkes Abknicken der Gewichtsnorm und als Folge daraus ein starkes Anwachsen des Trainingsfehlers erkennbar. Dies äußert sich nicht in dem in Balkenform aufbereiteten MSE des Trainingsfehlers über einer Runde, der mit gesteigerter Basislernrate sukzessive sinkt. Mit Blick auf die Netzwerkausgabe in Abbildung 6.14 wird jedoch deutlich, dass der Anstieg der Gewichtsnorm im letzten Segment der Trajektorie zu einer Destabilisierung des Netzwerktrainings und in der Folge zu unerwünschten Oszillationen der Netzwerkausgabe führt.

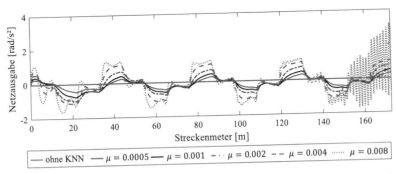

Abbildung 6.14 Netzwerkausgabe über dem Streckenmeter für das Adagrad Verfahren bei unterschiedlicher Basislernrate

Die Netzwerkausgabe zeigt zudem, dass nach initialem Aufschalten des Netzwerkes die Konfigurationen mit hoher Basislernrate auf den ersten Streckenmetern zu deutlichen Überschwingern neigen, die jedoch in der Folge gedämpft werden. Die Verläufe der Netzwerkausgabe ähneln sich grundsätzlich für unterschiedlich hohe Basislernraten, unterscheiden sich jedoch in ihrer Skalierung. Kleinere Lernraten weisen geringere Amplituden und flachere Gradienten auf. Bis zu einer Lernrate von $\mu = 0.004$ sind keine Oszillationen erkennbar. Für $\mu = 0.008$ weist der Verlauf der Netzwerkausgabe bereits initial Überschwinger auf und die Netzwerkausgabe wird zum Ende der Runde destabilisiert und beginnt sich aufzuschwingen.

In Tabelle 6.1 wird die Konfiguration mit hoher Basislernrate ($\mu = 0.008$) segmentweise mit einem Netzwerk verglichen, welches über eine deutlich geringere Basislernrate verfügt ($\mu = 0.002$), dennoch gute Ergebnisse hinsichtlich der Reduktion des Trainingsfehlers liefert und für das es zu keinerlei Oszillation der Netzwerkausgabe kommt.

Es wird deutlich, dass das Netzwerktraining mit moderater Lernrate Segment für Segment den maximalen, mittleren quadratischen sowie aufsummierten Fehler redu-

Tabelle 6.1 Vergleich des Adagrad Verfahrens für eine moderate sowie eine hohe Basislernrate, in deren Folge es zu Oszillationen kommt

Vergleichsmetrik	Einheit	Segment			
		$\mu_{Start} = 0.002$			
		$0 - 43.2m$	$43.2 - 86.4m$	$86.4 - 129.6m$	$129.6 - 172.8m$
$\lvert E_{\text{train}}\rvert_{max}$	$[\frac{rad}{s}]$	0.0700	0.0491	0.0443	0.0401
MSE(E_{train})	$[\frac{rad^2}{s^2}]$	0.99e-03	0.79e-03	0.61e-03	0.49e-03
$\sum \lvert E_{\text{train}}\rvert$	$[\frac{rad}{s}]$	36.67	33.16	28.78	25.46
$\sum \lvert u_{Regler}\rvert$	$[\frac{rad}{s^2}]$	1018.9	944.4	846.0	768.7
$\sum \lvert u_{KNN}\rvert$	$[\frac{rad}{s^2}]$	691.24	539.64	542.13	569.66
$\Delta\lVert \underline{W}\rVert_F$	[-]	0.2488	0.2094	0.1644	0.1425
Vergleichsmetrik	**Einheit**	**Segment**			
		$\mu_{Start} = 0.008$			
		$0 - 43.2m$	$43.2 - 86.4m$	$86.4 - 129.6m$	$129.6 - 172.8m$
$\lvert E_{\text{train}}\rvert_{max}$	$[\frac{rad}{s}]$	0.0700	0.0256	0.0278	0.0347
MSE(E_{train})	$[\frac{rad^2}{s^2}]$	0.36e-03	0.07e-03	0.06e-03	0.14e-03
$\sum \lvert E_{\text{train}}\rvert$	$[\frac{rad}{s}]$	17.37	7.95	7.33	12.44
$\sum \lvert u_{Regler}\rvert$	$[\frac{rad}{s^2}]$	554.14	355.01	346.88	433.26
$\sum \lvert u_{KNN}\rvert$	$[\frac{rad}{s^2}]$	984.8	866.7	847.4	1188.3
$\Delta\lVert \underline{W}\rVert_F$	[-]	1.2022	0.5624	0.4720	0.7051

ziert. Nach initialem Aufschalten mit hohem Stellanteil des neuronalen Netzwerkes u_{KNN} im ersten Abschnitt der Strecke reduziert sich die Stellaktivität zunächst und steigt moderat über die Segmente an. Auch die Änderung der Gewichtsnorm zeigt einen abklingenden Verlauf.

Im Gegensatz dazu kommt es für das Training mit hoher Basislernrate in Folge der Destabilisierung und Oszillation der Netzausgabe im letzten Streckensegment zu einer Verringerung der Regelgüte. Die Stellaktivität des neuronalen Netzwerkes und die Frobenius Norm steigen in diesem Abschnitt übermäßig stark an, nachdem zuvor zunächst eine starke Reduktion des Fehlers infolge der hohen Adaptionsgeschwindigkeit sichtbar ist.

Im Vergleich zum Vanilla Update unterscheidet sich die Anpassung der Netzwerkgewichte um einen adaptiven Term $\frac{1}{(\sqrt{G_t}+s_{Ada})}$. Dieser wird genutzt, um Gewichten mit hohem Gradienten geringere Lernraten für die Gewichtsänderung zu übergeben und gleichzeitig die Lernrate von Gewichten mit niedrigem Gradienten zu erhöhen. In Abbildung 6.15 sind die im Netzwerk für alle Gewichte aufsummierten Lernraten für das Adagrad Training mit unterschiedlicher Basislernrate abgebildet.

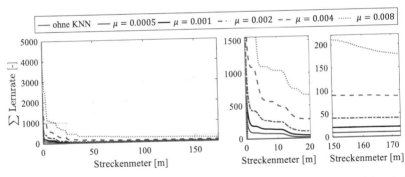

Abbildung 6.15 Aufsummierte Lernrate für alle Gewichte für das Adagrad Verfahren bei unterschiedlicher Basis Lernrate

Der Verlauf der aufsummierten Lernrate ist für jede der Konfigurationen ähnlich. Nach einem sehr hohen Niveau zu Beginn der Runde kommt es in der Folge zu einem abklingenden Verlauf. Sowohl das Anfangs- als auch das Endniveau skaliert dabei über die gewählte Basislernrate, so dass das Netzwerk mit einer Lernrate von $\mu = 0.008$ zum Ende der Runde noch über eine aufsummierte Lernrate verfügt, die alle anderen Konfigurationen bereits nach ca. 25 gefahrenen Metern unterschritten haben.

Grundsätzlich zeigt das Adagrad Verfahren zwar das gewünschte Verhalten und stellt bei geeigneter Basislernrate ein abklingendes Niveau der Gewichtsänderung sowie des betrachteten Fehlers bereit. Jedoch kann auch die adaptive Lernrate, die mit Hilfe des Adagrad Verfahrens berechnet wird, eine unpassend gewählte Basislernrate nicht kompensieren. Die Basislernrate ist entsprechend analog zu den vorherigen Untersuchungen konservativ zu wählen, um die stabile Fahrdynamikregelung zu gewährleisten. Eine Abwandlung des Adagrad Verfahrens stellt RMSprop dar, welches nachfolgend beschrieben wird.

2. RMSprop Verfahren

Das RMSprop Verfahren stellt eine geringfügige Änderung des Adagrad Verfahrens dar, um eine stark monotone, degressive Lernrate zu verhindern. Dazu nutzt das RMSprop Verfahren einen gleitenden Mittelwert („Moving Average") der quadratischen Summe der vorherigen Gradienten:

$$G_t = d \cdot G_{t(t-1)} + (1 - d) \cdot \nabla E\left(\underline{W}\right)_i^2 . \qquad (6.2)$$

Der Parameter d stellt eine Reduzierung des Speichers G_t dar, um das monotone Abfallen der Lernrate zu reduzieren. Die Gewichtsanpassung des RMSprop Updates erfolgt zu:

$$\Delta \underline{W} = -\mu \cdot \frac{\nabla E\left(\underline{W}\right)}{\left(\sqrt{G_t} + s_{RMSp}\right)} \qquad (6.3)$$

s_{RMSp} beschreibt einen Glättungsfaktor, der die Division durch Null verhindert, für die Analysen fest gewählt wird und konstant bleibt. Im Rahmen der Experimente wurde eine Basislernrate von $\mu = 0.001$ gewählt und der Einfluss des Abminderungsfaktors d untersucht. Die Basislernrate folgt der Empfehlung aus [151] und ist im Vergleich zu den besten Trainingsergebnissen, die mit dem Adagrad Verfahren erzielt wurden, etwas geringer gewählt um eine Stabilitätsreserve vorzuhalten. In Abbildung 6.16 sind die Ergebnisse für das RMSprop Update mit variierendem Abminderungsfaktor d dargestellt.

Im Vergleich zu den bereits vorgestellten Verfahren steigt die Frobenius Norm auf ein vergleichsweise hohes Niveau. Dieser Anstieg erfolgt für $d = 0$ bis $d = 0.9$ näherungsweise konstant. Erst bei $d = 0.99$ ist ein deutliches Abflachen der Gewichtsnorm, wie auch des Trainingsfehlers zu erkennen. Dieser Verlauf ist bemerkenswert, da in den vorherigen Untersuchungen meist ein sukzessives Ansteigen des Gewichtsniveaus zu einer aggressiven Reduktion des Trainingsfehlers bis hin zu einer Destabilisierung des Netzwerktrainings und in Folge dessen zu Oszillationen der Regelausgabe geführt hat. Mit Blick auf die in Abbildung 6.17 dargestellte

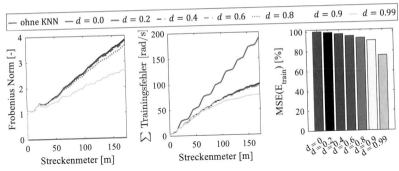

Abbildung 6.16 Frobenius Norm sowie aufsummierte Trainingsfehler für das RMSprop Verfahren bei unterschiedlichen Abminderungsfaktoren

Netzwerkausgabe wird deutlich, dass das RMSprop Verfahren weder nach Aufschalten des Netzwerkes, noch in der Folge oszilliert.

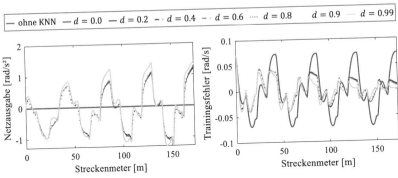

Abbildung 6.17 Netzwerkausgabe und Trainingsfehler über dem Streckenmeter für das RMSprop Verfahren in Abhängigkeit vom Abminderungsfaktor d

Dennoch wird der aufsummierte Trainingsfehler im Vergleich zum Basisregler ohne künstliches neuronales Netzwerk deutlich reduziert. Für einen Abminderungsfaktor von $d = 0.99$ flacht der Verlauf nach einhundert gefahrenen Metern deutlich ab, wie in der mittleren Darstellung in Abbildung 6.16 erkennbar ist. Die Wirkung des Abminderungsfaktors zeigt sich mit Blick auf das Lernratenniveau. In Abbildung 6.18 ist die logarithmisch aufgetragene Summe der Lernrate aller Gewichte über dem Streckenmeter dargestellt.

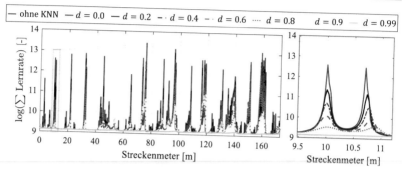

Abbildung 6.18 Logarithmische Summe der Lernrate für alle Gewichte für das RMSprop Verfahren in Abhängigkeit vom Abminderungsfaktor d

Kommt es bei klein gewählten Werten für d immer wieder zu starken Peaks, so werden diese mit wachsendem Abminderungsfaktor deutlich reduziert. Gleichung (6.2) verdeutlicht, dass der Abminderungsfaktor die Gewichtung zwischen aktuellen und vergangenen Gradienten vornimmt. Sehr kleine Werte für d führen zu einer Fokussierung des aktuellen Zeitschritts in der Berechnung der Lernrate. Dadurch können je nach Situation starke Peaks resultieren, wenn der Speicher G_t nahezu ausschließlich vom aktuellen Zustand abhängt und Werte $G_t \approx 0$ annimmt. Höhere Werte für d führen zu einer stärkeren Gewichtung vergangener Gradienten, wodurch ein geglättetes Lernratenniveau erreicht wird. Dies führt zu einer weniger aggressiven Gewichtsveränderung und einem Abflachen des Gradienten der Frobenius Norm. Für ein kontinuierliches Lernen im Fahrzeug muss bei der Auswahl der Hyperparameter des RMSprop Verfahrens entsprechend ein Kompromiss zwischen zur Verfügung stehenden hohen Lernraten und einem geglätteten Verlauf der Lernrate über der Zeit gewählt werden.

Für die homogene Regelung des Fahrzeuges erscheint ein höherer Abminderungsfaktor entsprechend sinnvoll. In Anhang C.1 im elektronischen Zusatzmaterial sind Untersuchungen für eine Variation hoher Abminderungsfaktoren zwischen $d = 0.91$ und $d = 0.99$ aufgeführt. Dargestellt sind in Abbildung C.2 im Anhang im elektronischen Zusatzmaterial die Frobenius Norm, der aufsummierte Trainingsfehler sowie der normierte MSE des Trainingsfehlers. In Abbildung C.3 im Anhang im elektronischen Zusatzmaterial ist zudem die aufsummierte Lernrate für hohe Abminderungsfaktoren logarithmisch über dem zurückgelegten Streckenmeter aufgetragen.

Es zeigt sich, dass der mit steigenden Werten für d geglättete Verlauf sowohl das Wachstum der Gewichte einschränkt, gleichzeitig jedoch über eine simulierte

Runde die besten Ergebnisse für das Netzwerktraining generiert. Entsprechend ist für die homogenen Bedingungen, die in der Simulation vorliegen, eine stärkere Gewichtung der vergangenen Gradienten sinnvoll.

3. Adam Verfahren

Das Adam Verfahren stellt ein Trainingsverfahren mit adaptiver Lernrate dar, das wie eine Kombination aus RMSprop und Momentum Update wirkt [87]. Im ersten Schritt des Adam Lernverfahrens erfolgt eine Glättung des aktuellen Gradienten:

$$\nabla \tilde{E} \left(\underline{W} \right) = \beta_1 \cdot \nabla \tilde{E} \left(\underline{W} \right)_{(t-1)} + (1 - \beta_1) \cdot \nabla E \left(\underline{W} \right). \tag{6.4}$$

Anschließend wird die quadrierte Summe der bisherigen Gradienten geglättet:

$$G_t = \beta_2 \cdot G_{t(t-1)} + (1 - \beta_2) \cdot \nabla E \left(\underline{W} \right)_i^2. \tag{6.5}$$

Da die Initialisierung für $\nabla \tilde{E} \left(\underline{W} \right)$ und G_t als Nullvektor erfolgt, schlägt [151] eine Bias-Korrektur vor. Diese dient in erster Linie dazu, einen Bias in Richtung Null für den Initialisierungsschritt sowie kleine Abminderungsraten ($\beta_1 \approx 0$, $\beta_2 \approx 0$) zu verhindern. Die Korrektur, nachfolgend gekennzeichnet mit $_{corr}$ erfolgt entsprechend:

$$\nabla \tilde{E} \left(\underline{W} \right)_{corr} = \frac{\nabla \tilde{E} \left(\underline{W} \right)}{1 - \beta_1^t}, \qquad G_{t,corr} = \frac{G_t}{1 - \beta_2^t} \tag{6.6}$$

Im letzten Schritt wird die Gewichtsanpassung berechnet:

$$\Delta \underline{W} = -\mu \cdot \frac{\nabla \tilde{E} \left(\underline{W} \right)_{corr}}{\left(\sqrt{G_{t,corr}} + s_{Adam} \right)}. \tag{6.7}$$

Das Update weist Analogien zur RMSprop Methode auf, nur dass beim Adam Verfahren eine glatte Annäherung des Gradienten für die Berechnung der Gewichte herangezogen wird. s_{Adam} beschreibt einen Glättungsfaktor, der die Division durch Null verhindert und für die Analysen fest gewählt wird und konstant bleibt. In [87] werden die neu eingeführten Parameter mit $\beta_1 = 0.9$, $\beta_2 = 0.999$ und $s_{Adam} = 1e^{-8}$ angenommen. Diese Größenordnung dient auch in den folgenden Untersuchungen als Ausgangspunkt. Aufgrund der Ähnlichkeiten zum RMSprop Verfahren werden in der Folge vor allem die Einflüsse der für das Adam Verfahren eingeführten Parameter β_1 und β_2 auf die Trainingsperformanz analysiert. Die Basislernrate wird auf $\mu = 0.0002$ festgelegt. Die ersten Untersuchungen erfolgen für den Einfluss von β_1. Zu diesem Zweck wird β_2 zunächst fest gewählt und in den Folgeuntersuchungen variiert. Für die in Abbildung 6.19 dargestellten Ergebnisse wird für β_2 ein Wert von 0.9999 gesetzt. Für β_1 wurde sich an den Richtwerten der Literatur orientiert und Werte von 0.80, 0.85, 0.99, 0.95 und 0.99 analysiert.

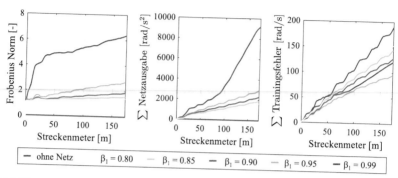

Abbildung 6.19 Frobenius Norm, Netzwerkausgabe sowie aufsummierter Trainingsfehler über dem zurückgelegten Streckenmeter für das Adam Verfahren bei unterschiedlicher Wahl des Parameters β_1

Es wird deutlich, dass für $\beta_1 = 0.99$ ein initial steiler Anstieg der Frobenius Norm erfolgt, wodurch sowohl die Netzwerkausgabe, als auch der Trainingsfehler stark wachsen. Der Gradient der Frobenius Norm flacht nach kurzer Zeit ab. Jedoch wird in Abbildung 6.20, in der die Netzwerkausgabe über dem Streckenmeter dargestellt ist, deutlich, dass der initial starke Anstieg zu einer unerwünschten Oszillation der Netzwerkausgabe führt.

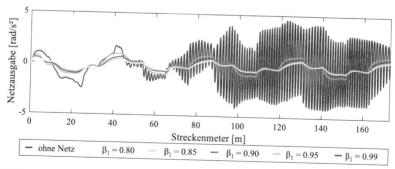

Abbildung 6.20 Netzwerkausgabe über dem zurückgelegten Streckenmeter für das Adam Verfahren bei unterschiedlicher Auswahl von β_1

Die weiteren Konfigurationen bleiben in der Netzwerkausgabe frei von Oszillationen. Die Frobenius Norm steigt annähernd linear und der Trainingsfehler kann im Vergleich zum Basisregler deutlich reduziert werden. In Abbildung 6.21 ist die logarithmische Summe der Lernrate aller Gewichte über dem Streckenmeter dargestellt. Außerdem wird die aufsummierte Lernrate über dem Streckenmeter abgebildet.

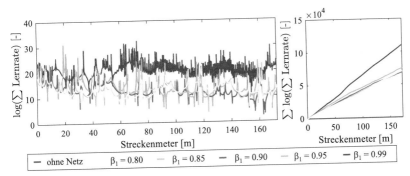

Abbildung 6.21 Logarithmische Summe der Lernrate aller Gewichte im Netzwerk sowie aufintegrierte Lernrate aller Gewichte über dem Streckenmeter für das Adam Verfahren bei unterschiedlicher Auswahl von β_1

Das Niveau der Lernrate liegt für den Fall des zu hoch angenommenen $\beta_1 = 0.99$ deutlich über den weiteren Parameterkonfigurationen. In Folge der Oszillation bleibt ein konstant hohes Niveau erhalten und auch die Summe der Lernrate steigt mit annähernd konstantem Gradienten. Für die weiteren Konfigurationen liegt die über dem Streckenmeter gebildete Summe $\sum \log \left(\sum \text{Lernrate} \right)$ in einer vergleichbaren Größenordnung. Es wird jedoch deutlich, dass das Niveau der initialen Phase, wenn das Netzwerk mit zufälligen Startgewichten erstmals in die Regelung eingreift, im Verlauf der Runde abnimmt und in Folge des Trainingsprozesses sowohl die Maxima, als auch das mittlere Niveau der Lernrate reduziert werden.

Um die Auswirkungen des zweiten Parameters β_2 auf das Netzwerktraining zu verdeutlichen, wird β_1 für die folgenden Untersuchungen mit 0.8 angenommen. Diese Parametrierung hat in der vorhergegangenen Analyse zu stabilem Netzwerkverhalten mit geringem Anstieg der Frobenius Norm sowie wenig aggressiver Fehlerreduktion geführt. In der Literatur wird für β_2 ein Wert von 0.999 vorgeschlagen. Für die folgenden Untersuchungen wurde β_2 mit 0.9, 0.95, 0.99, 0.999 und 0.9999 implementiert. Die Ergebnisse sind in Abbildung 6.22 dargestellt.

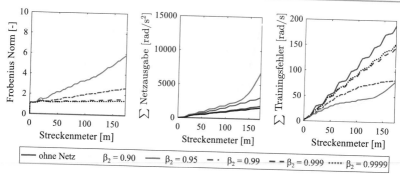

Abbildung 6.22 Frobenius Norm, aufsummierte Netzausgabe sowie aufsummierter Trainingsfehler über dem zurückgelegten Streckenmeter für das Adam Verfahren bei unterschiedlicher Auswahl von β_2

Wird der Faktor für β_2 zu gering angenommen, folgt ein starker Anstieg der Frobenius Norm. Dies folgt zu einem exponentiellen Anstieg der Netzwerkausgabe und in der Folge zu Anstieg des aufsummierten Trainingsfehlers. Die direkte Folge sind starke Oszillation und instabile Regelausgaben des Netzwerkes wie in Abbildung 6.23 deutlich wird.

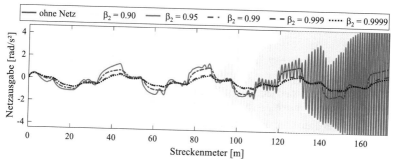

Abbildung 6.23 Netzwerkausgabe über dem zurückgelegten Streckenmeter für das Adam Verfahren bei unterschiedlicher Auswahl von β_2

Wird der Parameter für β_2 nahe Eins gewählt, so bleibt das Netzwerktraining stabil. Für $\beta_2 = 0.99$ wird deutlich, dass der Trainingsfehler gegen Ende der Runde stark abflacht und sich der aufsummierte Trainingsfehler nur noch geringfügig ändert. Entsprechend zeigt eine konservative Auswahl von $\beta_1 \ll 0.99$ und $\beta_2 \approx 1$ vielversprechende Ergebnisse für die folgenden Untersuchungen.

Es wird deutlich, dass alle untersuchten Verfahren unter der Voraussetzung sinnvoll gewählter Hyperparameter gute Trainingsergebnisse liefern können. Da die bisherigen Untersuchungen mit einer sigmoiden tanh-Aktivierungsfunktion erfolgten, soll in der Folge der Einfluss unterschiedlicher Aktivierungsfunktionen auf das Netzwerktraining untersucht werden. Dabei wird sich auf ein Trainingsverfahren mit fester Lernrate (GDM) und ein Trainingsverfahren mit variabler Lernrate (Adam) beschränkt. Die Auswahl der Lernparameter ist für die folgenden Untersuchungen fest gewählt. Für das GDM Verfahren wird eine Lernrate von $\mu = 0.002$ und ein Momentum Term von $\alpha = 0.9$ für die Analysen herangezogen. Für das Adam Verfahren wird die gleiche initiale Lernrate verwendet. Die Glättungsparameter sind mit $\beta_1 = 0.5$ und $\beta_2 = 0.9999$ konservativ gewählt, da die Basislernrate höher als in den vorherigen Untersuchungen ist und die Gewichtsanpassung nicht zu aggressiv erfolgen soll.

6.2   Einfluss unterschiedlicher Aktivierungsfunktionen auf die Adaptionsgeschwindigkeit

Neben dem Trainingsverfahren, welches die Anpassung der Netzwerkgewichte bestimmt, spielt die Aktivierungsfunktion in Bezug auf die Datenverarbeitung innerhalb des neuronalen Netzwerkes eine entscheidende Rolle. In Abschnitt 3.3.2 werden unterschiedliche Aktivierungsfunktionen vorgestellt und die Spreizung bei der Signalverarbeitung wird deutlich. Da üblicherweise mit einem Datensatz trainiert wird, der sich während des Trainings nicht ändert, soll die Auswirkung der Aktivierungsfunktion auf den Trainingserfolg im Fall sich iterativ im closed loop adaptierender Netzwerke untersucht werden. Da das neuronale Netzwerk in jedem Zeitschritt einen aktiven Einfluss auf die Regelung nimmt, ist zu prüfen, ob sich unbegrenzte Funktionen negativ auf die Netzwerkstabilität auswirken. Zudem ist ein glatter Lenkwinkelverlauf wünschenswert. Da beispielsweise die ReLU Funktion bei Erreichen eines Schwellenwertes abknickt, ist zu überprüfen, ob dieses Verhalten negative Folgen auf das Trainingsergebnis, bzw. die homogene Fahrzeugführung hat. Die Untersuchungen erfolgen für das GDM sowie Adam Verfahren auf der zuvor in Abbildung 5.8 beschriebenen Trajektorie mit dem in Tabelle 5.2 aufgeführten Basis-Netzwerk. Als Aktivierungsfunktionen werden sigmoide Funktionen, d. h. die tanh und logistische Aktivierungsfunktion betrachtet, dazu als unbegrenzte Funktionen die ReLU und Leaky ReLU, Softplus und Leaky Softplus sowie die Bent Identity Aktivierungsfunktion (siehe Abschnitt 3.3.2). Die Ergebnisse für beide Trainingsverfahren sind in Abbildung 6.24 dargestellt.

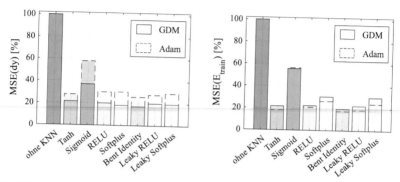

Abbildung 6.24 Vergleich der Performanz des GDM und des ADAM Verfahrens bei Variation der Aktivierungsfunktion

In der linken Abbildung ist der MSE der Querablage für eine absolvierte Runde, normiert auf die Performanz des Basisregelungskonzeptes ohne neuronales Netzwerk, abgebildet. In der rechten Abbildung ist der MSE des Trainingsfehlers für eine Runde dargestellt. Dieser wird ebenfalls auf das Basisregelungskonzept normiert. Die Ergebnisse des GDM Verfahrens sind als durchgezogene Balken, die des Adam Verfahrens als gestrichelte Balken aufgetragen. Zunächst wird deutlich, dass die Aktivierung des neuronalen Netzwerkes unabhängig von Aktivierungsfunktion und Trainingsverfahren eine Verbesserung der Querablage und eine Verringerung des Trainingsfehlers herbeiführen kann. Sowohl für das GDM, als auch für das Adam Verfahren zeigt die logistische, sigmoide Aktivierungsfunktion, in rot dargestellt, die geringste Verbesserung des Trainingsfehlers, wodurch im Vergleich zu den anderen Aktivierungsfunktionen auch die höchsten betrachteten Querablagen erzielt werden. Weiter ist auffällig, dass Querablage und Trainingsfehler nicht direkt korrelieren. Die mit dem Adam Verfahren trainierten Netzwerke erzielen mit Ausnahme der logistischen sigmoiden Funktion für alle untersuchten Aktivierungsfunktionen einen niedrigeren MSE des Trainingsfehlers über die betrachtete Runde bei gleichzeitig höheren Ablagen von der gewünschten Solltrajektorie. Die größte Spreizung wird bei Implementierung der Softplus Funktion deutlich. Um die Diskrepanz zwischen Trainingsfehler und Querablage genauer zu beleuchten, sind in Abbildung 6.25 der Verlauf von Querablage und Trainingsfehler über dem Streckenmeter für das GDM und Adam Verfahren bei Verwendung der Softplus Aktivierungsfunktion dargestellt.

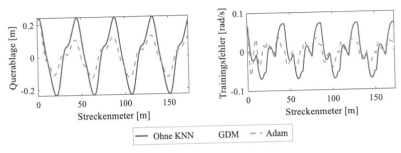

Abbildung 6.25 Querablage und Trainingsfehler über dem Streckenmeter für das GDM und Adam Verfahren bei implementierter Softplus Aktivierungsfunktion

Nach der Initialisierung wird deutlich, dass der Verlauf der Querablage für GDM und Adam Verfahren vergleichbar sind, die Amplituden der Querablage durch das GDM Verfahren jedoch stärker reduziert werden. Ein anderes Bild zeigt sich mit Blick auf den Trainingsfehler. Das GDM Verfahren reagiert inhomogener, wodurch der Fehlerverlauf um die Nulllage schwankt. Für das Adam Verfahren ist nach anfänglicher Oszillation ein homogeneres Fehlerbild erkennbar. Dies äußert sich ebenfalls mit Blick auf die Netzwerkausgabe in Abbildung 6.26.

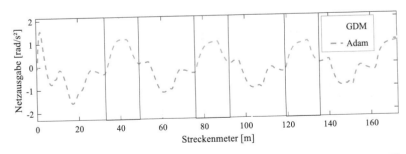

Abbildung 6.26 Netzwerkausgabe über dem Streckenmeter für das GDM und Adam Verfahren bei implementierter Softplus Aktivierungsfunktion

Für das Adam Verfahren zeigt die Netzwerkausgabe einen glatten Verlauf, der nicht oszilliert und ein vergleichbares Verhalten innerhalb der betrachteten, geometrisch ähnlichen Streckensegmente, aufzeigt. Das auf Basis des GDM Verfahrens trainierte neuronale Netzwerk zeigt in den hellgrau hinterlegten Streckensegmenten stärkere Reaktionen. Diese äußern sich in deutlichen Überschwingern, die über den Verlauf der Runde zunehmen. Dieses Verhalten kann mit einem Anwachsen der Netzwerkgewichte über den Verlauf des Trainings zusammenhängen, die bei ähnlichen Eingabesignalen innerhalb der geometrisch vergleichbaren Streckensegmente zu einer stärkeren Netzwerkreaktion und einhergehend potentiellen Überschwingern führen können.

Die in Abbildung 6.24 dargestellten Ergebnisse zeigen für Netzwerke mit der logistischen Sigmoiden, der Softplus- sowie der Leaky Softplus im Vergleich zu den anderen Aktivierungsfunktionen geringfügig schwächere Trainingsergebnisse. Um einen tieferen Einblick über das Verhalten innerhalb des Netzwerkes zu erlangen, wird die Frobenius Norm sowie der aufsummierte Trainingsfehler über dem Streckenmeter für das GDM Verfahren und alle betrachteten Aktivierungsfunktionen in Abbildung 6.27 dargestellt.

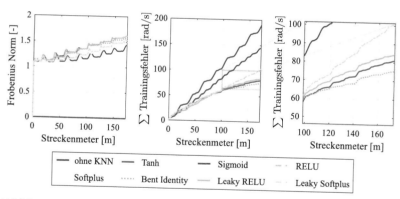

Abbildung 6.27 Frobenius Norm sowie aufsummierter Trainingsfehler für das GDM-Verfahren bei unterschiedlicher Wahl der Aktivierungsfunktion

Auffällig ist, dass ein Anwachsen der Frobenius Norm für die Aktivierungsfunktionen, mit denen der Trainingsfehler in geringerem Maße abgebaut wird, langsamer erfolgt. Anregungsstarke Bereiche, die aus der Geometrie der Trajektorie sowie Ungenauigkeiten bei der Identifikation von Dynamik und Fahrzeugmodell resultieren, führen zu reproduzierbaren Veränderungen der Frobenius Norm, die sich in einem stufenweise erfolgendem Anstieg äußern. Für die Aktivierungsfunktionen mit gesteigerter Trainingsperformanz wird in diesen Bereichen deutlich, dass die

Veränderung der Norm über den Verlauf einer Runde geringer wird. Die Höhe der jeweiligen Stufe wird entsprechend iterativ geringer. Diese Abschwächung führt zu einer Abminderung der Netzwerkreaktion auf die aus Schwächen der Modellierung zurückzuführenden Fehler. In Folge der abgeschwächten Reaktion erfolgt eine Reduktion der Überschwinger der Netzwerkausgabe für das GDM Verfahren. Dies wird in Abbildung C.4 im Anhang im elektronischen Zusatzmaterial verdeutlicht. Im Gegensatz zu der Softplus Aktivierungsfunktion, werden für die Leaky ReLU, die Bent Identity und die Tanh Aktivierungsfunktion die Oszillationen in den markierten Bereichen schrittweise abgeschwächt.

Die Frobenius Norm für das Adam Verfahren sowie der aufsummierte Trainingsfehler sind in Abbildung 6.28 dargestellt, außerdem sind die Lernraten im Anhang in Abbildung C.5 im elektronischen Zusatzmaterial aufbereitet.

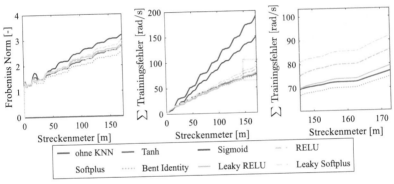

Abbildung 6.28 Frobenius Norm sowie aufsummierter Trainingsfehler über dem zurückgelegten Streckenmeter für das Adam Verfahren bei unterschiedlicher Auswahl der Aktivierungsfunktion

Im Vergleich zum GDM Verfahren ist auffällig, dass die Trainingsverfahren, deren Gewichtsnorm ein geringeres Wachstum über den Verlauf der Runde aufweisen, bessere Trainingsergebnisse erzielen. Die in Anhang C.2 im elektronischen Zusatzmaterial dargestellte Netzwerkausgabe zeigt für diese Verfahren ein ähnliches Verhalten, wobei es im Wesentlichen im Anfangssegment zu Unterschieden in der Netzwerkausgabe kommt. Die aufsummierte logarithmische Lernrate verdeutlicht, dass mit Ausnahme der Leaky ReLU Aktivierungsfunktion ein vergleichbares Lernratenniveau für alle weiteren betrachteten Aktivierungsfunktionen vorliegt.

Mit Blick auf die Eignung unterschiedlicher Aktivierungsfunktionen konnte zunächst aufgezeigt werden, dass für das betrachtete Szenario allen analysierten

Aktivierungsfunktionen eine grundsätzlich gute Eignung für das iterative Training des neuronalen Netzwerkes bescheinigt werden kann. Für die nachfolgenden Untersuchungen im realen Versuchsträger sind jedoch weitere Aspekte zu berücksichtigen. Da bisher ausschließlich Fahrten im Linearbereich adressiert wurden, ist zu überprüfen, welche Auswirkungen Fahrten in der Nähe der physikalischen Grenzen des Versuchsträgers nach sich ziehen. Zudem müssen Effekte wie Gewichtsinitialisierung, Netzwerktopologie sowie Datenvorverarbeitung auf die Robustheit des neuronalen Netzwerkes im geschlossenen Regelkreis betrachtet werden.

Ein weiterer Faktor, der die Applikation im Realfahrzeug maßgeblich beeinflusst, ist die Echtzeitfähigkeit. Da das iterativ lernende Netzwerk im geschlossenen Regelkreis mit der Zykluszeit des Fahrdynamikreglers die Gewichte optimieren soll $(dt_{Regler} = 0.005s)$, ist zu überprüfen, wie sich Netzwerktopologie und Komplexität des Trainingsverfahrens auf die Echtzeitfähigkeit auswirken. Dies wird im folgenden Abschnitt diskutiert.

6.3 Einfluss der Netzwerktopologie und des Trainingsverfahrens auf die Echtzeitfähigkeit des Netzwerktrainings

In Abhängigkeit der Netzwerktopologie und der Komplexität des Trainingsverfahrens ist eine Evaluierung des Rechenzeitbedarfes eines Optimierungsschrittes sinnvoll, um eine Ressourcenabschätzung für die späteren Fahrversuche durchführen zu können. Im Rahmen der Arbeit werden ausschließlich vollständig vernetzte, vorwärts gerichtete neuronale Netzwerke mit maximal drei versteckten Schichten betrachtet. Für die Folgeuntersuchung werden je 25 Neuronen pro versteckter Schicht implementiert. Unter Berücksichtigung der Bias Gewichte sowie 12 Netzwerkeingängen müssen in jedem Zeitschritt je nach Netzwerktiefe 351, 1001, bzw. 1651 Gewichte optimiert werden.

Neben der reinen Anzahl an Netzwerkgewichten spielt die Komplexität des Trainingsverfahrens eine wesentliche Rolle bezüglich der Echtzeitfähigkeit des Netzwerktrainings. Trainingsverfahren mit fester Lernrate benötigen im Vergleich zu Verfahren mit variabler Lernrate weniger Ressourcen, da die Anpassung der Lernrate keine zusätzlichen Berechnungen erfordert. Die Simulationen erfolgen auf einem *HP ZBook 15 G6* mit einem *Intel(R) Core(TM) i7-9850H CPU @ 2.60GHz, 6 Kern(e)* Prozessor und 32GB Arbeitsspeicher. In Abbildung 6.29 ist die aufsummierte Zeit für jeden Rechentask über der Simulationszeit dargestellt. Die Simulation erfolgte für zwei vollständige Runden auf dem in Abbildung 5.8 dargestellten

Rundkurs. Die vertikale Linie stellt die Aktivierung des online Trainings nach einer Runde dar.

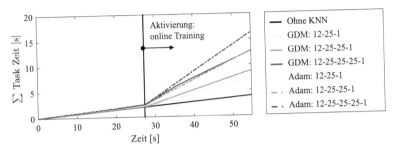

Abbildung 6.29 Einfluss der Netzwerktopologie und des Trainingsverfahrens auf die Ausführungsgeschwindigkeit der Simulationsumgebung

In der ersten Runde liegt der Zeitbedarf für alle Simulationen sehr dicht beieinander. Das Netzwerk läuft nur im Hintergrund und die Gewichte werden nicht optimiert. Bei Aktivierung des neuronalen Netzwerkes knickt der Verlauf bei allen Simulationen ab, für die ein Netzwerk aktiv in die Regelung eingreift und die Summe der für die einzelnen Rechentasks benötigten Zeit wird deutlich erhöht. Verfahren mit variabler Lernrate benötigen erwartungsgemäß gesteigerte Rechenressourcen. Die aufsummierte Task Zeit nimmt für das Adam Verfahren im Vergleich zum GDM Verfahren deutlich steiler zu. So ist der Anstieg der Task Zeit für ein dreischichtiges Netzwerk, welches mit dem GDM Verfahren trainiert wird, mit der eines zweischichtigen Netzwerkes, das mit dem Adam Verfahren trainiert wird, vergleichbar. In Tabelle 6.2 sowie Abbildung 6.30 sind die Ergebnisse in detaillierter Form aufbereitet.

Tabelle 6.2 Einfluss des Trainingsverfahrens und der Netzwerktopologie auf die Simulationsgeschwindigkeit bei einer vorgegebenen Zielzeit von $0.005s$ pro Task

Vergleichsmetrik	Topologie		12|25|1	12|25|25|1	12|25|25|25|1	12|25|1	12|25|25|1	12|25|25|25|1
	Gewichte		351	1001	1651	351	1001	1651
	Einheit	ohne Netz	Trainingsverfahren: GDM			Trainingsverfahren: Adam		
$t_{task,max}$	[s]	0.0205	0.0122	0.0173	0.0164	0.0323	0.0287	0.0355
$t_{task,min}$	[s]	3.13e-04	7.70e-04	0.0011	0.0015	8.66e-04	0.0013	0.0018
$\varnothing t_{task}$	[s]	3.57e-04	9.57e-04	0.0012	0.0019	0.0013	0.0019	0.0025
$n_{t_{task}} > 0.005$	[-]	6	23	27	40	122	200	279

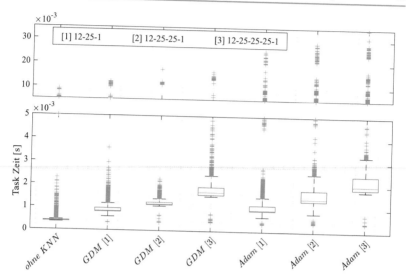

Abbildung 6.30 Ausführungsgeschwindigkeit eines Rechenzeitschritts während der Simulation des in Abbildung 5.8 dargestellten Rundkurses. Aufgetragen sind unterschiedliche Netzwerktopologien, die mit dem GDM, bzw. Adam Verfahren trainiert wurden

Es wird zunächst deutlich, dass sowohl die durchschnittliche Zeit, mit der ein Rechentask ausgeführt wird, als auch die Anzahl der Überschreitungen ($n_{t_{task}}$) der gewünschten Task Zeit von $0.005s$ mit Einbindung des aktiven neuronalen Netzwerkes sowie einer Steigerung der Komplexität von Netzwerktopologie und Trainingsverfahren stark zunimmt. Die durchschnittliche Rechenzeit pro Simulationsschritt liegt einerseits für alle betrachteten Konfigurationen unter der Zielzeit, andererseits steigt die Anzahl an Events, bei denen die gewünschte Task Zeit nicht erreicht wird, für eine simulierte Runde sukzessive an. Für ein 12-25-25-25-1 Netzwerk, das mit dem Adam Verfahren trainiert wurde, liegt die durchschnittliche Task Zeit mit $0.0025s$ bei der Hälfte der Zielzeit. Im Rahmen der Simulation wurde die Zielzeit in 279 Fällen überschritten. Die durchschnittliche Task Zeit ist entsprechend um 700% höher als für den Basisregler, die Überschreitungen der gewünschten Zielzeit nehmen um 4650% zu.

Da die Hardware im Versuchsträger gewissen Einschränkungen unterliegt und die Rechenressourcen begrenzt sind, ist der Mehrwert tieferer und komplexerer Netzwerke für die betrachtete Regelaufgabe kritisch zu hinterfragen. Daher wird im folgenden Abschnitt der Einfluss von Gewichtsinitialisierung und

Netzwerktopologie auf die Adaptionsgeschwindigkeit des neuronalen Netzwerkes im geschlossenen Regelkreis untersucht.

6.4 Einfluss von Gewichtsinitialisierung und Netzwerktopologie auf die Adaptionsgeschwindigkeit des KNN

Da im vorangegangenen Abschnitt aufgezeigt wurde, dass die Komplexität des Netzwerkes einen kritischen Einfluss auf die Echtzeitfähigkeit mit sich führt, soll nun untersucht werden, ob sich eine Steigerung der Gewichte und Anzahl der versteckten Schichten positiv auf die Netzwerkperformanz und die Reduktion des Trainingsfehlers auswirkt. Zusätzlich wird der Einfluss der Initialisierung der Netzwerkgewichte auf den Erfolg des Trainings untersucht. Weiterhin wird ermittelt, ob eine Variation zufällig initialisierter Startgewichte die Trainingsergebnisse wesentlich beeinflusst. Zu diesem Zweck wird jede der untersuchten Netzwerktopologien 50 mal mit unterschiedlichen Startgewichten initialisiert und die Spreizung der Trainingsergebnisse verglichen. In Abbildung 6.31 ist die Streuung des Trainingsfehlers für unterschiedliche Netzwerktopologien und Gewichtsinitialisierungen, in Boxplots zusammengefasst, aufgetragen. In Anhang C.3 im elektronischen Zusatzmaterial sind darüber hinaus die Simulationsergebnisse, aufgeschlüsselt für jedes der trainierten Netzwerke, dargestellt.

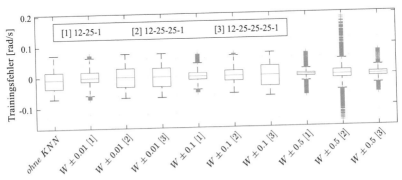

Abbildung 6.31 Trainingsfehler für unterschiedliche mit dem GDM Verfahren trainierte KNN auf dem in Abbildung 5.8 dargestellten Kurs für eine simulierte Runde

Die Netzwerke wurden mit dem GDM Verfahren trainiert. Die Lernrate wurde mit $\mu = 0.002$ und der Momentum Term mit $\alpha = 0.9$ angenommen und eine Tanh Aktivierungsfunktion gewählt. Die Abbildung zeigt, dass für eine Initialisierung der Netzwerkgewichte zwischen ± 0.01 eine Verringerung des Trainingsfehlers für ein Netzwerk mit einer versteckten Schicht erzielt wird. Für eine Steigerung der Tiefe des Netzwerkes stellt sich jedoch keine merkliche Verbesserung der Regelgüte ein. Mit Blick auf die Frobenius Norm in Abbildung 6.32 zeigt sich, dass nur das Netzwerk mit einer versteckten Schicht eine über die Runde signifikante Änderung des Gewichtsniveaus erfährt.

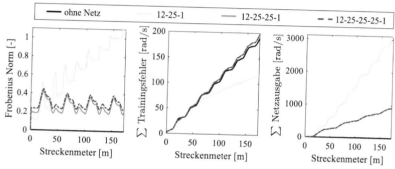

Abbildung 6.32 Frobenius Norm, aufsummierter Trainingsfehler sowie aufsummierte Netzwerkausgabe über dem Streckenmeter für unterschiedlich tiefe Netzwerke mit einer zufälligen Startgewichtsinitialisierung von ± 0.01

Für das Netzwerk mit einer versteckten Schicht führen die Anregungen beim Ein- und Ausfahren in Kurvensegmente zunächst zu stärkeren Variationen der Frobenius Norm, die sich in der Höhe der Änderung pro Segment im Laufe der absolvierten Runde abschwächen und das Niveau der Frobenius Norm sukzessive steigert. Im Gegensatz dazu wird mit Blick auf die tieferen Netzwerke ein abweichendes Verhalten in Bezug auf die Anpassung der Netzwerkgewichte deutlich. Die Frobenius Norm ändert sich zwar segmentweise, verändert jedoch über die simulierte Runde das Gewichtsniveau nur unwesentlich. Dies äußert sich in Bezug auf den aufsummierten Trainingsfehler, der für das Netzwerk mit einer versteckten Schicht abknickt und zum Ende der Runde deutlich geringer ausfällt als für die Basiskonfiguration ohne Netzwerk. Im Gegensatz dazu wird für das 12-25-25-1 und das 12-25-25-25-1 Netzwerk über die Runde keine Verbesserung erzielt.

Um auszuschließen, dass der ineffiziente Trainingsprozess nicht aufgrund einer unglücklichen Initialisierung der zufälligen Startgewichte erfolgt, werden die

Analysen mit 50 Netzwerken durchgeführt, deren Startgewichte zufällig zwischen ± 0.01 initialisiert wurden. In Abbildung 6.33 sind die Ergebnisse für den MSE des Trainingsfehlers über dem Trainingsindex dargestellt.

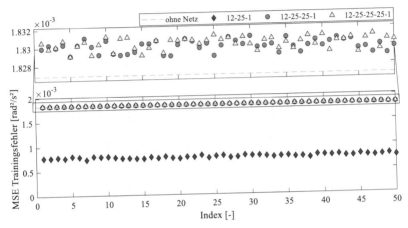

Abbildung 6.33 MSE des Trainingsfehler für je 50 Netzwerke unterschiedlicher Tiefe bei einer zufälligen Initialisierung der Startgewichte von ± 0.01

Es wird deutlich, dass die Unterschiede der erzielten Trainingsergebnisse zwischen den jeweiligen Netzwerken einer Topologie nur gering ausfallen. So werden die Ergebnisse des Basisreglers für keines der zwei- und dreischichtigen Netzwerke unterschritten, wohingegen das Netzwerk mit einer versteckten Schicht eine über alle Netzwerke annähernd konstante Verbesserung der Trainingsergebnisse generiert. Es ist wahrscheinlich, dass aufgrund des erhöhten Komplexitätsgrades und der Anzahl an Gewichten, die es zu optimieren gilt, eine absolvierte Runde nicht ausreicht, um das Netzwerk in geeignetem Maß zu trainieren. Aufgrund der kleinen Initialisierung der Gewichte in Kombination mit der Tanh Aktivierungsfunktion werden zunächst bei einem Neuroneneingang nahe Null Ausgänge nahe Null generiert. Entsprechend ist es für tiefere Netzwerke bei Initialisierung kleiner Startgewichte komplexer, eine schnelle Anpassung der Gewichte und damit verbunden eine Optimierung der Netzwerkausgabe entsprechend der vorliegenden Regelaufgabe vorzunehmen.

Für eine Initialisierung der Startgewichte zwischen ± 0.1 zeigt sich für Netzwerke mit drei versteckten Schichten ein vergleichbares Bild. Der Fehler bleibt mit gesteigerter Netzwerktiefe auf höherem Niveau und für Netzwerke mit drei versteckten Schichten fällt die Veränderung der Frobenius Norm im Vergleich zu den kleineren Netzwerktopologien geringer aus. Dies wird in den Abbildungen 6.34 und 6.35 deutlich.

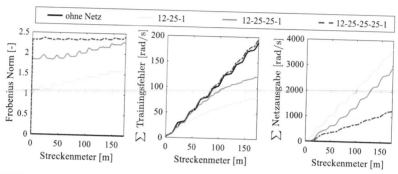

Abbildung 6.34 Frobenius Norm, aufsummierter Trainingsfehler sowie aufsummierte Netzwerkausgabe über dem Streckenmeter für unterschiedlich tiefe Netzwerke mit einer zufälligen Startgewichtsinitialisierung von ±0.1

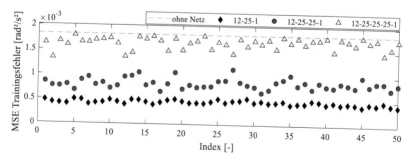

Abbildung 6.35 MSE des Trainingsfehler für je 50 Netzwerke unterschiedlicher Tiefe bei einer zufälligen Initialisierung der Startgewichte von ±0.1

Mit Blick auf den Einfluss der Startinitialisierung zeigt sich, dass die Unterschiede im MSE des Trainingsfehlers eine höhere Streuung aufweisen als zuvor. Dennoch zeigt sich eine klare Trennung zwischen den unterschiedlichen Netzwerktopologien in Bezug auf die erzielten Trainingsergebnisse. Im Vergleich zu den vorangegangenen Untersuchungen ist zu erkennen, dass die Trainingsperformanz für zweischichtige Netzwerke mit höheren Startgewichten innerhalb einer Runde den Ergebnissen einschichtiger Netzwerke mit kleineren Gewichten (± 0.01) angenähert wird. Die Größenordnung der Startgewichte sowie die gewählte Netzwerktopologie spielt entsprechend eine wichtige Rolle, die auch durch ein performantes Trainingsverfahren nicht innerhalb kurzer Zeit ausgeglichen werden kann. Die Abbildungen 6.33 und 6.35 sprechen dafür, dass eine variable Initialisierung der Gewichte auf einem identischen Gewichtsniveau eine eher untergeordnete Rolle für die Trainingsergebnisse im betrachteten Szenario spielt. Zuletzt werden Simulationen durchgeführt, deren Netzwerke mit einem höheren Gewichtsniveau (± 0.5) initialisiert wurden. Die Ergebnisse der Simulationen sind in Abbildung 6.36, bzw. 6.37 dargestellt. Grundsätzlich bestätigt sich das Bild der vorangegangenen Untersuchungen.

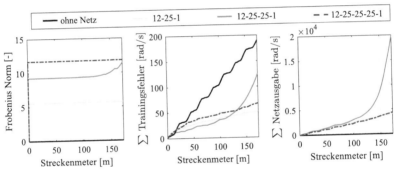

Abbildung 6.36 Frobenius-Norm, aufsummierter Trainingsfehler sowie aufsummierte Netzwerkausgabe über dem Streckenmeter für unterschiedlich tiefe Netzwerke mit einer zufälligen Startgewichtsinitialisierung von ± 0.5

Während die 50 Netzwerke mit einer versteckten Schicht gute Ergebnisse liefern und nur eine geringe Streuung über die 50 Simulationen aufweisen, variieren die Ergebnisse für Netzwerke mit zwei und drei versteckten Schichten deutlich stärker. In der oberen Abbildung ist beispielsweise ein 12-25-25-1 Netzwerk dargestellt, dessen Trainingsprozess im Laufe der simulierten Runde instabil wird. Wie in der Aufbereitung aller Netzwerke zu erkennen ist, liefern die Netzwerke mit zwei versteckten Schichten in einem Großteil der betrachteten Simulationen einen verbesserten Regelfehler als die Basisregelungskonfiguration. Problematisch bei dieser Form der Darstellung ist die Tatsache, dass eine Destabilisierung des Netzwerktrainings während eines späteren Verlaufes der absolvierten Runde aufgrund der aggressiven Reduktion des Trainingsfehlers zu Beginn nicht ganzheitlich über den gemittelten

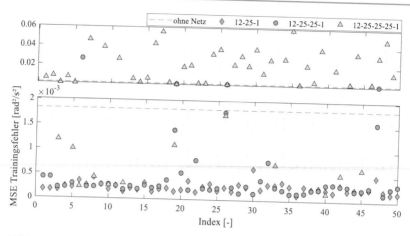

Abbildung 6.37 MSE des Trainingsfehler für je 50 Netzwerke unterschiedlicher Tiefe bei einer zufälligen Initialisierung der Startgewichte von ±0.5

Fehler abgebildet wird. So werden im Mittel teils sehr gute Ergebnisse generiert, obwohl einzelne Simulationen zum Ende einer Runde destabilisiert werden und folglich für diese kurzen Streckenabschnitte deutlich schlechtere Trainingsergebnisse liefern. Für die Netzwerke mit drei versteckten Schichten bestätigt sich das Bild der vorherigen Analysen. Mit den gewählten Trainingsparametern liegt eine hohe Streuung der erzielten Ergebnisse vor, die bis auf wenige Ausnahmen (z. B. Index 6, 40) schlechte Trainingsergebnisse liefern. Das Training tieferer Netzwerkarchitekturen im geschlossenen Regelkreis zeigt sich unabhängig von der Initialisierung der Startgewichte mit den gewählten Trainingsparametern als komplexeres Problem. Abhängig von der Gewichtsinitialisierung wird eine äußerst geringe Veränderung der Gewichte vorgenommen, die die Performanz des Regelsystems nur unwesentlich beeinflusst oder bei hoher Gewichtsinitialisierung die Wahrscheinlichkeit instabilen Verhaltens deutlich begünstigt. Für eine Übersicht der zuvor diskutierten Trainingsergebnisse sind in Anhang C.3 im elektronischen Zusatzmaterial die Boxplots des Trainingsfehlers für alle betrachteten Netzwerkkonfigurationen dargestellt

Die Untersuchungen des vorherigen Abschnitts zeigen auf, dass ein iteratives Netzwerktraining im geschlossenen Regelkreis unter bestimmten Rahmenbedingungen in Bezug auf Trainingsverfahren, geeignete Hyperparameter und Netzwerktopologie, gute Ergebnisse bezüglich einer schnellen Reduktion des Trainingsfehlers liefert. Der Verlauf der Untersuchungen hat gezeigt, dass Netzwerke mit aggressiv gewählten Lernraten sowie komplexe Rahmenbedingungen bezüglich der Gewichtsinitialisierung und Netzwerkarchitektur einerseits in der Lage sein können, den Fehler in kürzester Zeit zu reduzieren, der Trainingsprozess jedoch unter Umständen in der Folge destabilisiert wird und die Integration des künstlichen neuronalen Netzwerkes keinen nachhaltig positiven Einfluss auf die Regelung des simulierten Fahrzeuges hat. Aus diesem Grund soll im folgenden Kapitel eine Unterscheidung zwischen schneller Anpassung an Fehler und Ungenauigkeiten und einer robusten Lernstrategie für den stabilen Langzeitbetrieb eines Netzwerkes im geschlossenen Regelkreis durchgeführt werden.

Langzeitstabilität des neuronalen Netzwerkes im geschlossenen Regelkreis

7

Ein künstliches neuronales Netzwerk, welches im geschlossenen Regelkreis in Kombination mit einer modellbasierten Regelungsstrategie wirkt, kann in der Lage sein, ohne jegliches Vorwissen die Regelgüte eines simulierten Fahrzeuges deutlich zu steigern. Dabei spielen die Wahl des Trainingsverfahrens sowie dessen Parametrierung, die Netzwerkarchitektur und Gewichtsinitialisierung eine wesentliche Rolle. Aufgrund des hohen Umfangs der bisherigen Untersuchungen wurde sich im vorherigen Abschnitt ausschließlich auf die Simulation einer einzigen Runde auf einem geometrisch einfachen Rundkurs beschränkt. Im folgenden Abschnitt sollen die Untersuchungen auf die Simulation mehrerer Runden ausgeweitet und der Fokus auf einen kontinuierlich stabilen Betrieb des neuronalen Netzwerkes über mehrere Runden gelegt werden.

Bis dato stand der schnelle Abbau verbleibender Ablage- und Winkelfehler im Fokus, die durch ungenaue Abbildung der Systemdynamik bzw. unzureichende Identifikation von Modellparametern nicht vollständig durch den modellbasierten Regelungsansatz kompensiert werden können. Dabei wurde die aggressive Reduktion des Fehlers und einhergehend eine geringere Ausprägung der Maxima von Trainingsfehler und Querablage stärker gewichtet, als die asymptotische Annäherung der Netzwerkgewichte an einen gesättigten Bereich. Diese Sättigung ist gleichbedeutend mit einem finalen Lernzustand des neuronalen Netzwerkes für einen bestimmten Rundkurs. Dies entspricht einer lokalen Optimierung, da im Rahmen

Ergänzende Information Die elektronische Version dieses Kapitels enthält Zusatzmaterial, auf das über folgenden Link zugegriffen werden kann https://doi.org/10.1007/978-3-658-43109-9_7.

© Der/die Autor(en), exklusiv lizenziert an Springer Fachmedien Wiesbaden GmbH, ein Teil von Springer Nature 2024
J. Kaste, *Künstliche neuronale Netzwerke zur adaptiven Fahrdynamikregelung*, AutoUni – Schriftenreihe 171, https://doi.org/10.1007/978-3-658-43109-9_7

167

des abgerufenen Dynamikpotentials sowie der Geometrie einer betrachteten Strecke keine ganzheitliche Beschreibung des Fehlerraumes möglich ist. Da die Parametrierung der Lernverfahren im vorangegangenen Abschnitt primär auf Basis möglichst schneller Adaption gewählt wurde, ist an dieser Stelle zu prüfen, ob die Untersuchungen und gewählten Parameter für den Langzeitbetrieb valide sind und einen stabilen Netzwerkbetrieb gewährleisten. Des Weiteren wird geprüft, ob weitere Maßnahmen ergriffen werden können, um die Robustheit des neuronalen Netzwerkes im geschlossenen Regelkreis zu erhöhen. Die Simulationen erfolgen wie zuvor auf dem in Abbildung 5.8 dargestellten Rundkurs, wobei in diesem Abschnitt das Verhalten des neuronalen Netzwerkes für mehrere Runden betrachtet wird.

In Abbildung 7.1 sind die Ergebnisse des Trainingsfehlers für 10 unterschiedlich initialisierte 12-25-1 Netzwerke für fünf Runden in Form von Boxplots dargestellt. Die Größenordnung der Netzwerkgewichte bei der Initialisierung wurde mit ±0.5 gewählt. In Anhang D im elektronischen Zusatzmaterial sind zudem die Ergebnisse für unterschiedliche Gewichtsinitialisierungen, sowie Netzwerktopologien dargestellt. Als Aktivierungsfunktion der versteckten Schicht wurde eine sigmoide Tanh-Funktion gewählt und als Trainingsverfahren das GDM Verfahren mit $\mu = 0.002$ und $\alpha = 0.9$. Diese Parametrierung hat im vorangegangenen Abschnitt z.B. in

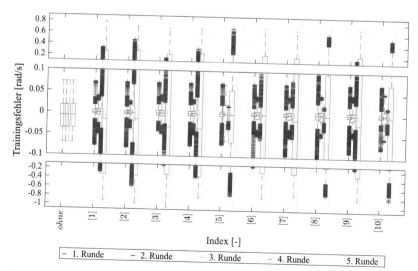

Abbildung 7.1 Streuung des Trainingsfehlers für 10 Netzwerke mit einer versteckten Schicht und 25 Neuronen sowie einer Gewichtsinitialisierung von ±0.5, für fünf simulierte Runden auf dem in Abbildung 5.8 dargestellten Rundkurs

Abbildung 6.36 gute Trainingsergebnisse für die Simulation einer einzelnen Runde aufgezeigt.

Mit Blick auf den Trainingsfehler über mehrere Runden zeigt sich, dass die Kombination aus hoher Lernrate und Momentum Term zwar innerhalb der ersten Runde zu einer deutlichen Reduktion des Fehlers führt, dieser jedoch für jedes der betrachteten Netzwerke eine Destabilisierung des Netzwerktrainings über den Runden nach sich zieht, woraus ein deutlicher Anstieg des Trainingsfehlers resultiert. Dieses Verhalten stellt sich, wie in Anhang D im elektronischen Zusatzmaterial deutlich wird, bei allen betrachteten Netzwerkkonfigurationen, die mit dem GDM Verfahren trainiert wurden, ein. Die einzige Ausnahme stellen Netzwerke mit zwei bzw. drei versteckten Schichten und sehr kleiner Gewichtsinitialisierung (± 0.01) dar, bei denen im Rahmen der fünf simulierten Runden kein Trainingseffekt festzustellen ist.

Grundsätzlich sind unterschiedliche Ursachen für das aufgezeigte Verhalten möglich. Die aggressive Auswahl der Lernrate kann bei Annäherung an Minima im Fehlerraum dazu führen, dass für den betrachteten Aktions- und Zustandsraum lokal günstige Zustände überschritten werden. Eine konservative Auswahl der Lernrate könnte in diesem Fall Abhilfe schaffen, wobei die Adaptionsgeschwindigkeit dadurch reduziert werden würde. Da das Netzwerk reaktiv auf das Fahrzeugverhalten wirkt und eine Prädiktion fehlerhafter Systemzustände im Rahmen dieser Arbeit nicht betrachtet wird, kann der verbleibende Restfehler nie gänzlich abgebaut werden. Daher ist die Integration sinnvoll gewählter Fehlerschranken zielführend, um das Netzwerktraining bei vernachlässigbar geringen Abweichungen nicht kontinuierlich fortzuführen. In Abschnitt 7.1 wird daher der Einfluss von Trainingsverfahren, Lernrate und Fehlerschranken auf die Langzeitsimulation untersucht.

Weiter kann die Kombination aus fehlender Datenvorverarbeitung und begrenzten Aktivierungsfunktionen dazu führen, dass sich einzelne Neuronen bereits initial nahe der Sättigung befinden, sodass große Gewichtsänderungen nur einen sehr kleinen Einfluss auf die Netzwerkausgabe haben. Dies erhöht die Wahrscheinlichkeit einer Destabilisierung des Trainings deutlich. Die Einflüsse geeigneter Datenvorverarbeitung im geschlossenen Regelkreis auf die Langzeitstabilität des neuronalen Netzwerkes wird in Abschnitt 7.2 untersucht.

Um den Effekten übermäßig anwachsender Netzwerkgewichte entgegenzuwirken, wird darüber hinaus in Abschnitt 7.3 der Einfluss unterschiedlicher Regularisierungmetriken auf die Stabilität des Netzwerkes im geschlossenen Regelkreis analysiert.

7.1   Einfluss von Lernrate, Trainingsverfahren und Fehlerschranken auf die Langzeitstabilität des neuronalen Netzwerkes im geschlossenen Regelkreis

Der vorangegangene Abschnitt hat aufgezeigt, dass eine aggressive Auswahl der Lernparameter einerseits kurzfristig deutliche Verbesserungen der Regelgüte generieren kann, andererseits das Risiko einer Destabilisierung des Netzwerktrainings erhöht und entsprechend keinen nachhaltig positiven Effekt hat. Aus diesem Grund soll analysiert werden, ob eine konservative Wahl der Lernrate sowie ein Trainingsverfahren mit adaptiver Lernrate eine bessere Annäherung an mögliche Optima im Fehlerraum gewährleistet. Das Ziel ist eine langfristig stabile Einbindung des künstlichen neuronalen Netzwerkes in den Regelkreis. Zusätzlich werden Fehlerschranken integriert, die festlegen, ob ein weiteres Netzwerktraining sinnvoll ist oder ob ein festgelegtes Gütemaß erreicht wurde. Die Einführung von Fehlerschranken ist sinnvoll, da bei iterativer Anpassung an wechselnde Eingabedaten in einem sich ändernden Aktionsraum Restfehler nicht vollständig abgebaut werden können. Da das Netzwerk nicht in der Lage ist, die Zukunft zu prädizieren, besteht in einem reaktiven Prozess das Risiko, kleine Fehler über eine starke Netzwerkreaktion auszugleichen, was zu einer Destabilisierung des Netzwerktrainings führen kann. Zu diesem Zweck wird der Trainingsprozess in allen Bereichen der Strecke ausgesetzt, in denen eine Querablage von $0.08m$ bzw. ein Trainingsfehler von $0.0175\frac{rad}{s} \approx 1\frac{\circ}{s}$ unterschritten wird. In diesen Bereichen ist das Netzwerk weiter aktiv und liefert einen Anteil zur Regelstrategie. Es erfolgt jedoch keine weitere Gewichtsoptimierung, sofern die gesetzten Fehlergrenzen nicht überschritten werden.

In Abbildung 7.2 sind die Ergebnisse für ein 12-25-25-1 Netzwerk mit einer Gewichtsinitialisierung von ±0.01 für 100 simulierte Runden dargestellt, in Abbildung 7.4 die Ergebnisse für ein 12-25-25-25-1 Netzwerk und einer Gewichtsinitialisierung von ±0.5. Beide Netzwerke wurden sowohl mit dem GDM als auch mit dem Adam Verfahren trainiert. Die Lernrate wurde zwischen 0.002 und 0.0002 variiert. Für das GDM Verfahren wurde ein fester Momentum Term $\alpha = 0.9$ angenommen, für das Adam Verfahren die Parameter $\beta_1 = 0.5$ und $\beta_2 = 0.9999$ gewählt.

Das erste Netzwerk wurde ausgewählt, da sowohl in den Abbildungen 6.32 und 6.33, in Abschnitt 6.4, als auch im Anhang in Abbildung D.1 im elektronischen Zusatzmaterial kein Trainingseffekt für Netzwerke mit einer Gewichtsinitialisierung von ±0.01 und mehr als einer versteckten Schicht erkennbar ist, die mit dem GDM Verfahren trainiert wurden. Bei einer simulierten Runde auf dem Rundkurs ändert sich der Trainingsfehler genauso marginal, wie für fünf simulierte Runden. Daher wird überprüft, ob sich nach einer hohen Anzahl simulierter Runden ein Trainingseffekt einstellt und ob die geringe Schrittweite bei der Anpassung der Gewichte zu einem langzeitstabilen Verhalten führt.

Im Gegensatz zu dem GDM Verfahren stellt sich beim Adam Verfahren für tiefere Netzwerke mit kleiner Gewichtsinitialisierung innerhalb weniger Runden ein Trainingseffekt ein. Die Ergebnisse für jeweils 10 Netzwerke, die mit dem Adam Verfahren während 5 simulierter Runden trainiert wurden, sind in Anhang D.2 im elektronischen Zusatzmaterial dargestellt. Die Basislernrate wurde mit $\mu = 0.0002$ angenommen. Dabei fällt auf, dass die konservative Lernrate für ein- und zweischichtige Netzwerke zu einem fortlaufend abklingenden Fehlerbild führt. Für dreischichtige Netzwerke erhöht sich der Trainingsfehler in der fünften Runde im Vergleich zu der zuvor absolvierten Runde leicht. Eine asymptotische Annäherung der Gewichte an eine Sättigungsgrenze und somit ein stabiles Verhalten, welches über die fünf Runden hinausgeht, ist in den betrachteten Untersuchungen nicht erkennbar und soll in der Folge analysiert werden. In Abbildung 7.2 sind daher die Ergebnisse für ein 12-25-25-1 Netzwerk mit einer Gewichtsinitialisierung von ± 0.01 über bis zu 100 Runden auf dem in Abbildung 5.8 dargestellten Rundkurs aufbereitet.

Trainiert wurden die Netzwerke mit dem GDM und dem Adam Verfahren unter Berücksichtigung sowie Vernachlässigung der zuvor beschriebenen Fehlerschranken für Querversatz und Trainingsfehler. In den Abbildungen sind die Frobenius Norm über der Zeit sowie der MSE des Trainingsfehlers über den zurückgelegten Runden dargestellt. Zudem wurden die Untersuchungen für unterschiedliche Lernraten $\mu = 0.002$ und $\mu = 0.0002$ durchgeführt.

Für das GDM Verfahren liefert das neuronale Netzwerk analog zu den vorangegangenen Untersuchungen für mehrschichtige Netzwerke in den ersten Runden zunächst keinen Mehrwert zur bereits aktiven Regelstrategie. Bei einer Lernrate von $\mu = 0.002$ setzt eine signifikante Anpassung der Netzwerkgewichte ab Runde 7 ein. Für die Betrachtung ohne Fehlerschranken (dunkelgrau) wird der MSE des Trainingsfehlers innerhalb der folgenden zwei Runden aggressiv reduziert und in der Folge für etwa eine Runde auf konstant niedrigem Niveau gehalten. Anschließend kommt es zu einer Destabilisierung, die sowohl den MSE als auch die Frobenius Norm stark ansteigen lässt, bevor das Abbruchkriterium der Simulation erreicht wird. Die Integration der beschriebenen Fehlerschranken führen zu einer langsameren Reduktion des Trainingsfehlers, da Streckensegmente vorliegen, in denen die Netzwerkgewichte konstant gehalten werden. Jedoch verzögert sich die Destabilisierung des Trainings ausschließlich um eine absolvierte Runde und der gewünschte Effekt eines dauerhaft robusten Betriebs des neuronalen Netzwerkes im geschlossenen Regelkreis setzt nicht ein.

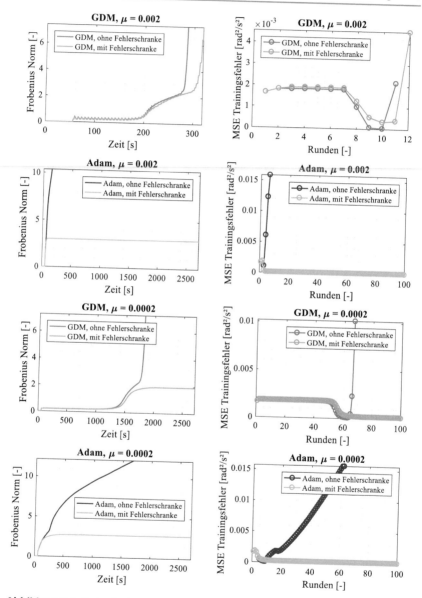

Abbildung 7.2 Frobenius Norm und MSE des Trainingsfehlers für ein 12-25-25-1 Netzwerk mit einer Gewichtsinitialisierung von ±0.01 über 100 Runden auf dem in Abbildung 5.8 dargestellten Rundkurs mit und ohne Fehlerschranken

Im Vergleich zum GDM Verfahren ist ein anderes Verhalten beim Adam Verfahren erkennbar. Für eine Basis Lernrate von $\mu = 0.002$ setzt initial nach der Aktivierung des neuronalen Netzwerkes eine Gewichtsanpassung ein, die jedoch für den Fall ohne integrierte Fehlerschranken zu einem stetigen Wachstum der Frobenius Norm und in der Folge zu instabilem Verhalten führt. Dies führt zu einem vorzeitigen Abbruch der Simulation. Bei Berücksichtigung der Fehlerschranken kann das Netzwerktraining für das Adam Verfahren in einen quasi-stationären Zustand überführt werden. Infolgedessen stellt sich ein konstantes Niveau der Frobenius Norm und ein verringerter MSE des Trainingsfehlers über die gesamte betrachtete Distanz von 100 simulierten Runden ein.

Um den Einfluss der Lernrate auf die Langzeitstabilität zu validieren, wurden die zuvor beschriebenen Untersuchungen mit einer verringerten Lernrate von $\mu = 0.0002$ durchgeführt. Die daraus resultierende, geringere Schrittweite bei der Anpassung der Netzwerkgewichte führt dazu, dass beim GDM Verfahren zunächst kein merklicher Effekt bei der Gewichtsanpassung einsetzt. Erst nach ca. 50 Runden erfolgt eine merkliche Änderung der Frobenius Norm und einhergehend eine Reduktion des Trainingsfehlers. Diese Reduktion erfolgt entsprechend der reduzierten Schrittweite über mehrere Runden, jedoch kann analog zu einer Lernrate von $\mu = 0.002$ kein dauerhaft stabiler Systemzustand herbeigeführt werden und das Netzwerktraining wird instabil. Bei aktiven Fehlerschranken zeigt sich für das GDM Verfahren ein mit Einschränkungen gewünschtes Verhalten der Frobenius Norm und des Trainingsfehlers. Die Einschränkungen liegen in der Zeit begründet, bis das Training merkliche Effekte auf die Regelgüte vorweist. Dieser Effekt setzt erst nach ca. 50 Runden ein. Im Anschluss erfolgt jedoch ein Anstieg der Frobenius Norm, der mit verringertem Trainingsfehler einhergeht und sich auf ein konstantes Niveau sättigt.

Für das Adam Verfahren setzt bei höher gewählter Basislernrate eine schnellere Anpassung der Frobenius Norm und einhergehend eine Reduktion des Trainingsfehlers ein. Es wird jedoch deutlich, dass auch für das Adam Verfahren ohne Berücksichtigung von Fehlerschranken ein stetiger Anstieg der Frobenius Norm das Trainingsergebnis iterativ verschlechtert. Mit Einführung der Schranken kann das Training nach ca. 25 Runden in einen stationären Zustand überführt werden, in dem sich weder das Gewichtsniveau noch das Fehlerniveau über die ansteigenden Runden ändert.

In Abbildung 7.3 ist die prozentuale Zeit, in der die jeweiligen Netzwerke aktiv trainiert werden, über den zurückgelegten Runden aufgetragen. Die Fehlerschranken wurden berücksichtigt und es sind jeweils die Ergebnisse für GDM und Adam Verfahren mit Lernraten von $\mu = 0.002$, bzw. $\mu = 0.0002$ aufgetragen.

Wird kein neuronales Netzwerk in den Regelkreis integriert, so ist die Basisregelkonfiguration in der Lage, die gewünschten Gütekriterien in ca. 50% einer Runde

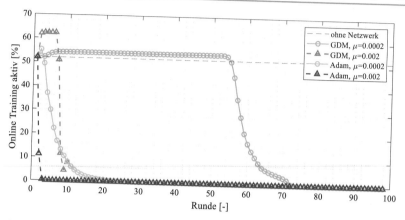

Abbildung 7.3 Aktive Trainingszeit eines 12-25-25-1 Netzwerk mit einer Gewichtsinitialisierung von ±0.01 über 100 Runden auf dem in Abbildung 5.8 dargestellten Rundkurs. Trainiert wurden die Netzwerke mit dem GDM und dem Adam Verfahren mit unterschiedlichen Lernraten unter Berücksichtigung von Fehlerschranken

zu erfüllen. Dies symbolisiert die gestrichelte schwarze Linie. Das Adam Verfahren mit hoher Lernrate ist in der Lage, bereits ab der zweiten Runde die Fehlergrenzen in 90% der Runde zu unterschreiten und im Anschluss ohne weitere Anpassungen der Netzwerkgewichte die gewünschte Qualität der Regelstrategie mit festgesetzten Gewichten bereitzustellen. Für geringere Lernraten benötigt das Adam Verfahren mehr Zeit, um zu konvergieren. Nach ca. 25 Runden können die gewünschten Kriterien jedoch mit festen Netzwerkgewichten bereitgestellt werden.

Die geringere Eignung des GDM Verfahrens für die iterative Anpassung eines mehrschichtigen Netzwerkes mit kleinen Startgewichten zeigt sich ebenfalls in Abbildung 7.3. Sowohl für hohe als auch niedrige Lernraten stellen sich zunächst zusätzliche Bereiche ein, die die festgelegten Fehlerschranken verletzen. Aufgrund der geringen Anpassung der Frobenius Norm während dieser Runden und einhergehend fehlenden, gerichteten Anpassungen des Netzwerkes, stellt die Netzwerkausgabe eine Störgröße dar, die der Basisregler kompensieren muss. Dadurch erfolgt zunächst ein ungenaueres Führungsverhalten. Für eine Lernrate von $\mu = 0.0002$ setzt erst nach ca. 55 Runden ein merklicher Effekt ein, der eine Reduzierung des Trainingsfehlers herbeiführt und schließlich die gesetzten Gütekriterien erfüllt. Für $\mu = 0.002$ erfolgt in Runde 7 eine deutliche Anpassung der Netzwerkgewichte. Diese kann jedoch, wie in Abbildung 7.2 dargestellt, nicht stabilisiert werden.

In Abbildung 7.4 sind die Untersuchungen analog für ein 12-25-25-25-1 Netzwerk mit hoher Startgewichtsinitialisierung (±0.5) durchgeführt worden. Es wird

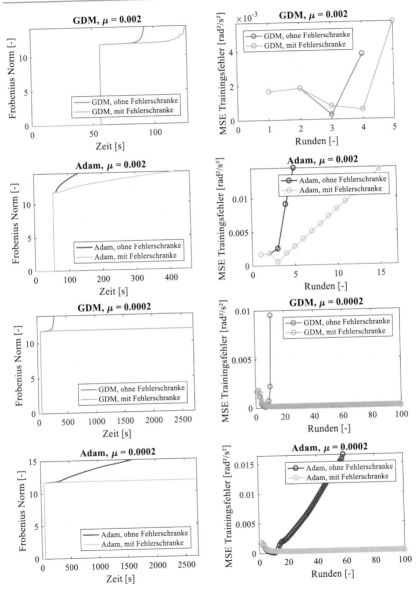

Abbildung 7.4 Frobenius Norm und MSE des Trainingsfehlers für ein 12-25-25-25-1 Netz-werk mit einer Gewichtsinitialisierung von ±0.5 über 100 Runden auf dem in Abbildung 5.8 dargestellten Rundkurs mit und ohne Fehlerschranken

ebenfalls deutlich, dass ohne die Berücksichtigung von Fehlerschranken für keine der betrachteten Konfigurationen ein stabiler Langzeitbetrieb möglich ist. Auch stellt sich bei hoher Initialisierung der Startgewichte die Notwendigkeit konservativ gewählter Lernraten heraus. Für $\mu = 0.0002$ können sowohl das GDM als auch das Adam Verfahren Netzwerke in einen stabilen Endzustand überführen, wobei dies für $\mu = 0.002$ keinem der Verfahren für die betrachtete Netzwerkkonfiguration gelingt.

Die Untersuchungen verdeutlichen, dass für den stabilen Langzeitbetrieb des Netzwerkes Topologie, Gewichtsinitialisierung, Trainingsverfahren und Parametrierung genau wie Formulierung und Eingrenzung des Trainingsproblems eine wichtige Rolle spielen. Da die Netzwerke in dem betrachteten Anwendungsfall nur reaktiv auf modellierte Ungenauigkeiten und Fehler reagieren können, müssen Schranken definiert werden, in denen das Training ausgesetzt wird. Bei Vernachlässigung der Schranken kann das Risiko bestehen, dass ein Zusammenhang zu auftretendem Fehler und verstärkter Reaktion auf den Fehler hergestellt wird. Dies kann im schlimmsten Fall zu einer unverhältnismäßig hohen Netzwerkreaktion auf geringe Fehler resultieren, die einerseits den Regelkreis destabilisiert, andererseits die Netzwerkgewichte stark anwachsen lässt, was das robuste Netzwerktraining gefährdet.

7.2 Einfluss von Eingangsnormalisierung auf die neuronal gestützte Fahrdynamikregelung

Für den Trainingserfolg neuronaler Netzwerke spielen neben dem Trainingsdatensatz, der mit Hilfe der daraus bereitgestellten Eingabegrößen das Lernproblem repräsentiert und der Auswahl geeigneter Netzwerkarchitekturen, Aktivierungsfunktionen und Trainingsverfahren auch die Art und Weise, wie die verfügbaren Trainingsmuster an das Netzwerk übergeben werden, eine wichtige Rolle. Wie zuvor beschrieben, kann eine Bewertung und Einordnung der Trainingsergebnisse bezüglich vorgegebener Lernziele mit Hilfe implementierter Fehlerschranken die Stabilität des Netzwerktrainings wesentlich beeinflussen. Diese nehmen jedoch keinen direkten Einfluss auf die Präsentation der Eingangsdaten, sondern beeinflussen lediglich die Aktivität des Netzwerkes. Eine Möglichkeit aktiv Einfluss auf die Repräsentation des Trainingsproblems zu nehmen, stellt die Normalisierung der Eingangsdaten dar. Diese kann dabei helfen, den Lernerfolg zu steigern und das Training robuster zu machen [97, 166].

Üblicherweise wird jeder der n-Eingabevektoren $\vec{i}_n$ in einen Bereich von [0,1], bzw. [−1,1] skaliert. Diese Skalierung sorgt unter anderem dafür, dass

Eingabeinformationen ein vergleichbarer Einfluss auf das Netzwerktraining beigemessen wird. Werden beispielsweise physikalische Größen zum Netzwerktraining verwendet, so würde ohne die Normierung und bei gleichmäßiger Initialisierung der Netzwerkgewichte, die Einheit eines Eingabeparameters einen erheblichen Einfluss auf die Verarbeitung innerhalb des Netzwerkes haben.

In [97] wird darauf verwiesen, dass der Mittelwert jeder Eingabegröße über den gesamten Datensatz nahe Null sein sollte, da eine ausschließlich positive Skalierung der Eingabegrößen zur Folge hätte, dass alle Gewichte eines Neurons gemeinsam in dieselbe Richtung vergrößert bzw. verkleinert werden. Dies resultiert aus der Tatsache, dass die Gewichtsänderung proportional zum Vorzeichen des Fehlers sowie der Neuroneneingabe vorgenommen wird. Da ein effizientes Training erfordern kann, dass einzelne Gewichte eines Neurons für eine Eingabeinformation in unterschiedliche Richtungen variiert werden, senkt eine ausschließlich positive Präsentation der Eingabegrößen die Trainingsgeschwindigkeit.

In dieser Arbeit wird für die Skalierung der Eingabeparameter eine Max-Min-Normalisierung durchgeführt, bei der eine lineare Transformation der Eingabevektoren anhand bestimmter Kriterien durchgeführt wird. Die Max-Min-Normalisierung ist in Gleichung (7.1) beschrieben:

$$\tilde{i}_n = \frac{(i_n - i_{nmin})}{(i_{nmax} - i_{nmin})} \cdot (R_{max} - R_{min}) \cdot R_{min}. \tag{7.1}$$

Für die Normierung werden die oberen und unteren Skalierungsgrenzen, in Gleichung (7.1) durch R_{max} und R_{min} gekennzeichnet, festgelegt. Außerdem muss der Wertebereich für den jeweiligen Eingang über $i_{nmax} = max\left(\vec{i}_n\right)$ und $i_{nmin} = min\left(\vec{i}_n\right)$ definiert werden. Wird ein Netzwerk außerhalb des geschlossenen Regelkreises offline aus zur Verfügung stehenden Eingabe-Ausgabepaaren trainiert, so wird die Skalierung üblicherweise anhand des Wertebereiches des vorhandenen Datensatzes durchgeführt. Für ein online Training innerhalb des geschlossenen Regelkreises ist es möglich, dass der Wertebereich für die Skalierung der Eingabegrößen nicht aus repräsentativen, retrospektiven Datenpunkten abgeleitet werden kann. Da im Rahmen dieser Arbeit ein Netzwerk ohne Vortraining im geschlossenen Regelkreis das notwendige Wissen zur Fahrdynamikregelung erlernen soll, stellt sich die Abschätzung eines sinnvollen Wertebereiches für die Eingabegrößen, im Vergleich zu einem a priori bekannten Trainingsdatensatzes, als komplexere Problemstellung dar. Es wurden zwei unterschiedliche Ansätze für die Skalierung der Eingabegrößen betrachtet:

1. **Skalierung auf Basis einer Abschätzung des Wertebereiches anhand des Trajektorienplaners sowie auf Basis vergangener Experimente**

   Da bei automatischen Fahrfunktionen für eine geplante Trajektorie Orientierungswerte für Geschwindigkeiten, Beschleunigungen und Winkel vorliegen, können diese genutzt werden, um für eine spezifische Fahrt individuell anpassbare Skalierungen der Netzwerkeingaben vorzunehmen. Für die Größenordnung von Fehlergrößen können Simulationsdaten oder Fahrten des nicht neuronal gestützten Referenzregelungskonzeptes herangezogen und mit einer Sicherheitsmarge versehen werden, um nicht eingeplante Effekte, Modell- und Umgebungsungenauigkeiten mit in die Skalierung einzubeziehen. Diese Methode bietet den Vorteil, dass ähnlich wie bei einer Skalierung aus bekannten Trainingsdaten, der Fokus auf dem, für die Experimente geplanten Operationsbereiches des Fahrzeuges liegt, was zu einer ausgewogenen Anregung des Netzwerkes führt und sich günstig auf das Netzwerktraining auswirken kann. Ein Nachteil ist, dass bei Verlassen des Operationsbereiches durch Variation des Dynamikbereiches, Änderung der Strecke oder Umgebungsbedingungen, wie z.B. Überschätzung des Kraftschlusspotentials zwischen Reifen und Fahrbahn der gewählte Bereich der Skalierung nicht mehr zur Problemstellung passt, wodurch Einbußen bzgl. der Robustheit und Trainingseffizienz resultieren können.

2. **Skalierung auf Basis einer Abschätzung der physikalischen Grenzen und Fehlerschranken**

   Für ein bestehendes Fahrzeug kann anhand unterschiedlicher Faktoren wie beispielsweise der Masse oder der Motorleistung eine grundsätzliche Abschätzung der physikalischen Systemgrenzen erfolgen. Außerdem können obere Fehlerschranken abgeschätzt werden, bis zu denen eine Stabilisierung des Fahrzeuges möglich erscheint. Der Vorteil bei dieser Art der Normalisierung liegt darin, dass eine Gültigkeit für den gesamten Operationsbereich des Fahrzeuges gegeben ist. Werden physikalische Grenzen oder obere Fehlerschranken deutlich überschritten, so sollte eine Überführung in einen stabilen Fahrzeugzustand und nicht die Einhaltung gewünschter Trajektorien, wie die Realisierung eines festen Geschwindigkeitsprofils, oberste Priorität besitzen. Ein Nachteil bei der Skalierung anhand der Systemgrenzen ist, dass die Anregung des Netzwerkes in gewissen Bereichen, weit entfernt von den physikalischen Grenzen sehr gering ist und ein Mittelwert der Datenpunkte in der Nähe von Null nicht gewährleistet wird. Das bedeutet, dass der Trainingsprozess aufgrund der geringeren Anregung langsamer voranschreitet als im zuvor beschriebenen Fall. Da im Rahmen der Arbeit die Kombination aus modellbasierten Regelungsverfahren und künstlichen neuronalen Netzwerken untersucht wird und die Abbildung der Regelstrecke in einem Bereich abseits der physikalischen Grenzen präziser erfolgt als in der Nähe des Limits, kann im fehlerfreien Fall ein langsamerer Trainingsprozess akzeptiert werden.

Um den Effekt einer Normalisierung der Netzwerkeingänge zu verdeutlichen, sind in der Folge unterschiedliche Versuchsszenarien dargestellt. Verglichen werden in den Abbildungen 7.5 und 7.6 die Ergebnisse für Fahrten mit dem in Abschnitt 4.2.1 dargestellten, kaskadisch aufgebauten Inversionsregler, der um ein künstliches neuronales Netzwerk in der inneren Kaskade erweitert wurde. Die Fahrten erfolgen in Bereichen niedriger Querbeschleunigung auf dem in Abbildung 5.8 dargestellten Rundkurs. Das Netzwerk ist ein 12-25-1 Netzwerk, dessen Eingänge in nicht normalisierter sowie entsprechend der zuvor beschriebenen Verfahren, in normalisierter Form vorliegen. Die Startgewichte des Netzwerkes sind für jeden der untersuchten Fälle identisch und zwischen ±0.1 initialisiert. Als Trainingsverfahren wird ein Gradientenabstiegsverfahren mit Momentum und einer Lernrate von $\mu = 0.002$ sowie einem Momentum Term von $\alpha = 0.9$ betrachtet. Abbildung 7.5 stellt zunächst die Ergebnisse ohne implementierte Fehlerschranken dar.

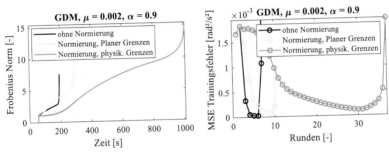

Abbildung 7.5 Frobenius Norm und MSE des Trainingsfehlers für ein 12-25-1 Netzwerk mit einer Gewichtsinitialisierung von ±0.1. Verglichen werden Netzwerke, deren Eingänge in normalisierter Form vorliegen, bzw. für die keine Normalisierung erfolgt

In schwarz sind die Ergebnisse für ein Netzwerk abgebildet, dessen Eingänge nicht normalisiert wurden. Die hellgraue Linie repräsentiert eine Normalisierung der Eingänge anhand der Sollvorgaben aus der Bahnplanung und in dunkelgrau erfolgte eine Normalisierung anhand der physikalischen Grenzen eines Fahrzeuges sowie einer Abschätzung oberer Fehlerschranken. Für das Netzwerk ohne normalisierte Eingänge bestätigt sich das Bild vorangegangener Untersuchungen. Nach der Aktivierung des Trainings folgt, unter den gegebenen Lernparametern, zunächst eine aggressive Reduktion des Trainingsfehlers. Das niedrige Fehlerniveau kann jedoch nicht dauerhaft gehalten werden und das Netzwerktraining wird destabilisiert, was sich unter anderem in einem exponentiellen Wachstum der Frobenius Norm äußert. Mit implementierter Normalisierung wird deutlich, dass sich dieser Prozess verzögert, jedoch kein dauerhaft stabiler Zustand erreicht wird. Mit einer Normalisierung, deren Grenzen aus den Vorgaben der Bahnplanung abgeleitet werden, zeigt sich eine Destabilisierung des Netzwerktrainings nach zehn Runden. Bei einer Normalisierung entsprechend der physikalischen Grenzen setzt zunächst nach 30 Runden eine Verringerung der Performanz ein, bevor das Training nach 36 Runden instabil wird.

Im nächsten Schritt wird die Kombination aus Fehlerschranken und Eingangsnormalisierung zur Stabilisierung des Netzwerktrainings überprüft. Das Netzwerk sowie die Trainings- und Normalisierungsparameter sind identisch zu denen in Abbildung 7.5. Der einzige Unterschied ist die Aktivierung der in Abschnitt 7.1 erläuterten Fehlerschranken, die als Gütemaß zur Bewertung des Netzwerktrainings dienen und bei Unterschreitung das Training temporär aussetzen. Die Ergebnisse sind in Abbildung 7.6 dargestellt.

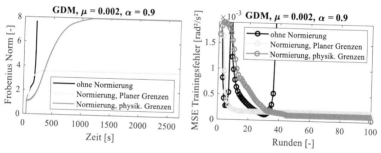

Abbildung 7.6 Frobenius Norm und MSE des Trainingsfehlers für ein 12-25-1 Netzwerk mit einer Gewichtsinitialisierung von ± 0.1. Verglichen werden Netzwerke, deren Eingänge in normalisierter Form vorliegen, bzw. für die keine Normalisierung erfolgt. Zusätzlich sind Fehlerschranken aktiv, die bei Unterschreitung das Netzwerktraining aussetzen

Analog zu den vorherigen Untersuchungen mit tieferen Netzwerken zeigt sich auch für das an dieser Stelle betrachtete 12-25-1 Netzwerk, dass bei der Auswahl einer aggressiven Lernrate in Kombination mit dem GDM Verfahren trotz implementierter Fehlerschranken ein stabiler Langzeitbetrieb nicht ohne Weiteres gewährleistet werden kann. So wird die Frobenius Norm nach der Aktivierung des Netzwerkes ohne normalisierte Eingänge innerhalb kurzer Zeit stark erhöht und der MSE des Trainingsfehlers verschlechtert sich nach initialer Reduktion. Im Gegensatz zu vorangegangenen Untersuchungen ist das Netzwerk zunächst in der Lage, den Fahrbetrieb im geschlossenen Regelkreis aufrecht zu erhalten und den Fehler zunächst wieder iterativ zu reduzieren. Jedoch folgt ab Runde 30 eine weitere Destabilisierung des Trainings, welche zu einem exponentiellen Wachstum der Frobenius Norm und Abbruch der Simulation führt. Im Gegensatz dazu zeigt sich in Abbildung 7.6 der positive Einfluss der Eingangsnormalisierung auf die Langzeitstabilität des Netzwerkes im geschlossenen Regelkreis. Das Netzwerk, dessen Eingänge anhand der Vorgaben des Bahnplaners normalisiert wurden, baut den Trainingsfehler nur geringfügig langsamer ab, als das Netzwerk ohne Eingangsnormalisierung, ist jedoch in der Lage, das simulierte Fahrzeug in einen Zustand zu überführen, in dem ein dauerhaft stabiler Betrieb auf geringem Fehlerniveau bei festen Netzwerkgewichten möglich ist. Für die Normalisierung, für deren Grenzen sich anhand der physikalischen Limits sowie oberen und unteren Fehlerschranken orientiert wurde, zeigt sich ebenfalls ein langfristig stabiles Verhalten auf final konstantem Gewichtsniveau. Wie bereits eingangs erwähnt, sorgt die geringe Dynamik des betrachteten Versuchs dafür, dass die normalisierten Punkte aufgrund des Abstandes zu den physikalischen Grenzen um Null verteilt sind, woraus eine langsamere Annäherung an das Fehlerminimum resultiert.

Es wird deutlich, dass eine Normalisierung der Eingabegrößen günstige Auswirkungen auf den Langzeitbetrieb des Netzwerkes im geschlossenen Regelkreis mit sich bringt. Ohne die Berücksichtigung von Fehlerschranken sind die betrachteten Normalisierungsverfahren nicht in der Lage, das Netzwerk dauerhaft zu stabilisieren. Jedoch zeigt die Kombination aus Normalisierung und implementierten Fehlerschranken auf, dass ein Netzwerk auch bei grundsätzlich zu hoher Lernrate stabilisiert werden kann. Im letzten Teil des vorliegenden Abschnitts soll eine weitere Möglichkeit zur Stabilisierung des Netzwerkes im geschlossenen Regelkreis betrachtet werden. Mit Hilfe von Regularisierung können die Netzwerkgewichte aktiv beeinflusst werden, um übermäßiges Wachstum einzelner Gewichte zu bestrafen.

7.3 Einfluss von Regularisierung der Netzwerkgewichte auf die neuronal gestützte Fahrdynamikregelung

Eine weitere Option zur Erweiterung des Netzwerktrainings stellen Methoden zur Überwachung und Modifikation der Gewichtszustände während der Trainingsphase dar. Eine Möglichkeit, die in der Literatur Anwendung findet und üblicherweise zur Steigerung der Generalisierungseigenschaften von künstlichen neuronalen Netzwerken und zur Reduktion von Overfitting herangezogen wird, ist die Regularisierung der Netzwerkgewichte [122, 153]. Die Idee einer Regularisierung besteht darin, große bzw. stark anwachsende Netzwerkgewichte zu bestrafen und mit Hilfe der Regularisierungsparameter die Gewichtsnorm zu reduzieren, um einerseits die Kostenfunktion zu minimieren, andererseits eine Dekorrelation des Netzwerkes vorzunehmen, um Overfitting entgegen zu wirken.

Für die Applikation im regelungstechnischen Kontext beschreiben [90, 120] einen Vergessensterm, der bei kleinen Anregungen durch externe Fehler die Netzwerkgewichte sukzessive in Richtung Null bewegt. Nachfolgend werden unterschiedliche Methoden der Gewichtsregularisierung analysiert, um das Training des neuronalen Netzwerkes im geschlossenen Regelkreis zu stabilisieren.

Zu diesem Zweck kann die Gewichtsanpassung für ein neuronales Netzwerk $\Delta \underline{W}$ um einen Regularisierungsterm $\underline{W}_{Reg}$ erweitert werden. Exemplarisch folgt für das Vanilla Update (siehe Gleichung 3.32 in Abschnitt 3.4.2):

$$\Delta \underline{W} = \mu \cdot \left[\nabla E\left(\underline{W} \right) + \underline{W}_{Reg} \right]. \tag{7.2}$$

Für die Anwendung im geschlossenen Regelkreis soll dabei insbesondere die Frage untersucht werden, ob ohne zuvor implementierte weitere Stabilisierungsmethoden ein starkes Anwachsen der Gewichtsmatrix und entsprechend eine Destabilisierung des Netzwerktrainings verhindert werden kann. Gleichzeitig soll eine Verbesserung der Regelgüte trotz dauerhafter Dekorrelation erfolgen, die durch die Regularisierung hervorgerufen wird. Es wurden vier Regularisierungsmethoden implementiert und untersucht:

1. Vergessensterm [90, 120, 158]
   Der Vergessensterm stellt eine Modifikation der Netzwerkgewichte dar, die nach [90] wie folgt beschrieben werden kann:

$$\underline{W}_{Reg} = \lambda \cdot ||\vec{\zeta}|| \cdot \underline{W}. \tag{7.3}$$

Dabei stellt λ einen freien Regularisierungsparameter dar, der anwendungsspezifisch gewählt werden muss und eine Reduzierung der Netzwerkgewichte bewirkt. Bei groß gewähltem λ und kleinen Störungen werden die Netzwerkgewichte zurück in Richtung Null bewegt. $||\vec{\zeta}||$ stellt nach [158] die euklidische Norm des Trainingsfehlers dar. Um zu verhindern, dass der Trainingseffekt gänzlich reduziert wird, ist darauf zu achten, dass λ hinreichend klein gewählt wird, um die Gewichte mit einer oberen Schranke zu versehen, jedoch nicht das Wissen, welches im Rahmen des Trainingsprozesses vermittelt wurde, vollständig abzubauen.

2. Regularisierung der Frobenius Norm
   für die im Rahmen dieser Arbeit untersuchte regelungstechnische Anwendung, in der ein neuronales Netzwerk additiv zu einem bestehenden, modellbasierten Regelungsansatz eingesetzt wird, wurde zudem der in Gleichung 7.4 dargestellte Regularisierungsansatz implementiert:

$$\underline{W}_{Reg} = \lambda \cdot \left(\frac{||\underline{W}||_F}{\lambda_F} \cdot u_{KNN} \right)^2 \cdot \underline{W}. \tag{7.4}$$

Die Gewichtsregularisierung erfolgt in diesem Fall quadratisch über einen durch λ_F skalierbaren Anteil der Frobenius Norm $||\underline{W}||_F$ sowie den Anteil der Netzwerkausgabe u_{KNN} zur Regelungsstrategie. Da der Basisregler über weite Strecken gut geeignet sein sollte, um die Fahrzeugführung präzise durchzuführen, werden übermäßig große Stellausgaben sowie stark anwachsende Netzwerkgewichte mit der in Gleichung 7.4 beschriebenen Regularisierung bestraft.

3. L1 Regularisierung [122, 153]
   Die L1 Regularisierung bestraft die Summe der absoluten Netzwerkgewichte. Bei entsprechender Auswahl von λ können große Gewichte so reduziert und das Netzwerktraining stabilisiert werden. Da die Gewichtsmatrix reduziert wird, wird ebenfalls der Einfluss der Aktivierungsfunktion verringert, wodurch in kritischen Fällen die Verarbeitung von Netzwerkeingängen aus den Grenzregionen beschränkter Aktivierungsfunktionen verlagert werden. Die L1 Regularisierung kann für ein neuronales Netzwerk mit n Gewichten wie folgt beschrieben werden:

$$\underline{W}_{Reg} = \lambda \cdot \frac{1}{n} \cdot \sum_{i=1}^{n} |w_{(n)}| \cdot \underline{W}. \tag{7.5}$$

4. L2 Regularisierung [122, 153]
   Die L2 Regularisierung bestraft die quadratische Summe der Netzwerkgewichte und führt entsprechend dazu, dass große Gewichte reduziert werden, wohingegen kleine Gewichte einen geringeren Einfluss auf die Regularisierung nehmen. Für ein KNN mit n Gewichten folgt:

$$\underline{W}_{Reg} = \lambda \cdot \frac{1}{n} \cdot \sum_{i=1}^{n} \left(|w_{(n)}| \right)^2 \cdot \underline{W}. \tag{7.6}$$

Jedes der implementierten Regularisierungsverfahren verfolgt das Ziel, die Gewichte innerhalb des Netzwerkes auf kleinem Niveau zu halten und durch die Bestrafung zu stark anwachsender Gewichte einen destabilisierenden Einfluss auf das Netzwerktraining zu verhindern.

Für die Untersuchungen wurden analog zu den vorherigen Abschnitten 7.1 und 7.2 jeweils 100 Runden auf dem in Abbildung 5.8 dargestellten Rundkurs simuliert. Das Geschwindigkeitsprofil ist identisch zu den vorherigen Untersuchungen. Bei den betrachteten Netzwerken handelt es sich um 12-25-1 Netzwerke mit identischen Startgewichten, die zwischen ±0.1 initialisiert und mit dem GDM Verfahren trainiert wurden und über eine Tanh-Aktivierungsfunktion in der versteckten Schicht verfügen. Um den Effekt der Gewichtsregularisierung zu verdeutlichen, wurden zudem keine Fehlerschranken implementiert. Das bedeutet, dass das Netzwerk zu jeder Zeit trainiert wird, unabhängig von der Größe des resultierenden Trainingsfehlers. Auch auf die Normalisierung der Eingangsgrößen wird verzichtet. In Abbildung 7.7 sind die Frobenius Norm und der MSE des Trainingsfehlers über die 100 simulierten Runden dargestellt. Betrachtet werden jeweils eine Lernrate von $\mu = 0.002$ und eine Lernrate von $\mu = 0.0002$. Es wird deutlich, dass alle implementierten

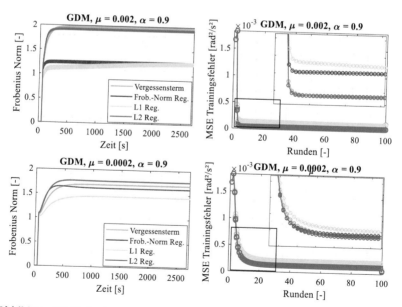

Abbildung 7.7 Frobenius Norm und MSE des Trainingsfehlers für ein 12-25-1 Netzwerk mit einer Gewichtsinitialisierung von ±0.1. Untersucht wurden unterschiedliche Regularisierungsverfahren zur Stabilisierung des Netzwerktrainings. Fehlerschranken und Eingangsnormalisierung wurden vernachlässigt

Verfahren zur Gewichtsregularisierung in der Lage sind, das Netzwerk während der 100 Runden in einem stabilen Zustand innerhalb des geschlossenen Regelkreises zu trainieren. Dies ist trotz Vernachlässigung zusätzlicher Fehlerschranken oder Vorverarbeitung der Netzwerkeingänge möglich. Für Netzwerke mit großer Lernrate zeigt sich, dass für den Vergessensterm die Frobenius Norm Regularisierung und die L2 Regularisierung innerhalb kurzer Zeit ein konstantes Gewichtsniveau erreicht und das Fehlerniveau stark reduziert wird. Bei der L1 Regularisierung wird der Fehler innerhalb der ersten Runden ebenfalls stark reduziert, jedoch steigt die Gewichtsnorm sukzessive in sehr geringem Maße an, was jedoch im betrachteten Szenario nicht zu einer Destabilisierung führt und entsprechend kein Problem für die Regelung des simulierten Fahrzeuges darstellt.

Bei $\mu = 0.0002$ zeigt sich grundsätzlich ein vergleichbares Bild. Der Fehler wird sukzessive für alle der betrachteten Netzwerke reduziert und final auf geringem Niveau gehalten. Dabei erreichen sowohl der MSE des Trainingsfehlers, als auch die Frobenius Norm nach ca. 30 betrachteten Runden ein konstantes Level und eine Änderung der Gewichte der online trainierten Netzwerke ist nicht mehr erkennbar.

Um mehr Verständnis für die Vorgänge während der Gewichtsregularisierung zu erlangen, werden sowohl die Gewichtsänderung, als auch die Ausgaben der Neuronen innerhalb der versteckten Schicht des neuronalen Netzwerkes während eines Trainings über 100 Runden betrachtet und zwei Netzwerke verglichen. Beim ersten Netzwerk ist eine L2 Regularisierung aktiv, um das Wachstum der Netzwerkgewichte einzuschränken. Im zweiten Fall wird das Netzwerk nicht überwacht. In Abbildung 7.8 sind zunächst die Ergebnisse des Netzwerkes mit Regularisierung der Gewichte für die ersten 10 Runden dargestellt.

In der oberen Darstellung wird deutlich, dass sich die Ausgabe der versteckten Neuronen über 10 Runden signifikant verändert. Das Spektrum der Neuronenausgaben wird dabei in Richtung Null bewegt, wohingegen die Gewichtsnorm, wie in Abbildung 7.7 dargestellt, anwächst. Die Regularisierung bewirkt eine Verlagerung aus den Grenzregionen der Aktivierungsfunktionen in weniger kritische Bereiche. Dies wird insbesondere bei den Neuronen 7, 8, 12, 13, 17 und 18 deutlich. Initial sehr nah an den oberen Schranken der Aktivierungsfunktion werden die Ausgaben im Verlauf des Trainings in Richtung Null bewegt.

In der mittleren Darstellung sind analog die Änderungen der Gewichte der versteckten Schicht für das beschriebene Netzwerk dargestellt. Nach der Initialisierung der Startgewichte in der Nähe von Null zeigt sich während der ersten Runden eine deutliche Anpassung der Netzwerkgewichte. Der Gradient der Gewichtsänderung flacht in der Folge jedoch ab und jedes der betrachteten versteckten Gewichte erreicht zum Ende der Simulationszeit ein annähernd finales Niveau.

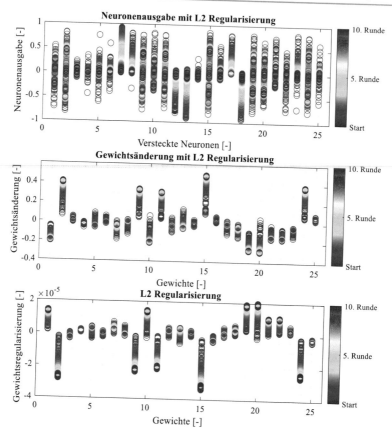

Abbildung 7.8 Streuung der Neuronenausgabe, Änderung der Gewichte sowie Gewichts-regularisierung für ein 12-25-1 Netzwerk mit einer Gewichtsinitialisierung von ±0.1 für 10 simulierte Runden. Die Netzwerkgewichte wurden mit der L2 Regularisierung bestraft

Mit Blick auf die Gewichtsbestrafung $\underline{W}_{Reg}$, die in der unteren Abbildung dargestellt wird, zeigt sich, dass die Bestrafung der Netzwerkgewichte mit der Größe des jeweiligen Gewichts korreliert. So erfahren die Gewichte 2, 9, 15, 20 und 24, die verhältnismäßig am stärksten anwachsen, durch den Regularisierungsansatz die größte Bestrafung.

Bei Vernachlässigung des Regularisierungsterms erfolgt keine Bestrafung stärker anwachsender Netzwerkgewichte. In Abbildung 7.9 wird ein identischer Versuch mit gleichen Trainings- und Rahmenbedingungen wie zuvor betrachtet. Der einzige Unterschied ist der nicht vorhandene Bestrafungsterm. Das betrachtete Farbspektrum wird analog zu Abbildung 7.8 verwendet. Die Simulation wird jedoch nach einer Destabilisierung des Netzwerktrainings im Laufe der 7. Runde abgebrochen.

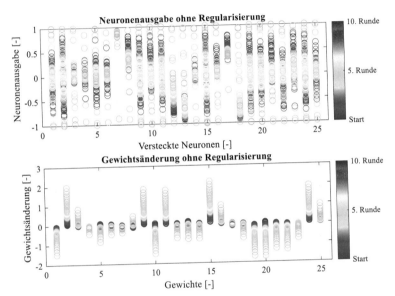

Abbildung 7.9 Streuung der Neuronenausgabe sowie Gewichtsänderung für ein 12-25-1 Netzwerk mit einer Gewichtsinitialisierung von ±0.1 für 10 simulierte Runden. Für die Netzwerkgewichte wurde keine Regularisierung vorgenommen

Mit Blick auf die Streuung der Ausgaben der versteckten Neuronen zeigt sich zunächst, dass sich das Spektrum, bis auf wenige Ausnahmen, deutlich in Richtung Null bewegt. Nur das 7. Neuron hält nahezu konstant eine Ausgabe in der Nähe der Grenze der Aktivierungsfunktion. Ohne Bestrafung der Netzwerkgewichte und ohne weitere Schranken wird jedoch deutlich, dass ein kontinuierlicher Trainingsprozess zu unerwünschten Effekten bei der Anpassung der versteckten Gewichte führt. Zunächst kommt es zu einem iterativen Anwachsen. Der Gradient der Gewichtsänderung flacht jedoch nicht wie in den vorangegangen Untersuchungen ab, sondern steigt sukzessive und final mit deutlich erhöhter Steigung an. Dies führt schließlich zu einer Destabilisierung und einer Oszillation der Ausgabe nahezu jedes Neurons zwischen den Grenzen der Aktivierungsfunktion.

Wie die vorherigen Untersuchungen zu Fehlerschranken und Eingangsnormalisierung zeigt auch die Bestrafung der Netzwerkgewichte mit Hilfe von Regularisierung einen erheblichen Mehrwert in Bezug auf die Langzeitstabilität des neuronalen Netzwerkes im geschlossenen Regelkreis. Für die folgenden Untersuchungen werden entsprechend alle Methoden aktiv zur Unterstützung des Trainingsalgorithmus eingesetzt. Da die bisherigen Analysen ausschließlich auf einer geometrisch einfachen Strecke in einem fahrdynamisch wenig anspruchsvollen Operationsbereich durchgeführt wurden, soll in der Folge die Generalisierbarkeit der bisherigen Erkenntnisse in einem komplexeren Zustands- und Aktionsraum überprüft werden. Dies dient dazu, die grundlegenden Betrachtungen bezüglich der Auswahl von Trainingsverfahren und Netzwerkarchitektur sowie den Stabilisierungsmethoden auf ein breiteres Anwendungsfeld zu übertragen. Zeigen die Annahmen, die für einfache Strecken und den linearen Bereich getroffen wurden, in komplexeren Simulationen robuste Ergebnisse, so ist eine erfolgreiche Applikation im realen Fahrzeug ebenfalls wahrscheinlich.

Generalisierbarkeit bisheriger Erkenntnisse 8

In den vorangegangenen Abschnitten wurden grundsätzliche Methoden und Ansätze für die Eignung eines iterativ trainierten neuronalen Netzwerkes im regelungstechnischen Kontext untersucht. Der Fokus lag auf der Stabilisierung des Netzwerktrainings sowie dem Abbau von Fehlern, die aus unzureichend genauer Modellierung des Fahrzeugmodells sowie der zu Grunde liegenden Systemdynamik resultieren. Als Referenzszenario wurde eine geometrisch einfache Strecke ausgewählt, für die Simulationen im linearen Fahrdynamikbereich durchgeführt wurden. Um Aussagen über die Eignung der Trainingsmethoden und Regularisierungsverfahren in einem breiteren Anwendungsfeld treffen zu können und eine valide Grundlage für die in Kapitel 9 beschriebenen Fahrversuche bereitzustellen, werden die vorangegangenen Ergebnisse im folgenden Abschnitt auf anspruchsvollere Szenarien übertragen. Die Stabilität des Netzwerktrainings wird dabei bei hochdynamischer Fahrt auf komplexeren Strecken, bei ungenauer Parameteridentifikation des modellbasierten Teils der Regelung sowie bei künstlich aufgeschalteten Fehlern untersucht. Ziel ist es, generalisierbare Aussagen aus den bisherigen Erkenntnissen für den stabilen Langzeitbetrieb des neuronalen Netzwerkes in einer breiten Spreizung unterschiedlicher Szenarien treffen zu können.

Ergänzende Information Die elektronische Version dieses Kapitels enthält Zusatzmaterial, auf das über folgenden Link zugegriffen werden kann https://doi.org/10.1007/978-3-658-43109-9_8.

8.1   Fehler in Folge hoher Dynamik und Annäherung an die Kraftschlussgrenzen

Die bisherigen Betrachtungen wurden ausschließlich im linearen Bereich der in Abschnitt 2.3.3 beschriebenen Reifenmodelle durchgeführt. Der nichtlineare Zusammenhang zwischen Seitenkraft und Schräglaufwinkel wird in dem für die Simulation herangezogenen Fahrzeugmodell durch ein Pacejka Magic Formula Modell (siehe Abschnitt 2.3.3) beschrieben. Für das invertierte Fahrzeugmodell wird jedoch ein linearer Zusammenhang angenommen. Ein Ziel bei der Integration des künstlichen neuronalen Netzwerkes liegt darin, den nichtlinearen Zusammenhang durch das neuronale Netzwerk zu erlernen und die Regelgüte bedarfsgerecht zu verbessern. Entsprechend resultieren bei Annäherung an den fahrdynamischen Grenzbereich größere Modellungenauigkeiten und eine damit verbundene, verringerte Regelgüte. Da sich der Operationsbereich näher an der Grenze des Kraftschlusspotentials des Reifens befindet, wird das Lernproblem zusätzlich vor eine weitere Herausforderung gestellt, da das neuronale Netzwerk weniger Raum für Fehler hat und eine Destabilisierung des Netzwerktrainings ein höheres Risiko für instabile Fahrzustände nach sich zieht.

Im folgenden Abschnitt werden je 100 Runden auf der quadratischen Strecke der vorangegangenen Kapitel simuliert. Dabei werden Untersuchungen mit linearer und nichtlinearer Fahrzeugdynamik durchgeführt. Weiterhin wird ein Szenario untersucht, bei dem die Trajektorie für ein zu Grunde liegendes Geschwindigkeitsprofil mit der maximal übertragbaren Seitenkraft nicht fahrbar ist. Dieses Szenario stellt beispielsweise eine Überschätzung des Straßenreibwertes dar und kann ohne Anpassung des Geschwindigkeitsprofils nicht fehlerfrei geregelt werden. Da das neuronale Netzwerk ausschließlich in Querrichtung wirkt, bietet der Fall keinen Raum für eine Verbesserung der Regelgüte und würde ohne Überwachung der Netzwerkgewichte zur Instabilität des Netzwerktrainings führen. Daher bietet dieses Experiment eine Möglichkeit zur Überprüfung der Wirksamkeit der implementierten Stabilisierungsmetriken.

In Abbildung 8.1 sind die fahrdynamischen Anregungen für jeweils 100 simulierte Runden auf der quadratischen Trajektorie aus Abbildung 5.8 im linearen sowie nichtlinearen Fahrdynamikbereich in Form der Reifenkennlinien für Vorder- und Hinterachse sowie der GG-Diagramme, in denen die Längsbeschleunigung über der Querbeschleunigung aufgetragen ist, dargestellt.

Aufgrund der Streckengeometrie und der Fahrtrichtung resultieren einseitige Anregungen, die für die Betrachtung im linearen Fall zu Querbeschleunigungen von maximal $-2.8 m/s^2$ führen. Für die in schwarz dargestellten modellierten Reifenkennlinien für Vorder- und Hinterachse wird zudem deutlich, dass die generierte

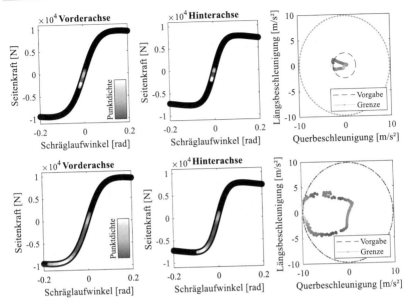

Abbildung 8.1 Seitenkräfte und GG-Diagramme für simulierte Fahrten im linearen Operationsbereich (oben) sowie nichtlinearen Operationsbereich (unten) auf der in Abbildung 5.8 dargestellten Trajektorie

Seitenkraft während der Simulation, die je nach Auftrittshäufigkeit in einem Farbspektrum von dunkelgrau zu hellgrau dargestellt wird, ausschließlich im linearen Bereich der Kurve auftritt. Entsprechend weit liegt das Limit für die maximale Kraftübertragung entfernt und bietet dem neuronalen Netzwerk potentiellen Spielraum für die Adaption an fehlerbehaftete Modellierung.

Für die hochdynamische Fahrt wird deutlich, dass das Fahrzeug bis ans Limit der maximal übertragbaren Kraft angeregt wird und die Aufenthaltsdauer im nichtlinearen Bereich der Kennlinie während der Simulationen hoch ist. Auch das GG-Diagramm bestätigt, dass die fahrdynamischen Grenzen vollumfänglich ausgenutzt werden, da die Kombination aus Längs- und Querbeschleunigung bis an die Systemgrenzen reicht und die maximale Punktdichte in der Nähe der physikalischen Grenze liegt.

In Abbildung 8.2 ist die Entwicklung von Querablage und Lenkradwinkel über dem zurückgelegten Streckenmeter für 100 simulierte Runden im linearen und nichtlinearen Operationsbereich dargestellt. Als implementiertes Netzwerk, welches ab der zweiten Runde in die Regelung eingreift, wurde wie zuvor ein 12-25-1 Netzwerk gewählt, welches mit dem GDM Verfahren trainiert und dessen Gewichte zwischen ±0.1 initialisiert wurden.

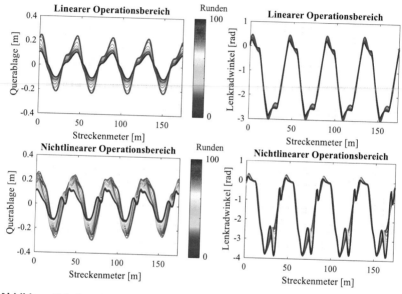

Abbildung 8.2 Querablage und Lenkradwinkel für simulierte Fahrten im linearen sowie nichtlinearen Operationsbereich

Zunächst wird deutlich, dass sich beide Experimente grundsätzlich ähneln. Die Querablage wird mit Hilfe des künstlichen neuronalen Netzwerkes schrittweise reduziert und erreicht ein finales Niveau, welches eine deutliche Verbesserung im Vergleich zum Basisregler darstellt. Im linearen Bereich werden die Maxima des Lenkwinkels in beide Richtungen leicht durch das neuronale Netzwerk reduziert und der jeweilige Gradient des Lenkradwinkels kurz nach Auftreten der Maxima abgeflacht. Bei geringer dynamischer Anregung ist zudem eine Verbesserung des seitlichen Versatzes ab der ersten Runde zu erkennen.

Im Gegensatz dazu schafft es das neuronale Netzwerk für den hochdynamischen Fall nicht, eine Verbesserung der Querablage ab der ersten Runde herbeizuführen. Die Ablage nimmt zunächst leicht zu und wird erst in der Folge abgebaut. Aufgrund der hohen Dynamik und der zufälligen Initialisierung der Netzwerkgewichte ist eine Transitionsphase, während der das Netzwerk den Zusammenhang zwischen eigenem Stellanteil, Fahrzeugreaktion sowie Fehlerreduktion herleiten muss, nicht unerwartet. Die hohe Dynamik äußert sich in dem weniger homogenen Verlauf des Lenkradwinkels, der zur präzisen Trajektorienfolgeregelung mehrfach korrigiert wird.

In Abbildung 8.3 sind die Verläufe von Frobenius Norm und MSE des Trainingsfehlers über den zurückgelegten Runden dargestellt. Der Trainingsfehler wird dabei auf 100% normiert, wobei 100% dem MSE entspricht, der für den Basisregler ohne das neuronale Netzwerk im jeweiligen Experiment auf einer vollständigen Runde erzielt wird.

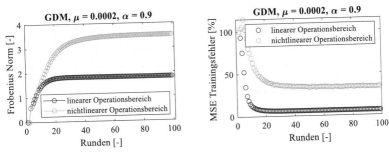

Abbildung 8.3 Frobenius Norm und MSE des Trainingsfehlers für simulierte Fahrten im linearen sowie nichtlinearen Operationsbereich

Es wird deutlich, dass sowohl für den linearen als auch den nichtlinearen Operationsbereich die Frobenius Norm in einen Zustand überführt wird, in dem kein weiteres Anwachsen der Norm erfolgt. Der normierte MSE des Trainingsfehlers zeigt ein analoges Bild zu der in der vorherigen Abbildung dargestellten Querablage. Über die Runden wird der Fehler abgebaut und auf ein finales Niveau überführt. Für den linearen Fall erfolgt eine Reduktion des MSE um annähernd 95%. Für den komplexeren nichtlinearen Fall wird nach anfänglicher Erhöhung des Fehlers eine finale Reduktion um ca. 70% erreicht. Entsprechend liefert das neuronale Netzwerk für beide Szenarien einen erheblichen Mehrwert und bewirkt trotz fehlendem Vorwissen auch bei hochdynamischer Fahrt keine Destabilisierung der Fahrdynamikregelung.

Im letzten Schritt soll die Wirksamkeit der in Abschnitt 7 beschriebenen Metriken für eine Überschätzung des Straßenreibwertes untersucht werden. Diese Überschätzung hat einerseits zur Folge, dass ein gewünschtes Geschwindigkeitsprofil nicht mit geringem Regelfehler umsetzbar ist, da die maximal übertragbare Querkraft nicht ausreicht, um ein gewünschtes Fahrverhalten zu realisieren. Andererseits kann das in dieser Arbeit untersuchte Lernproblem für diesen Fall keine Verbesserung des Führungsverhaltens bereitstellen, da der Spielraum für eine Anpassung in Querrichtung durch Überschreiten der maximalen Seitenkraft erschöpft ist. Dies führt dazu, dass eine Querkraftanforderung außerhalb der physikalischen Grenzen bei Vernachlässigung von Überwachungsmetriken zwangsweise zu einer Destabilisierung des Netzwerktrainings führt.

In Abbildung 8.4 sind die Verläufe für die Seitenkräfte an Vorder- und Hinterachse sowie das GG-Diagramm für eine Fahrt aufgetragen, bei der ein höheres Dynamikpotential vom Bahnplaner angefordert wird, als es vom Fahrzeugmodell umgesetzt werden kann. Dies führt in einem Streckenabschnitt zu erhöhten Schräglaufwinkeln und damit verbunden zu einer Verlagerung in den abfallenden Bereich der Reifenkennlinie und entsprechend einem abnehmenden Limit der maximal übertragbaren Seitenkraft an der Vorderachse. Der entsprechende Bereich ist in rot hinterlegt.

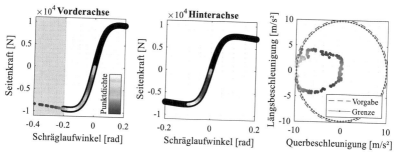

Abbildung 8.4 Seitenkräfte und GG-Diagramm für simulierte Fahrten bei zu hoher Geschwindigkeitsvorgabe

Für die Applikation des künstlichen neuronalen Netzwerkes hat dies zur Folge, dass in diesem Streckenabschnitt die zuvor erlernten Zusammenhänge aus Stellaktivität und Fahrzeugreaktion ihre Gültigkeit verlieren. Zur Veranschaulichung sind in Abbildung 8.5 die Verläufe des Trainingsfehlers über 100 Runden sowie des gestellten Lenkradwinkels jeweils über dem Streckenmeter dargestellt.

Anhand des Trainingsfehlers wird die zuvor beschriebene Problematik deutlich. Im rot hinterlegten Streckensegment kann das Netzwerk den Fehler nicht reduzieren. Es erfolgt zunächst eine sukzessive Steigerung bis das annähernd doppelte Fehlerniveau im Vergleich zum Basisregler erreicht wird. Anschließend wird das hohe Fehlerniveau wieder leicht abgebaut und verbleibt in der Spitze auf ca. $-0.3 rad/s$. Auch auf den geraden Teilabschnitten ohne Lenkwinkel wird der Fehler leicht erhöht.

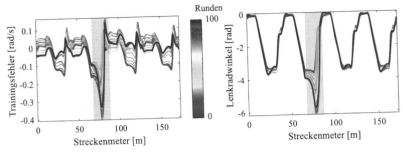

Abbildung 8.5 Querablage und Lenkradwinkel für simulierte Fahrten bei zu hoher Geschwindigkeitsvorgabe

Dagegen wird der Trainingsfehler in den Kurvensegmenten, die mit minimal geringerem Dynamikpotential durchfahren werden, reduziert. Im kritischen Teilabschnitt der Strecke ist ein sich sukzessive erhöhender Winkel erkennbar. Dieser wird in den letzten Runden der Simulation wieder leicht reduziert, bleibt aber auf vergleichbar hohem Niveau.

Aufgrund des unterschiedlichen Systemverhaltens sowie der mangelnden Einflussnahme auf die angeforderte Längsdynamik stellt eine Überschätzung des maximal verfügbaren Dynamikpotentials die Regelstrategie und das Lernproblem des neuronalen Netzwerkes vor eine große Herausforderung. Die implementierten Metriken verhindern einerseits eine Destabilisierung des Netzwerkes, können jedoch die verringerte Performanz, die aus der zu hoch angenommenen Wunschgeschwindigkeit resultiert, nicht gänzlich verhindern. Positiv ist zu werten, dass die negative Einflussnahme auf den Trainingsprozess nicht zu einer ganzheitlichen Destabilisierung auf den folgenden Streckensegmenten führt, sondern auch weiterhin in Teilabschnitten der Strecke der Trainingsfehler reduziert werden kann. Dennoch wird für die nachfolgenden Untersuchungen sowie die im Folgekapitel durchgeführten Fahrversuche eine Sicherheitsmarge in Bezug auf das maximale Dynamikpotential berücksichtigt.

8.2　Lernen auf Strecken mit komplexer Streckengeometrie

Die bisherigen Untersuchungen waren auf eine einzige Strecke mit einer sehr einfachen Streckengeometrie fokussiert. Dies hat den Vorteil für Simulationen und spätere Fahrversuche, einerseits die Eignung unterschiedlicher Algorithmen, Parameter und Netzwerkarchitekturen in einem übersichtlichen Zustands- und Aktionsraum untersuchen und bewerten zu können. Anderseits bildet die betrachtete Strecke mit ca. 173m Länge und ausschließlich einseitig gerichteten Kurven mit vergleichbaren Radien nur einen sehr begrenzten Raum potentieller Fahrzustände ab, der für eine ganzheitliche Betrachtung fahrdynamischer Anregungen nicht ausreicht. Aus diesem Grund werden im folgenden Abschnitt Simulationen für die Rennstrecken Autodrom Most sowie Autódromo Internacional do Algarve durchgeführt. Die Streckenverläufe sowie GG-Diagramme sind in Abbildung 8.6 dargestellt.

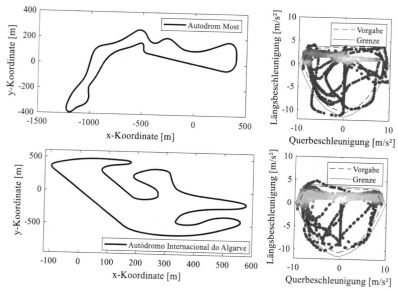

Abbildung 8.6 Streckenführung und GG-Diagramme für die Rennstrecken in Most und Portimao

Im Vergleich zu den bisherigen Untersuchungen wird deutlich, dass die beiden Rennstrecken einen deutlich erweiterten Aktions- und Zustandsraum abbilden und die Komplexität des Lernproblems für das neuronale Netzwerk entsprechend ansteigt. Beide Strecken verfügen über eine hohe Anzahl unterschiedlicher Streckensegmente mit Kurvenkombinationen, Lastwechseln und langen Geraden mit hohen Geschwindigkeiten. Entsprechend wird im GG-Diagramm eine hohe Ausnutzung des zur Verfügung stehenden Dynamikpotentials deutlich. Wie im vorherigen Abschnitt erläutert, wird eine Sicherheitsmarge bei der Vorgabe des maximalen Dynamikpotentials berücksichtigt. Diese beträgt ca. 8%. Die in der Simulation generierten Werte zeigen eine gute Übereinstimmung mit den von der Planung vorgegebenen Grenzen. Insbesondere in Bereichen, in denen nahezu ausschließlich Querbeschleunigungen wirken, werden die maximal angenommenen Grenzen nicht überschritten. In Längsrichtung kommt es abschnittsweise aufgrund unzureichender Modellierung für beide Rennstrecken zu Überschreitungen der vorgegebenen Grenzen. Da das Lernproblem des neuronalen Netzwerkes für querdynamische Anregungen betrachtet wird, soll dieser Fehler jedoch nicht im Detail diskutiert werden.

Für die folgenden Untersuchungen wird, analog zum vorherigen Abschnitt, ein 12-25-1 Netzwerk gewählt, welches mit dem GDM Verfahren trainiert und dessen Gewichte zwischen ±0.1 initialisiert wurden. Die initiale Gewichtskonfiguration ist dabei identisch für beide Rennstrecken sowie die vorherigen Simulationen auf der quadratischen Strecke. In Abbildung 8.7 sind die Entwicklungen des mittleren quadratischen Fehlers und der Frobenius Norm für beide Strecken aufgetragen. Zusätzlich sind in Tabelle 8.1 detailliertere Simulationsergebnisse dargestellt.

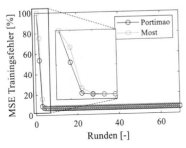 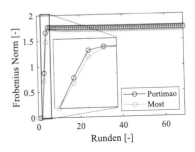

Abbildung 8.7 Entwicklung von MSE des Trainingsfehlers und Frobenius Norm für Simulationen auf den Rennstrecken Most und Portimao über mehrere Runden

Das grundsätzliche Verhalten des Trainingsfehlers ähnelt sich für beide Strecken. Innerhalb der ersten Runde ist ausschließlich der Basisregler aktiv und der resultierende Fehler über die Runde wird als Vergleichsmetrik herangezogen. Ab der zweiten Runde wird jeweils das Netzwerk aktiv geschaltet. Sowohl die Abbildung als auch die Ergebnisse in der Tabelle machen deutlich, dass der Fehler innerhalb der ersten Runden stark reduziert und anschließend auf niedrigem Niveau gehalten wird. Dabei erfährt die Gewichtsnorm zunächst eine starke Anpassung, die gemittelt pro Runde analog zum Fehler ab der 5. Runde für beide Rennstrecken keine

Tabelle 8.1 Simulationsergebnisse für die Rennstrecken in Most und Portimao für den Basisregler (1. Runde) sowie einen Regler mit aktiv unterstützendem KNN

Gütemetrik	Einheit	1. Runde	2. Runde	3. Runde	4. Runde	5. Runde	10. Runde	20. Runde	30. Runde	40. Runde
Autodrom Most										
$max(\lvert d_y\rvert)$	$[m]$	0.8841	0.7546	0.3515	0.2540	0.2415	0.2423	0.2408	0.2401	0.2400
$\overline{\lvert d_y\rvert}$	$[m]$	0.2993	0.2660	0.1147	0.0668	0.0642	0.0790	0.0793	0.0793	0.0791
$MSE(d_y)$	$[m]$	0.1351	0.1041	0.0209	0.0076	0.0069	0.0091	0.0092	0.0092	0.0091
$max(\lvert E_{KNN}\rvert)$	$[rad/s]$	0.1620	0.1663	0.1030	0.0829	0.0818	0.0649	0.0641	0.0640	0.0641
$\overline{\lvert E_{KNN}\rvert}$	$[rad/s]$	0.0513	0.0453	0.0209	0.0147	0.0139	0.0151	0.0150	0.0150	0.0150
$MSE(\lvert E_{KNN}\rvert)$	$[rad^2/s^2]$	0.0048	0.0036	0.00077	0.00038	0.00034	0.00035	0.00035	0.00035	0.00035
Autódromo Internacional do Algarve										
$max(\lvert d_y\rvert)$	$[m]$	0.9511	0.8749	0.4490	0.3059	0.2947	0.2902	0.2879	0.2854	0.2872
$\overline{\lvert d_y\rvert}$	$[m]$	0.3438	0.2706	0.1034	0.0822	0.0816	0.0802	0.0799	0.0798	0.0803
$MSE(d_y)$	$[m]$	0.1731	0.1151	0.0180	0.0115	0.0113	0.0110	0.0109	0.0108	0.0110
$max(\lvert E_{KNN}\rvert)$	$[rad/s]$	0.1568	0.1439	0.0672	0.0820	0.0781	0.0748	0.0746	0.0739	0.0741
$\overline{\lvert E_{KNN}\rvert}$	$[rad/s]$	0.0610	0.0437	0.0173	0.0155	0.0154	0.0151	0.0151	0.0151	0.0151
$MSE(\lvert E_{KNN}\rvert)$	$[rad^2/s^2]$	0.0062	0.0033	0.00054	0.00043	0.00041	0.00040	0.00039	0.00039	0.00039

signifikanten Änderungen mehr aufzeigt. Die Tabelle zeigt ebenfalls, dass sowohl Querablage als auch Trainingsfehler über die ersten Runden zunächst stark abgebaut werden, um in der Folge auf annähernd konstantem Niveau eine hohe Regelgüte bereitzustellen.

Im letzten Schritt soll sichergestellt werden, dass das Netzwerk die wesentlichen Zusammenhänge zwischen Modellfehler und eigener Stellaktivität erlernt und sich nicht kontinuierlich an den jeweiligen Systemzustand anpasst. Dazu wird im ersten Schritt in Abbildung 8.8 die Entwicklung der Frobenius Norm über dem Streckenmeter aufgetragen, anstatt wie zuvor über den zurückgelegten Runden.

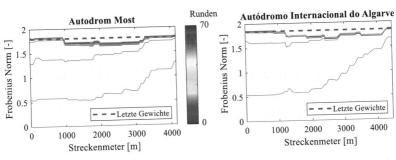

Abbildung 8.8 Entwicklung der Frobenius Norm für Simulationen für die Rennstrecken Most und Portimao über mehrere Runden

Für die Simulationen beider Rennstrecken wächst die Frobenius Norm zunächst stark und kontinuierlich an. In der Folge ändert sich das Gewichtsniveau auf unterschiedlichen Streckenabschnitten geringfügig, über das Mittel der jeweilig zurückgelegten Runde jedoch in nahezu vernachlässigbarer Weise. Die punktuellen Änderungen der Frobenius Norm können mit Blick auf die Tabelle mit verbleibenden Restfehlern erklärt werden, die oberhalb der Fehlerschranken liegen. Das Netzwerk lernt entsprechend in einigen Streckensegmenten kontinuierlich weiter, auch wenn die Ablagen und Trainingsfehler über die Runden gemittelt im Laufe des Trainings unterhalb der implementierten Fehlerschranken liegen. Um aufzuzeigen, dass diese Anpassungen ausschließlich geringfügigen Einfluss auf das Stellverhalten des Netzwerkes haben und auch nach Festhalten eines finalen Gewichtsniveaus die reine Vorwärtspropagation eine deutliche Verbesserung der Regelgüte im Vergleich zum Basisregler bereitstellt, sind in Abbildung 8.9 die Verläufe der Querablage für drei unterschiedliche Runden über dem Streckenmeter dargestellt.

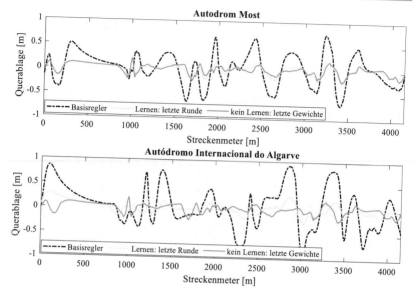

Abbildung 8.9 Querablage über dem Streckenmeter für Simulationen auf den Rennstrecken Most und Portimao. Aufgetragen sind die Ergebnisse für den Basisregler, ein iterativ lernendes Netz in der letzten Runde sowie ein ausführendes Netz mit den Gewichten des finalen Trainingsschritts

Zunächst ist der Verlauf der Querablage ohne Wirken des neuronalen Netzwerkes dargestellt (schwarz). Es wird deutlich, dass der Inversionsregler in der Lage ist, das Fahrzeug trotz hoher Dynamik zu stabilisieren. Jedoch treten auf beiden Strecken erhöhte Ablagen auf. So beträgt die mittlere Querablage für die Rennstrecke in Most $0.2993m$, für die Rennstrecke in Portimao $0.3438m$. Die hellgrauen Linien stellen jeweils die letzte simulierte Runde mit aktivem Netzwerktraining dar. Das bedeutet, dass abschnittsweise weitere Anpassungen der Netzwerkgewichte erfolgen. Dies geschieht auch nach 70 zurückgelegten Runden für beide Strecken, wie Abbildung 8.8 deutlich macht. Für den Fehler stellt sich eine deutliche Reduktion im Vergleich zum Basisregler ein. Zuletzt wird das iterative Training des Netzwerkes beendet und eine Runde mit der letzten Gewichtskonfiguration der vorherigen Runde zurückgelegt. Diese ist in Form der Frobenius Norm in Abbildung 8.8 jeweils als rot gestrichelte Linie dargestellt. Für die Simulation bedeutet dieser Zustand, dass das Netzwerk über die gesamte Runde mit dem zuvor erlernten Wissen eine Verbesserung des Führungsverhaltens bereitstellen muss, ohne lokale Optimierungen durchzuführen. Es wird deutlich, dass das Niveau des Fehlers dennoch gering bleibt und eine erhebliche Verbesserung zum Basisregler generiert werden kann. Entsprechend zeigt der Ansatz ebenfalls das Potential, ein ohne Vorwissen ausgestattetes neuronales Netzwerk im geschlossenen Regelkreis in einen Zustand zu überführen, der trotz komplexer Streckengeometrie und Systemdynamik ein für den betrachteten Aktionsraum optimiertes Führungsverhalten bereitstellen kann.

8.3   Adaptive Fahrdynamikregelung in fehlerbehafteten Systemzuständen

Neben Fehlern, die aus komplexeren Operationsbereichen resultieren, spielt das Systemverhalten bei ungenauer Identifikation von Modellparametern eine wichtige Rolle. Ein modellbasierter Regelungsansatz benötigt eine hinreichend genaue Identifikation der relevanten Systemparameter, um ein hohes Maß an Regelgüte bereitstellen zu können. Gleichzeitig muss der Ansatz robust sein, um Änderungen, die beispielsweise in Folge von Verschleiß auftreten, im Rahmen eines akzeptablen Toleranzbandes ausgleichen zu können. Für diesen Fall soll das Potential des iterativ lernenden neuronalen Netzwerkes untersucht werden. Darüber hinaus wird die Fahrzeugreaktion und Rückführgeschwindigkeit auf eine gewünschte Solltrajektorie sowie die Robustheit des Netzwerktrainings bei sprunghaft aufgeschalteten Fehleingriffen analysiert.

8.3.1   Fehler aus unzureichender Systemidentifikation

In den bisherigen Untersuchungen erfolgte die Simulation mit einem vereinfachten, aber gut identifizierten invertierten Modell der abgebildeten Regelstrecke. Die beobachteten Regelfehler resultierten primär aus vereinfachten Annahmen bei der Umsetzung des invertierten Modells, wie beispielsweise der Annahme linearer Kraftübertragung am Reifen, wohingegen für die Regelstrecke ein nichtlinearer Zusammenhang über ein Pacejka Reifenmodell angenommen wird. Auch die Erweiterung um ein Wankmodell wird im invertierten Modell vernachlässigt. Dennoch konnte eine hohe Regelgüte erzielt werden, da mit Hilfe des neuronalen Netzwerkes Fehler aufgrund getroffener Vereinfachungen kompensiert werden können. Um die Komplexität des Lernproblems für das neuronale Netzwerk weiter zu erhöhen, werden im folgenden Abschnitt neben den beschriebenen Vereinfachungen auch unzureichend identifizierte Parameter für das in der Regelung verwendete Fahrzeugmodell herangezogen. Im realen Fall könnten dies beispielsweise abgefahrene

Reifen oder variierende Beladungszustände sein, die durch die Regelstrategie robust ausgeglichen werden müssen, um auch bei einer vom Optimalzustand abweichenden Regelstrecke die erforderliche Führungsgenauigkeit bereitstellen zu können.

Für die folgenden Simulationen werden das Gierträgheitsmoment J_z, die Schwerpunktlage in Relation zu den Achsen l_v und l_h, die Schräglaufsteifigkeiten c_{sv} und c_{sh} und die Lenkübersetzung i_L im Vergleich zur Regelstrecke zwischen +30% und −50% variiert. Die angenommene Parametervariation ist in Abbildung 8.10 dargestellt.

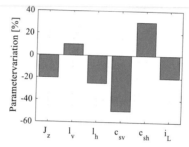

Abbildung 8.10 Gewählte Abweichung der für den Inversionsregler herangezogenen Parameter im Vergleich zur Regelstrecke

Die Untersuchungen werden auf insgesamt sechs unterschiedlichen Strecken durchgeführt. Das implementierte Netzwerk ist zu den Untersuchungen in den Abschnitten 8.1 und 8.2 identisch. Die Betrachtung einer Vielzahl unterschiedlicher Strecken mit variabler Streckengeometrie und Dynamik soll aufzeigen, dass ein identisches Netzwerk ohne Vorwissen über die Streckenbeschaffenheit, die Systemdynamik, die Modellgüte und den Einfluss der eigenen Stellaktivität auf die Fahrzeugreaktion in der Lage sein kann, sich im geschlossenen Regelkreis an ein Wunschverhalten anzunähern. Die für die Untersuchungen betrachteten Strecken sind in Abbildung 8.11 dargestellt, die zugehörigen GG-Diagramme sind im Anhang in Abbildung E.1 im elektronischen Zusatzmaterial aufbereitet.

In der oberen Zeile sind geometrisch anspruchsvolle Strecken mit komplexerer Streckengeometrie dargestellt. Zu erkennen sind die zuvor betrachteten Rennstrecken in Most und Portimao, sowie eine weitere Handlingsstrecke. In der unteren Zeile sind geometrisch einfachere, kürzere Strecken gezeigt, die nur sehr begrenzte Teilabschnitte des Zustandsraum abbilden können. Der Vorteil dieser Strecken liegt jedoch in reproduzierbaren Abschnitten, die mit hoher Frequenz simuliert werden können und so auch für den realen Fahrversuch die Option bieten, viele Runden

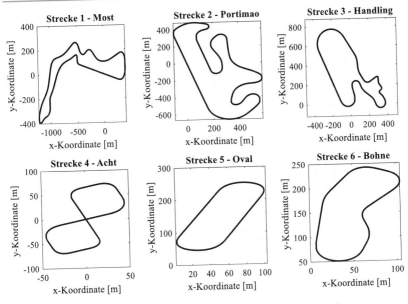

Abbildung 8.11 Für die Simulationen in Abschnitt 8.3.1 betrachtete Strecken

am Stück aufzeichnen zu können. Diese Option ist für die Strecken in der oberen Zeile aufgrund der Streckenlänge zwischen 2970m und 4455m in der Realität nur eingeschränkt darstellbar.

Die nachfolgenden Untersuchungen werden bei hoher Dynamik, jedoch nicht am fahrdynamischen Limit durchgeführt, da eine Destabilisierung aufgrund der Parameterunsicherheiten wahrscheinlich ist. Das Dynamikpotential wird mit 85% der vom Trajektorienplaner berechneten Grenze angenommen. Die Simulationsergebnisse sind in Tabelle 8.2 dargestellt sowie in Abbildung 8.12 am Beispiel der Querablage visualisiert.

In der Tabelle sind die Ergebnisse für die Maximalwerte der vorzeichenbereinigten Querablage, die über die jeweilige Runde gemittelten Querablagen, die Maximalwerte der vorzeichenbereinigten Trainingsfehler sowie die über die jeweilige Runde gemittelten Trainingsfehler für die sechs zuvor dargestellten Strecken aufgeführt. Um die Entwicklung aufzuzeigen, sind die Ergebnisse für die 1. (ohne Netz), 2., 3., 5., 10., 20., 40 und 60. Runde dargestellt.

Der negative Einfluss der fehlerbehafteten Modellparameter wird offensichtlich, wenn die Ergebnisse für Strecke 1 (Autodrom Most) mit den Ergebnissen des vor-

Tabelle 8.2 Simulationsergebnisse für die in Abbildung 8.11 dargestellten Strecken bei fehlerhafter Parametrierung des Inversionsreglers entsprechend Abbildung 8.10

	Runde	Strecke 1	Strecke 2	Strecke 3	Strecke 4	Strecke 5	Strecke 6
Maximale Querablage [m]	1. Runde	1.2914	1.3118	1.8499	0.4532	0.4541	0.8006
	2. Runde	0.9613	1.2107	1.6214	0.4530	0.4105	0.8015
	3. Runde	0.2433	0.2646	0.2710	0.4575	0.3375	0.7422
	5. Runde	0.2173	0.2499	0.2223	0.3968	0.3145	0.4650
	10. Runde	0.1975	0.2442	0.2154	0.1273	0.1141	0.1101
	20. Runde	0.1902	0.2341	0.2062	0.1233	0.0976	0.1085
	40. Runde	0.1841	0.2254	0.2006	0.1215	0.0974	0.1083
	60. Runde	0.1815	0.2217	0.1985	0.1215	0.0974	0.1083
Mittlere Querablage [m]	1. Runde	0.4326	0.4790	0.4542	0.1493	0.2597	0.2149
	2. Runde	0.2841	0.2752	0.3042	0.1442	0.2513	0.2078
	3. Runde	0.0628	0.060	0.0857	0.1427	0.2335	0.1909
	5. Runde	0.0517	0.0539	0.0778	0.1201	0.1726	0.1253
	10. Runde	0.0542	0.0530	0.0757	0.0527	0.0555	0.0432
	20. Runde	0.0528	0.0520	0.0731	0.0482	0.0440	0.0401
	40. Runde	0.0518	0.0506	0.0713	0.0483	0.0438	0.0399
	60. Runde	0.0513	0.0499	0.0707	0.0484	0.0439	0.0399
Maximaler Trainingsfehler [rad/s]	1. Runde	0.2047	0.2052	0.2138	0.1360	0.1649	0.1723
	2. Runde	0.1683	0.2221	0.2379	0.1323	0.1551	0.1609
	3. Runde	0.0638	0.0725	0.1206	0.1323	0.1272	0.1370
	5. Runde	0.0622	0.0691	0.1161	0.1222	0.0695	0.0793
	10. Runde	0.0670	0.0638	0.1114	0.0623	0.0220	0.0265
	20. Runde	0.0661	0.0602	0.1084	0.0752	0.0176	0.0259
	40. Runde	0.0651	0.0583	0.1057	0.0748	0.0173	0.0257
	60. Runde	0.0646	0.0578	0.1047	0.0738	0.0173	0.0257
Mittlerer Trainingsfehler [rad/s]	1. Runde	0.0792	0.0938	0.0993	0.0425	0.0670	0.0755
	2. Runde	0.0522	0.0467	0.0596	0.0433	0.0624	0.0725
	3. Runde	0.0182	0.0181	0.0228	0.0416	0.0581	0.0624
	5. Runde	0.0176	0.0185	0.0220	0.0329	0.0416	0.0389
	10. Runde	0.0186	0.0181	0.0219	0.0196	0.0208	0.0229
	20. Runde	0.0189	0.0184	0.0218	0.0221	0.0179	0.0224
	40. Runde	0.0191	0.0183	0.0215	0.0224	0.0179	0.0223
	60. Runde	0.0191	0.0183	0.0215	0.0224	0.0179	0.0223

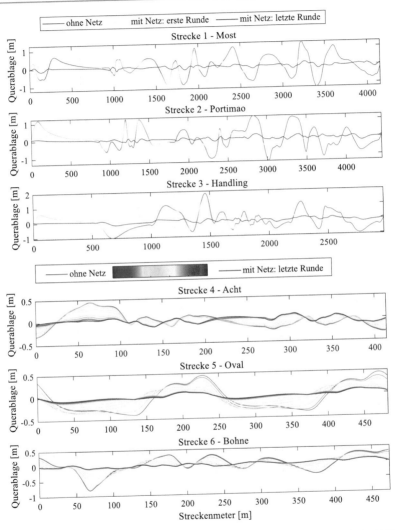

Abbildung 8.12 Entwicklung der Querablagen über dem Streckenmeter für die in Abbildung 8.11 dargestellten Strecken bei fehlerhafter Parametrierung des Inversionsreglers entsprechend Abbildung 8.10

angegangenen Teilabschnittes (Tabelle 8.1) verglichen werden. Trotz Simulationen bei verminderter Dynamik stellt sich für den Fall ohne neuronales Netzwerk eine um 46% höhere maximale Querablage ein sowie eine Erhöhung der über die erste Runde gemittelten Querablage von 44.5%. Bei Aktivierung des neuronalen Netzwerkes wird das Führungsverhalten bereits innerhalb der ersten Runde deutlich verbessert. So treten im Vergleich zu den vorherigen Untersuchungen im Laufe der ersten Runde noch um 8.7% erhöhte maximale Ablagen auf. Die mittlere Querablage wird im Vergleich zur Basisregelkonfiguration ohne Modellfehler jedoch bereits um 5% reduziert. In der Folge zeigen sich geringe Ablagen und Trainingsfehler, die mit dem Niveau der vorangegangenen Untersuchungen ohne fehlerbehafteter Parametrierung vergleichbar sind, auch wenn diese mit geringfügig höherer Dynamik durchgeführt wurden.

Ein ähnliches Bild zeigt sich für jede der betrachteten Strecken. Initial werden aufgrund der Parametrierungsfehler hohe Ablagen generiert, die vom Netzwerk sukzessive ausgeglichen und auf ein niedriges Fehlerniveau überführt werden. Darüber hinaus verdeutlichen sowohl die Tabelle, als auch Abbildung 8.12, dass für die Strecken mit komplexer Streckengeometrie weniger Runden benötigt werden, um ein Fehlerniveau nahe des finalen Zustands zu erreichen. Dies ist aufgrund der Streckenlänge, in der mehr Trainingsiterationen durchgeführt werden, sowie des höheren initialen Trainingsfehlers, der zu einer erhöhten Anregung und entsprechend schnelleren Gewichtsanpassung führt, nachvollziehbar.

Die Untersuchungen haben das Potential der betrachteten, adaptiven Regelstrategie aufgezeigt, ohne jegliches Vorwissen ein vereinfachtes und schlecht parametriertes Modell in einen performanten Fahrdynamikregler mit hoher Regelgüte zu überführen. Dabei wurden gleiche Ausgangsbedingungen für das neuronale Netzwerk gewählt und erhebliche Verbesserungen für jede der betrachteten Strecken erzielt. Im letzten simulativen Schritt, soll in Abschnitt 8.3.2 das Antwortverhalten des betrachteten neuronalen Netzwerkes und des Fahrdynamikreglers auf spontan initiierte Lenkfehler untersucht werden.

8.3.2 Sprunghaft aufgeschaltete Fehler

Neben Fehlzuständen, die sich schleichend durch Komponentenverschleiß einstellen oder Fehlern, die aus einer Veränderung am Fahrzeug hervorgehen, können Fehler, die aus Bauteil- oder Softwareversagen resultieren, für die autonome Fahrzeugführung kritisch sein. Da ein solcher Fehlzustand potentiell spontan und mit hoher Dynamik auftreten kann, muss das Regelsystem in der Lage sein, die aus dem Fehler resultierende Fahrzeugreaktion zu stabilisieren. Des Weiteren muss das

Fahrzeug trotz Systemschädigung in einen sicheren Zustand überführt werden, also potentiell trotz aufgetretener Systemdegradation für einen gewissen Zeitraum mit möglichst hoher Regelgüte auf einer gewünschten Trajektorie bewegt werden.

Das grundsätzliche Potential eines iterativ trainierten neuronalen Netzwerkes, sich mit hoher Geschwindigkeit an neue Systemzustände zu adaptieren, wurde in den vorherigen Abschnitten bereits aufgezeigt. Außerdem wurde beispielsweise in [158, 159] die grundsätzliche Eignung neuronaler Netzwerke zum Ausgleich von Systemfehlern diskutiert. In diesen Arbeiten wurde der Fokus auf einen möglichst schnellen Ausgleich des Fehlers gelegt. Hier sollen nun neben einer schnellen Fehleradaption zudem die Randbedingungen eines stabilen Langzeitbetriebs, die Einschränkungen durch Netzwerkregularisierung sowie der Konflikt zwischen schnellem Fehlerausgleich und langfristiger Systemverbesserung betrachtet und diskutiert werden. Dazu wird auf die Simulation ein synthetischer, sprunghaft aufgetragener Fehler auf den Lenkradwinkel aufgeschaltet und temporär im System gehalten. Der Fehler von 90° wirkt hinter dem Fahrdynamikregler zwischen Regler und Regelstrecke, so dass die Regelstrecke initial destabilisiert wird und die Fahrzeugreaktion durch den kaskadierten Regler ausgeglichen werden muss. Die Untersuchungen werden simulativ für die Rennstrecke Autódromo Internacional do Algarve bei unterschiedlichen Geschwindigkeitsprofilen durchgeführt. In Abbildung 8.13 sind die unterschiedlichen Geschwindigkeitsprofile sowie die Auf- und Abschaltung des Fehlers in Relation zur Strecke dargestellt.

Die Variation der vorgegebenen Sollgeschwindigkeitsprofile ermöglicht es, den Einfluss der Systemdynamik in Kombination mit den sprunghaft aufgeschalteten Fehlern zu analysieren. Die Ergebnisse für Simulationen mit hoher Dynamik (Geschwindigkeitsprofil 1) und ohne unterstützendes neuronales Netzwerk sind in Abbildung 8.14 dargestellt. Die Ergebnisse für die weiteren Geschwindigkeitsprofile sowie die Untersuchungen mit aufgeschaltetem neuronalen Netzwerk zeigt Tabelle 8.3.

Der Fehler wird zu Beginn der Start-Ziel-Geraden bei Streckenmeter 150 auf den Lenkradwinkel geschaltet und verbleibt bis zu Beginn der Gegengerade im System. Neben der initialen Stabilisierung des Fahrzeuges müssen entsprechend auch mehrere Kurven durchfahren werden, ohne die Streckenbegrenzungen zu verlassen. Das Aufschalten des Fehlers ist durch einen hellgrauen, kreisförmigen Marker gekennzeichnet, die Herausnahme des Fehlers mit einem entsprechenden schwarzen Marker dargestellt. Der Bereich, in dem der Systemfehler aktiv ist, wird zusätzlich durch gestrichelte graue Linien markiert. In der Simulation zeigt sich, dass die Querablage initial nach Aufschalten des Systemfehlers bis auf $2m$ anwächst und im Anschluss ein gedämpfter Abbau der Querablage auf dem geraden Streckenabschnitt erfolgt. Beim Einfahren in die folgende Kurvenkombination wird jedoch deutlich, dass die

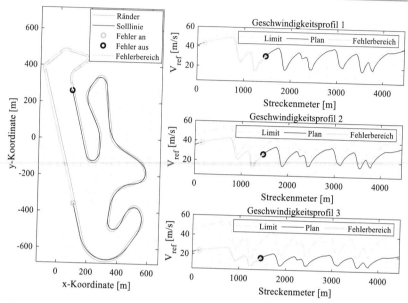

Abbildung 8.13 Wegpunkte an denen der Fehler auf- und abgeschaltet wird sowie für die Simulationen betrachtete Geschwindigkeitsverläufe für die Rennstrecke in Portimao

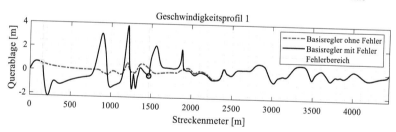

Abbildung 8.14 Querablage über dem Streckenmeter für eine simulierte Runde auf der Rennstrecke in Portimao bei aufgeschaltetem Fehler und fehlerfreier, grenzbereichsnaher Fahrt mit dem Basisregler ohne künstliches neuronales Netzwerk

zunächst abgebaute Querablage nicht auf geringem Niveau gehalten werden kann und der im System verbleibende Fehler zu deutlich erhöhten Ablagen beim Durchfahren der Kurven führt. Der Basisregler muss in dem betrachteten Fall einerseits den aufgeschalteten Fehler kompensieren, andererseits auch die Fahrdynamikregelung beim Durchfahren der Kurven mit hoher Geschwindigkeit und hoher Regelgüte bewerkstelligen.

Tabelle 8.3 Maximale und mittlere Querablage für unterschiedliche simulierte Streckenabschnitte und Runden auf der Rennstrecke in Portimao. Betrachtet werden unterschiedliche Trainingsparameter und Verfahren bei sprunghafter Auf- und Abschaltung eines Lenkradwinkeloffsets von 90°

| Streckenabschnitt | | Maximale Querablage [m] | | | | | | Mittlere Querablage [m] | | | | | |
| | | Fehlerbereich | | | restliche Strecke | | | Fehlerbereich | | | restliche Strecke | | |
Gütemetrik	Runde	1. V-Profil	2. V-Profil	3. V-Profil	1. V-Profil	2. V-Profil	3. V-Profil	1. V-Profil	2. V-Profil	3. V-Profil	1. V-Profil	2. V-Profil	3. V-Profil
ohne KNN, ohne Fehler		0.6756	0.3801	0.0896	0.7874	0.4303	0.0674	0.2101	0.0999	0.0147	0.2908	0.1481	0.0233
ohne KNN, mit Fehler		3.7921	3.3264	1.4154	1.8561	0.4303	0.0913	1.0730	0.8887	0.3160	0.3370	0.1608	0.0250
GDM, $\mu = 0.0002$	1. Runde	2.1691	2.0269	1.3978	1.2422	0.9607	0.3149	0.5940	0.5090	0.2348	0.1237	0.1032	0.0441
	2. Runde	1.9252	1.8185	1.3242	1.0908	0.8661	0.3454	0.3990	0.3506	0.1684	0.0909	0.0800	0.0446
	5. Runde	1.6428	1.4411	0.9505	0.7918	0.7193	0.3127	0.3263	0.2671	0.1047	0.0796	0.0656	0.0454
	15. Runde	1.5953	1.4240	0.8554	0.7485	0.6920	0.2675	0.3127	0.2592	0.1007	0.0800	0.0632	0.0424
	30. Runde	1.5908	1.4037	0.8550	0.7473	0.6842	0.2654	0.3116	0.2577	0.1005	0.0800	0.0627	0.0418
GDM, $\mu = 0.002$	1. Runde	1.6226	1.6720	1.2541	0.6993	0.3905	0.1514	0.2484	0.1695	0.0894	0.0766	0.0522	0.0306
	2. Runde	1.1107	1.1405	0.9546	0.1818	0.1482	0.1475	0.1672	0.1353	0.0589	0.0566	0.0391	0.0316
	5. Runde	1.0529	1.0398	0.8119	0.1836	0.1090	0.1807	0.1666	0.1253	0.0579	0.0582	0.0396	0.0423
	15. Runde	1.0515	1.0315	0.7913	0.1845	0.1265	0.1871	0.1653	0.1266	0.0605	0.0579	0.0391	0.0436
	30. Runde	1.0525	1.0346	0.7922	0.1831	0.1330	0.1899	0.1657	0.1275	0.0604	0.0579	0.0390	0.0437
Adam	1. Runde	1.4358	0.8812	0.9158	0.7335	0.4067	0.0872	0.4126	0.1651	0.0877	0.0769	0.0604	0.0234
	2. Runde	1.4450	0.8801	0.7623	0.1942	0.2230	0.1001	0.3869	0.1670	0.1009	0.0587	0.0536	0.0222
	5. Runde	1.3718	0.8289	0.6864	0.1992	0.2184	0.0875	0.3490	0.1529	0.0827	0.0573	0.0521	0.0231
	15. Runde	1.3688	0.8305	0.7037	0.1988	0.2161	0.0874	0.3478	0.1523	0.0870	0.0571	0.0522	0.0208
	30. Runde	1.3787	0.8474	0.7028	0.1973	0.2073	0.0963	0.3555	0.1562	0.0929	0.0574	0.0523	0.0229

Die Parameter des Basisreglers sind für einen Operationsbereich optimiert, der sowohl im linearen als auch grenzbereichsnahen Dynamikbereich in der Lage ist, das Fahrzeug auf einer gewünschten Trajektorie zu bewegen. Der aufgeschaltete Lenkradwinkelfehler stellt vergleichbar zu den falsch identifizierten Modellparametern in Abschnitt 8.3.1 eine Verlagerung des Systems in einen Bereich dar, der vom Zustand der initial identifizierten Regelparameter divergiert. Dies führt im Fehlerfall zu deutlich erhöhten Ablagen, auch nachdem der initiale Sprung nahezu abgebaut ist. Tabelle 8.3 verdeutlicht, dass für jedes der betrachteten Geschwindigkeitsprofile ein ähnliches Verhalten beobachtet werden kann. Mit abnehmender Dynamik verringern sich die maximalen und mittleren Querablagen im Bereich mit aktiviertem Systemfehler. Jedoch bleibt insbesondere bei Geschwindigkeitsprofil 2 ein sehr hohes Fehlerniveau mit maximalen Querablagen von über $3m$ sowie einer mittleren Abweichung von $0.89m$ im Fehlerbereich. Erst im linearen Dynamikbereich mit Geschwindigkeitsprofil 3 wird die Fehleramplitude auf $1.42m$ reduziert und das fehlerbehaftete Segment mit einer akzeptablen, gemittelten Ablage von $0.32m$ durchfahren.

Bei der Implementierung des neuronalen Netzwerkes sind unterschiedliche Faktoren zu berücksichtigen. Einerseits soll der ins System induzierte Fehler möglichst schnell abgebaut werden. Auf der anderen Seite darf die Stabilität des Netzwerktrainings nicht durch eine zu schnelle Adaption der Netzwerkgewichte an den aus dem Fehler resultierenden neuen Systemzustand gefährdet werden. Entsprechend gilt es, den Konflikt langsamer Gewichtsanpassungen gegenüber höheren, aggressiveren Lernraten zu adressieren. Zu diesem Zweck wurden für die Untersuchungen drei identische Netzwerke mit unterschiedlichen Trainingsparametern trainiert. Als Netzwerk wird das bereits in den vorherigen Abschnitten beschriebene 12-25-1 Netzwerk mit einer Gewichtsinitialisierung zwischen ±0.1 gewählt. Im ersten Schritt erfolgt das Training mit dem GDM Verfahren und einer Lernrate von $\mu = 0.0002$ sowie einem Momentum Term von $\alpha = 0.9$. In Abbildung 8.15 sind die Querablagen sowie die Stellaktivität der Regelelemente dargestellt. Betrachtet wird der Basisregler sowie eine Kombination aus Regler und KNN. Die Fehleraufschaltung erfolgt in einem Fall in der ersten Runde, kurz nachdem das Netzwerk aktiviert wurde, im anderen Fall in der vierten Runde, nachdem das Netzwerk bereits grundlegende Zusammenhänge zwischen Stellaktivität und Fahrzeugverhalten sowie deren Einfluss auf die Reduktion des Trainingsfehlers erlernt hat. Dargestellt wird ausschließlich der Bereich in dem der Fehler aktiv ist sowie die Streckensegmente kurz vor und unmittelbar nach der Fehleraufschaltung.

Eine Runde beginnt mit der Einfahrt auf die Start-Ziel-Gerade. Bei der Fehleraufschaltung in der ersten aktiven Runde wird das Netzwerk entsprechend unmittelbar nach Aktivierung mit einem sprunghaft anwachsenden Trainingsfehler

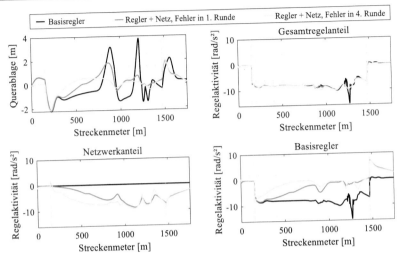

Abbildung 8.15 Querablage sowie Regelaktivität über dem Streckenmeter für den Basisregler sowie das neuronal gestützte Regelungskonzept bei hochdynamischer Fahrt

konfrontiert. Aufgrund der geringen Startgewichte und konservativ gewählten Lernrate zeigt die Abbildung, dass eine Reaktion von Seiten des Netzwerkes eintritt und die Querablage im Vergleich zum Basisregler deutlich schneller abgebaut wird, jedoch auch weiterhin hohe Querablagen im betrachteten Bereich auftreten. Der durch den Fehler induzierte Lenkradwinkeloffset wird nur langsam durch das Netzwerk kompensiert, wodurch zwischen Streckenmeter 800 und 900 bei Einfahrt in die erste Kurve weiterhin ein Offset der Basisreglerausgabe vorliegt und in der Folge höhere Ablagen resultieren. Erst im Anschluss ermöglicht das Netzwerk eine nahezu vollständige Kompensation des aufgeschalteten Fehlers, wodurch die Führungsgenauigkeit in den folgenden Kurven deutlich verbessert wird. Die hellgraue Linie stellt die Ergebnisse für Simulationen dar, in denen der Fehler erstmalig in der vierten Runde aufgeschaltet wird. Das neuronale Netzwerk konnte somit im Verlauf der vorherigen Runden die Zusammenhänge aus Stellaktivität, Fahrzeugreaktion und Trainingsfehler erlernen. Auch ohne Repräsentation des Fehlerbildes in vorherigen Trainingsdaten zeigt sich, dass ein Netzwerk, das ausschließlich auf Basis der „fehlerfreien" Umgebung vortrainiert wurde, einen schnelleren Abbau der Querablage nach Aufschalten des Fehlers bewirkt. Das finale Niveau der Netzwerkausgabe wird im Vergleich zum Netzwerk ohne Vortraining im geschlossenen Regelkreis schneller aufgebaut, wodurch der Basisregler entlastet wird und in Kombination mit dem neuronalen Netzwerk eine deutlich verbesserte Querführung

in den Kurvensegmenten erreicht wird. Tabelle 8.3 zeigt, dass sich über die simulierten Runden eine wesentliche Verbesserung der maximalen und mittleren Querablage im Vergleich zum Basisregler in dem fehlerbehafteten Streckensegment einstellt. Auch für den restlichen Teil der Strecke wird für die Geschwindigkeitsprofile
mit hoher Dynamik ein verbessertes Führungsverhalten erreicht. Für Geschwindigkeitsprofil 3 zeigt sich im Vergleich zum Basisregler eine erhöhte mittlere Querablage, die jedoch mit durchschnittlich 0.042m sehr genau ist und unterhalb der
Fehlerschranken liegt, wodurch in weiten Teilen der Strecke das Training inaktiv
ist.

In einer weiteren Untersuchung sollen die Effekte aggressiv gewählter Lernraten
auf die Kompensation sprunghaft aufgeschalteter Fehlzustände untersucht werden.
Auch wenn sich die Gefahr einer Destabilisierung des Netzwerktrainings erhöht,
zeigen die Ergebnisse aus Kapitel 7, dass mit Hilfe geeigneter Überwachungsmetriken eine Überführung in einen stabilen finalen Zustand auf einer geometrisch
einfachen Strecke möglich ist. Für die nachfolgenden Analysen wurde das bereits
beschriebene 12-25-1 Netzwerk mit dem GDM Verfahren (Lernrate: $\mu = 0.002$,
Momentum Term: $\alpha = 0.9$) sowie mit dem Adam Verfahren mit $\mu = 0.002$,
$\beta_1 = 0.5$ und $\beta_2 = 0.9999$ trainiert. Die Ergebnisse sind in Abbildung 8.16 sowie
Tabelle 8.3 dargestellt.

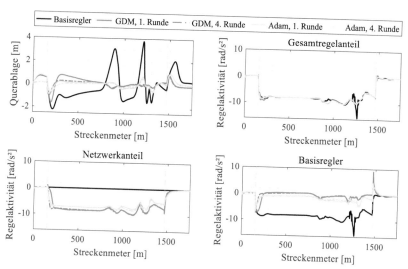

Abbildung 8.16 Querablage sowie Regelaktivität über dem Streckenmeter für den Basisregler sowie das neuronal gestützte Regelungskonzept bei hochdynamischer Fahrt und unterschiedlichen Trainingsverfahren mit hoher Lernrate

Die Abbildungen zeigen, dass die höheren Lernraten zu einem deutlich reduzierten Fehlerbild führen. Trotz der hohen Dynamik wird die Amplitude des Fehlers initial und ab der ersten Runde sowohl durch das GDM als auch das Adam Verfahren reduziert und das fehlerbehaftete Streckensegment in der Folge mit hoher Regelgüte durchfahren. Beim GDM Verfahren kommt es dabei in der ersten Runde zunächst zu einem leichten Überschwinger. In der vierten Runde wird deutlich, dass sowohl das Adam als auch das GDM Verfahren den aufgeschalteten Fehler mit geringen Ablagen kompensieren und das Fahrzeug in kurzer Zeit zurück auf die gewünschte Trajektorie führen. Mit Blick auf die Stellaktivität der unterschiedlichen Regelkomponenten zeigt sich, dass das GDM Verfahren den Offset schnell kompensiert und der Basisregler um die Nulllage wirkt. Das Adam Verfahren kompensiert den Fehler hingegen nicht vollständig, schafft es aber dennoch in Kombination mit dem Basisregler die maximale und mittlere Querablage deutlich zu reduzieren.

Tabelle 8.3 zeigt, dass die Kombination aus hoher Lernrate mit den in Kapitel 7 beschriebenen Metriken zur Netzwerküberwachung nicht nur initial, sondern auch über 30 simulierte Runden ein stabiles Netzwerktraining bereitstellen kann. Im Vergleich zum Basisregler kann durch ein aktiv lernendes Netzwerk der sprunghaft aufgeschaltete Fehler schneller abgebaut und auch in der Folge eine höhere Regelgüte bereitgestellt werden, auch wenn der Fehler temporär im System verbleibt. Neben dem Fehlerausgleich zeigt die Tabelle, dass bei hoher Dynamik in den Geschwindigkeitsprofilen 1 und 2, die durch den Basisregler weniger genau geregelt werden können, durch die Addition des Netzwerkes im Mittel eine wesentlich präzisere Fahrzeugführung ermöglicht wird, als es für den Basisregler der Fall ist. Für den linearen Dynamikbereich erreicht der Basisregler im fehlerfreien Bereich der Strecke eine hohe Genauigkeit, die unterhalb der Fehlerschranken des neuronalen Netzwerkes liegt. Im fehlerbehafteten Teil zeigt sich durch Hinzunahme des neuronalen Netzwerkes ebenfalls eine Verbesserung der Querablage.

Die Untersuchungen haben das Potential iterativ im Regelkreis trainierter Netzwerke zur Unterstützung des modellbasierten Regelansatzes aufgezeigt. Sowohl bei hoher Fahrdynamik, komplexer Streckengeometrie, ungenauer Modellbildung, aber auch bei künstlich aufgeschalteten Fehlern konnte das neuronale Netzwerk die Regelstrategie entlasten und die Regelgüte sukzessive erhöhen. Mit der Implementierung der in Kapitel 7 beschriebenen Metriken zur Netzwerküberwachung wurde das Netzwerk trotz hoher Lernraten oder destabilisierender Effekte wie großer, zyklisch aufgeschalteter Fehler in einem stabilen Zustand gehalten, der wie dargestellt, nach einigen Runden auch ohne aktives Training eine global verbesserte Lösung für eine komplexe Strecke bereitstellen kann.

Im letzten Schritt der Arbeit sollen die bisherigen Erkenntnisse im Realversuch in einem autonom operierenden Versuchsträger implementiert, getestet und bewertet werden.

Auswertung der Fahrversuche

9

Im folgenden Abschnitt wird das beschriebene neuronal gestützte Regelungskonzept im realen Versuchsträger appliziert und die gewonnenen Erkenntnisse unter Realbedingungen validiert. Der Fokus liegt auf der robusten Langzeitapplikation des neuronalen Netzwerkes im geschlossenen Regelkreis. Dabei müssen im Gegensatz zu den zuvor beschriebenen simulativen Experimenten Unsicherheiten ausgeglichen werden, die aus wechselnden Umgebungsbedingungen, Änderungen an der Regelstrecke sowie nicht modellierten Nichtlinearitäten resultieren. Zunächst wird der Versuchsträger und die verbaute Messtechnik kurz erläutert. Anschließend werden die Ergebnisse ausgewählter Fahrversuche aufbereitet.

Im Rahmen der vorliegenden Arbeit wurden Fahrversuche auf Hochreibwert, regennassem Untergrund sowie Untersuchungen bei wechselnden Bedingungen auf Schnee und Eis durchgeführt, um das Lernverhalten sowie die Robustheit des vorgestellten Regelungskonzeptes zu validieren. Abbildung 9.1 gibt einen Eindruck vom Versuchsträger bei Fahrten nahe des nördlichen Polarkreises auf einem zugefrorenen See sowie im Rahmen von Erprobungen auf den Rennstrecken Autódromo Internacional do Algarve in Portimao sowie am Autodrom Most.

Ergänzende Information Die elektronische Version dieses Kapitels enthält Zusatzmaterial, auf das über folgenden Link zugegriffen werden kann https://doi.org/10.1007/978-3-658-43109-9_9.

J. Kaste, *Künstliche neuronale Netzwerke zur adaptiven Fahrdynamikregelung*, AutoUni – Schriftenreihe 171, https://doi.org/10.1007/978-3-658-43109-9_9

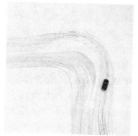 

Abbildung 9.1 Oben: Modifizierter Golf VII GTI Performance an der Rennstrecke Auto-drom Most. Links unten: Messfahrten auf einem schneebedeckten See bei Fahrten nahe des nördlichen Polarkreises. Rechts unten: Messfahrten bei sommerlichen Temperaturen an der Rennstrecke Autódromo Internacional do Algarve in Portimao

9.1 Versuchsträger und Messtechnik

Die im Rahmen der Arbeit durchgeführten Versuchsfahrten wurden in einem Golf VII GTI Performance durchgeführt. Im Vergleich zum Serienstand ist der Versuchs-träger hinsichtlich wesentlicher Komponenten modifiziert. Die für die Fahrversuche relevanten Komponenten sind in Abbildung 9.2 skizziert.

Für die hoch genaue Verortung des Versuchsträgers im Raum ist ein Intertial-messsystem *RT 4000* mit Doppelantenne verbaut. Das System ist in der Lage, die translatorische und rotatorische Bewegung des Versuchsträgers mit hoher Auflö-sung und Präzision bereitzustellen und ermöglicht es, in Kombination mit emp-fangenen Korrekturdaten aus dem *SATEL Modem*, die Fahrzeugposition sowie die Fahrzeugausrichtung mit einer Genauigkeit $\leq 0.1m$, bzw. $\leq 0.1°$ zu bestimmen [132]. Dies bildet die Grundlage zur Verortung und Fehlerbestimmung, die für eine

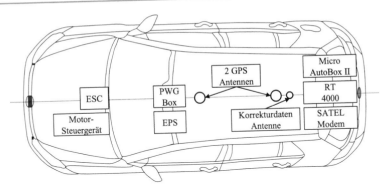

Abbildung 9.2 Übersicht der relevanten verbauten Komponenten des modifizierten Versuchsträgers

präzise Positions- und Winkelregelung des Versuchsträgers sowie zur Bestimmung der Gütemetrik für das Training des neuronalen Netzwerkes herangezogen wird.

Die *MicroAutoBox II* [39] stellt die zentrale Recheneinheit des Versuchsträgers dar. Es werden unterschiedliche Signalquellen zeitsynchron verarbeitet und die gewünschten Vorgaben für die Längs- und Querdynamikregelung berechnet. Auch das Training sowie die Ausführung des künstlichen neuronalen Netzwerkes werden auf der MicroAutoBox II durchgeführt. Des Weiteren sind die Karteninformationen der Trajektorie hinterlegt und das Matching der EGO-Position auf die entsprechende Position der hinterlegten Karte erfolgt ebenso auf der MicroAutoBox II. Neben der Applikation der beschriebenen Softwarekomponenten dient sie außerdem zum Aufzeichnen der während der Fahrversuche generierten Messdaten. Die auf der MicroAutoBox II ausgeführten Software-Bausteine werden in unterschiedlichen Task-Zeiten berechnet. So erfolgt beispielsweise die Berechnung der Ausgaben des Fahrdynamikreglers mit einer Taktung von $5ms$, die Ansteuerung der Lenkungsschnittstelle dagegen mit einer Taktzeit von $1ms$.

Um die automatische Fahrt bis in den fahrdynamischen Grenzbereich zu realisieren, kommen prototypische Komponenten für Pedal- und Lenkungsansteuerung zum Einsatz. Für die Lenkungsansteuerung der *EPS (Electric Power Steering)* wird eine Momentenschnittstelle verwendet. Der gewünschte Lenkwinkel, der durch die Querdynamikregelung angefordert wird, muss folglich in ein Lenkmoment überführt werden. Um Fahrten nahe der fahrdynamischen Grenze zu realisieren, kann die Lenkung hochdynamisch über die MicroAutoBox II angesteuert werden, um hohe Lenkmomente bis zu $14.5 Nm$ realisieren zu können.

Für die Längsdynamikregelung wurde der Serienstand des *ESC* deaktiviert. Über die ESC-Schnittstelle können jedoch mit einer prototypischen Software mit Hilfe der MicroAutoBox II unterschiedliche Bremsdrücke an jedem Rad kommandiert werden. Es lassen sich entweder alle oder bei Bedarf einzelne Räder abbremsen. Zu diesem Zweck können die berechneten Bremskräfte in Bremsdrücke umgerechnet werden. Für die Gaspedalansteuerung überführt die PWG-Box (*Pedalwertgeber*) die von der Regelung angeforderten Antriebskräfte in ein Spannungsniveau. Anschließend werden diese an das Motorsteuergerät weitergeleitet, welches eine dem Spannungsniveau entsprechende Drosselklappenstellung realisiert. Neben den beschriebenen Elementen verfügt der aufgebaute Versuchsträger über weitere prototypische Komponenten zur redundanten Lokalisierung, Absicherung und Überwachung. Da diese Elemente für die vorliegende Arbeit eine untergeordnete Rolle spielen, wird in der Folge nicht weiter darauf eingegangen.

9.2   Fahrversuche auf Hoch- und Niedrigreibwert

Die nachfolgenden Fahrversuche stellen ausgewählte Messfahrten dar, die die Erkenntnisse der Kapitel 6 bis 8 im realen Kontext untersuchen und bewerten sollen. Zunächst werden Messfahrten auf der geometrisch einfachen quadratischen Trajektorie mit unterschiedlicher Dynamik durchgeführt. Anschließend werden Messfahrten mit unterschiedlichen Aktivierungsfunktionen, Netzwerkregularisierung und künstlich aufgebrachten Fehlern auf der acht förmigen Strecke untersucht. Zuletzt werden Experimente auf Rennstrecken, in einem von Kapitel 4 abweichenden Regelungskonzept, sowie auf Niedrigreibwert betrachtet.

9.2.1   Einfache Streckengeometrie und unterschiedliche Dynamikbereiche

Im Rahmen der ersten Untersuchungen wird die neuronal gestützte Regelungsstrategie auf der quadratischen Trajektorie getestet. Die Versuchsfahrten erfolgen längs- und quergeführt für eine unterschiedliche Ausnutzung des maximalen Fahrdynamikpotentials. Abbildung 9.3 zeigt die Trajektorie sowie die für die Messfahrten herangezogenen Geschwindigkeitsprofile in Relation zu V_{max}.

Um Messfahrten in unterschiedlichen Dynamikbereichen durchzuführen, wurde das Geschwindigkeitsprofil skaliert und Messfahrten zwischen 30% bis 90% der theoretisch errechneten Maximalgeschwindigkeit realisiert. So sollen Übergänge zwischen linearem und nichtlinearem Operationsbereich stufenweise untersucht

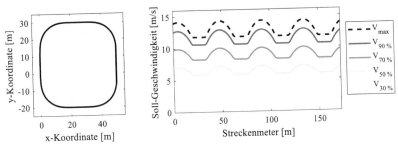

Abbildung 9.3 Trajektorie und Geschwindigkeitsprofile der Messfahrten im Testgelände Ehra-Lessien

werden. Der Basisregler wird dabei nicht geschwindigkeitsabhängig parametriert, d.h. es liegt ein fester Parametersatz vor. Für das implementierte künstliche neuronale Netzwerk wurde ein vorwärts gerichtetes 12-25-1 Netzwerk gewählt. Die Gewichte wurden zufällig zwischen ± 0.1 initialisiert. Das Training erfolgte mit dem GDM-Verfahren mit einer Lernrate von $\mu = 0.002$ und einem Momentum Faktor von $\alpha = 0.9$. Als Aktivierungsfunktion der Neuronen innerhalb der versteckten Schicht wurde die Tanh-Funktion gewählt. Während der Versuchsfahrten war das Netzwerk dauerhaft aktiv, sobald eine Geschwindigkeit von $1m/s$ überschritten wurde und die Fehlergrenzen von $|dy| > 8cm$ und $|E_{train}| > 0.01rad/s$ nicht unterschritten wurden. Die Gewichte wurden während des Trainings mit der L_2-Regularisierung bestraft, da diese Netzwerkdesignparameter in den simulativen Untersuchungen in Kapitel 8 gute Ergebnisse für unterschiedliche Szenarien erzielt haben.

   Um vergleichbare Startbedingungen zu generieren, wurde das Netzwerk bei jeder Messfahrt in der zweiten Runde beim Überqueren eines festen Streckenmeters auf den initialen Zustand zurückgesetzt. Somit hat die Regelstrategie zunächst eine Runde Zeit, um transiente Effekte nach Aktivierung der automatischen Fahrt auszugleichen und den initialen Querversatz sowie anfängliche Geschwindigkeitsfehler abzubauen. In Abbildung 9.4 sind Messergebnisse für die Versuchsfahrten abgebildet. Jede Zeile der Darstellung repräsentiert eine Fahrt mit unterschiedlichem Geschwindigkeitsprofil. Die erste Zeile entspricht einer Fahrt mit 30 prozentiger Ausnutzung des maximal errechneten Geschwindigkeitsprofils, die zweite Zeile 50%, die dritte Zeile 70% und die letzte Zeile 90%.

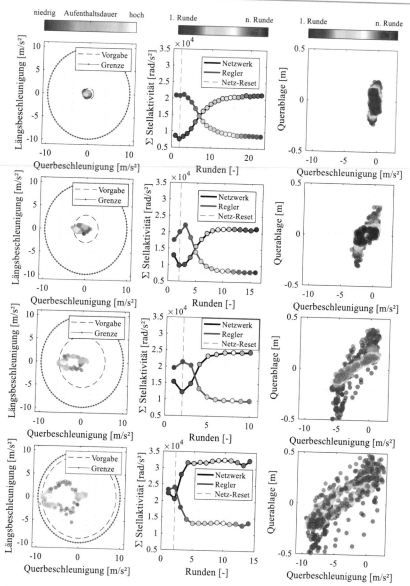

Abbildung 9.4 Messfahrten mit unterschiedlicher Fahrdynamik auf einer quadratischen Trajektorie im Testgelände Ehra-Lessien

In der linken Spalte sind die GG-Diagramme der aufgezeichneten Fahrten abgebildet. Auf der x-Achse sind entsprechend die aufgezeichneten Querbeschleunigungen aufgetragen sowie auf der y-Achse die gemessenen Längsbeschleunigungen. Dabei symbolisiert der rote Kreis die physikalische Grenze und der schwarz gestrichelte Kreis die durch das jeweilige Soll-Geschwindigkeitsprofil vorgegebenen Maxima der Wunschdynamik. Die während der Fahrversuche aufgezeichneten Messpunkte sind als farbige Punktewolke dargestellt, die entsprechend der Auftrittshäufigkeit in dem jeweiligen Dynamikbereich eingefärbt sind. So ist die Punktedichte in dunkelblauen Bereichen sehr gering, wohingegen sich der Versuchsträger häufig in gelb eingefärbten Bereichen aufhält. Aufgrund der Streckengeometrie, die ausschließlich über ähnliche Rechtskurven verfügt, ist eine einseitige Verschiebung der Fahrzeugdynamik in den Bereich negativer Querbeschleunigungen zu beobachten. In diese Richtung wird die aus der skalierten Planung resultierende Grenze als Maximum voll ausgenutzt. Die nach Auftrittshäufigkeit eingefärbte Punktewolke zeigt zudem, dass die Bereiche nahe der negativen Planungsgrenze den häufigsten Zustand des Versuchsträgers während der Fahrversuche beschreiben.

In der mittleren Spalte ist die aufsummierte Stellaktivität des Basisreglers sowie der Anteil des neuronalen Netzwerkes pro Runde über die während der Messfahrten absolvierten Runden aufgetragen. Das Konzept des lernenden Fahrdynamikreglers sieht vor, sich iterativ an den Fahrzeugzustand anzupassen und somit ohne explizites Vorwissen die Führungsgenauigkeit des Versuchsträgers mit der Zeit zu verbessern. Da der Basisregler fest parametriert ist, variiert die Regelgüte entsprechend der Komplexität der zu absolvierenden Fahraufgabe. Aufgrund des simplen Regelungsansatzes mit einem Proportionalregler in der inneren Regelkaskade, kann aus der Aktivität des Basisreglers direkt auf den Regelfehler geschlossen werden. Die Absicht ist, nach Aktivierung des neuronalen Netzwerkes den Basisregler zu entlasten und über das Netzwerk nicht modellierte Effekte und Variationen im Fahrzeugverhalten bei wechselnder Dynamik abzubilden. Im Rahmen der Messfahrten wurden die Gewichte des neuronalen Netzwerkes innerhalb der zweiten Runde auf den initialen Zustand zurückgesetzt. Die Gewichte sind nach dem Netzreset für jede Messfahrt gleich und das Netzwerk muss sich entsprechend des Geschwindigkeitsprofils und der resultierenden Fehler an die Fahraufgabe anpassen. Die aufsummierte Stellaktivität von Regler und Netzwerk zeigt für die betrachteten Messfahrten einen grundsätzlich ähnlichen Verlauf. Nachdem das Netzwerk in der zweiten Runde auf den Startzustand zurückgesetzt wird, steigt die aufsummierte Netzwerkausgabe sukzessive an, flacht jedoch nach mehreren Runden merklich ab und hält zum Ende der Messfahrten ein annähernd konstantes Niveau. Der Anteil des Proportionalreglers wird gleichzeitig schrittweise reduziert, genau wie das entsprechende Fehlerniveau der inneren Regelkaskade. Das neuronale Netzwerk lernt iterativ, das

Führungsverhalten des Versuchsträgers innerhalb des geschlossenen Regelkreises zu verbessern. Dabei wird eine Korrelation aus den zur Verfügung gestellten Eingabegrößen und dem Regelfehler, der aus einer vereinfachten Modellierung des Fahrverhaltens innerhalb des invertierten Modells sowie einer ungenauen Parametrierung resultiert, für die Gewichtsanpassung genutzt. Runde für Runde wächst der Einfluss des neuronalen Netzwerkes in der Regelstrategie, wohingegen der Stellanteil des Basisreglers reduziert wird. Die in den vorherigen Abschnitten erläuterten implementierten Verfahren zur Netzwerküberwachung führen zu einer robusten Applikation über mehrere Runden sowie einer annähernd konstanten aufsummierten Stellaktivität des Netzwerkes nach mehreren Runden. Die Anpassungsgeschwindigkeit des Netzwerkes variiert nach gewählter Dynamik der analysierten Experimente. Für den linearen Dynamikbereich benötigt das Netzwerk eine höhere Anzahl absolvierter Runden bis ein annähernd konstantes Stellverhalten erreicht wird. Dies wird in den oberen beiden Darstellungen für die aufsummierte Stellaktivität deutlich. Dieses Verhalten resultiert aus dem geringen initialen Fehler und der entsprechend niedrigen Schrittweite der Anpassung der Netzwerkgewichte. Im Gegensatz dazu erfolgt der Anstieg der Stellaktivität für die Experimente mit höherer Dynamik aufgrund der größeren Regelabweichungen innerhalb weniger Runden.

Da der Regelfehler mit der Komplexität der Regelaufgabe korreliert und diese im nichtlinearen Fahrbereich ansteigt, ist die Querablage des Versuchsträgers über der gemessenen Querbeschleunigung in der rechten Spalte von Abbildung 9.4 aufgetragen. Die Punkte sind entsprechend der absolvierten Runden eingefärbt. Die Achsenskalierung ist für jede Abbildung identisch. Es wird deutlich, dass für Experimente im geringen linearen Bereich mit Querbeschleunigungen $\leq 2m/s^2$, dargestellt in der ersten Zeile, bereits initial nur geringe Querablagen generiert werden. Das Regelkonzept ist in der Lage, den Versuchsträger mit hoher Genauigkeit auf dem Kurs zu bewegen. So werden in der ersten Runde, in der das neuronale Netzwerk nur einen geringen Anteil zur Stellaktivität beiträgt, maximale Querablagen von etwa $0.2m$ erzielt. Im Anschluss passt das Netzwerk die eigene Stellausgabe iterativ an und steigert so die Regelgüte des Versuchsträgers von Runde zu Runde. Für alle Experimente ist ein ähnliches Verhalten in Bezug auf die Entwicklung der Querablage erkennbar. Für die Versuchsfahrten im linearen Bereich in den oberen beiden Zeilen wird deutlich, dass die Querablage im Laufe der Runden auf einen zentralen Bereich um etwa $0.1m$ reduziert wird. Mit steigender Dynamik wachsen auch die initialen Fehler. Die maximalen Querablagen von etwa $0.5m$, die zunächst bei hohen Querbeschleunigungen vorliegen, werden innerhalb weniger Runden reduziert, wobei bei grenzbereichsnaher Fahrt aufgrund der hohen Dynamik maximale Ablagen von etwa $0.3m$ verbleiben. Die vorwärts gerichtete Netzwerkstruktur sowie die Formulierung des Lernproblems mit einer ausschließlich iterativen Adaption an ein bestehendes Fehlersignal verhindern, dass Effekte, die bei hoher Dynamik verstärkt zum Tragen kommen, wie beispielsweise eine ungenaue zeitliche Abbildung des Übertragungsverhaltens von Lenkwinkelvorgabe zu Fahrzeugreaktion, vollständig ausgeglichen werden können. Aus diesem Grund ist eine weitere Reduktion des verbleibenden Restfehlers in den Auflösungsbereich der Sensorik nicht realistisch.

In Abbildung 9.5 sind die Entwicklung der mittleren Frobenius Norm, der gemittelten Gewichtsregularisierung sowie des MSE der Querablage, normiert auf die Runde nach dem Netzwerkreset, für jedes Geschwindigkeitsprofil über den absolvierten Runden aufgetragen.

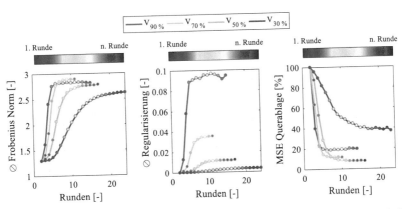

Abbildung 9.5 Entwicklung von gemittelter Frobenius Norm, mittlerer Gewichtsregularisierung und MSE der Querablage über mehrere Runden für Messfahrten mit unterschiedlicher Fahrdynamik auf einer quadratischen Trajektorie im Testgelände Ehra-Lessien

Wie erwartet verhält sich der Gradient von Frobenius Norm und Gewichtsregularisierung analog zum Einfluss, den das Netzwerk innerhalb der Regelstrategie einnimmt. Die Startgewichte, nachdem der Reset des Netzwerks erfolgt ist, sind für jedes der Experimente identisch. Nach der Aktivierung des Trainings korreliert der Gradient der Frobenius Norm mit der Dynamik des durchgeführten Experimentes. Dieser Zusammenhang folgt aus den anwachsenden Regelfehlern, die aus einer gesteigerten Fahrdynamik resultieren. Analog dazu ist der Einfluss der Gewichtsregularisierung in der mittleren Abbildung erkennbar. Aufgrund der höheren Fehler bei grenzbereichsnaher Fahrt steigen die Netzwerkgewichte stark an und die Gewichte müssen entsprechend stark regularisiert werden. Nach wenigen Runden wird ein annähernd festes gemitteltes Niveau über dem Verlauf der Runden erreicht. Der Gradient und die Maxima der Gewichtsregularisierung korrelieren mit der Dynamik und dem Fehlerabbau des jeweiligen Experimentes. Nachdem mehrere Runden absolviert wurden, nähern sich die Größen einem Schwellwert und die Änderungen im Laufe des Experimentes stagnieren. Entsprechend wird deutlich, dass das Netzwerk in einen Zustand überführt wurde, in dem ein dauerhaft konsistentes Systemverhalten erreicht wird. Entsprechend sind keine oder nur noch geringfügige Änderungen im Trainingsprozess des neuronalen Netzwerkes zu erwarten.

In der rechten Abbildung ist die prozentuale Entwicklung des mittleren quadratischen Fehlers der Querablage dargestellt. Die Normierung erfolgt entsprechend des jeweiligen Experimentes, wobei 100% Fehler die Runde nach dem Netzwerkreset repräsentiert. Für jede der durchgeführten Versuchsfahrten wird deutlich, dass das Netzwerk in der Lage ist, den Querversatz zu reduzieren. Im Verlauf der gefahrenen Runden wird der MSE der Querablage für $V_{30\%}$ um ca. 63% reduziert, für $V_{50\%}$ um ca. 88%, für $V_{70\%}$ um ca. 92% und für $V_{90\%}$ um ca. 80%. Der Trainingsprozess erfolgt dabei ohne implementiertes Vorwissen im geschlossenen Regelkreis. Um den iterativ wachsenden Einfluss des Netzwerkes auf die Querführung des Fahrzeuges zu verdeutlichen, sind in Abbildung 9.6 exemplarisch die Verläufe von Netzwerkausgabe und Basisregler über dem Streckenmeter für die mit $V_{70\%}$ durchgeführten Experimente aufgetragen.

Es wird deutlich, dass der Stellanteil des Basisreglers nach erfolgtem Netzwerkreset in der zweiten Runde zunächst dominanter im Vergleich zum neuronalen Netzwerk auf die Fahrzeugführung einwirkt. Das additiv hinzu geschaltete Netzwerk beginnt während der Adaptionsphase damit, den Regler schrittweise zu unterstützen und im Verlauf der Runden mehr Stellautorität im Regelkreis für sich zu beanspruchen. Der Regelanteil wird dabei aufgrund des reduzierten Fehlers schrittweise verkleinert. Ab der fünften Runde stagniert der Verlauf der Netzausgabe annähernd über den absolvierten Runden. Auch ohne explizit vermitteltes Vorwissen über das zu Grunde liegende Systemverhalten oder den Zusammenhang zwischen Eingabegrößen und die Relation zwischen Lernproblem, Netzwerkausgabe und Fahrzeugführung gelingt es, die Genauigkeit der automatisierten Fahrt deutlich zu verbessern. Die gesteigerte Genauigkeit kann dabei unabhängig von der zu Grunde liegenden Fahrdynamik sowohl im linearen, als auch nichtlinearen Operationsbereich aufgezeigt werden. Die Messergebnisse für das betrachtete Szenario verdeutlichen, dass die simulativ gewonnenen Erkenntnisse in Bezug auf die Netzwerkauslegung und das Lernverhalten im geschlossenen Regelkreis einen stabilen Betrieb auf der geometrisch einfachen Trajektorie ermöglichen und die Ergebnisse des Fahrversuches eine hohe Korrelation zu Kapitel 7 und Abschnitt 8.1 aufweisen.

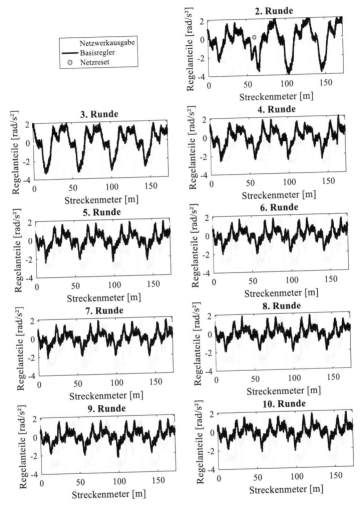

Abbildung 9.6 Entwicklung der Regelaktivität von Netzwerk und Basisregler über mehrere Runden, exemplarisch dargestellt für das Geschwindigkeitsprofil $V_{70\%}$

9.2.2 Langzeitstabilität des neuronalen Netzwerkes bei kontinuierlich aufgeschalteten Systemstörungen

In den nachfolgenden Experimenten soll neben dem langzeitstabilen Betrieb im geschlossenen Regelkreis eine zusätzliche Destabilisierung des Versuchsträgers durch einen extern aufgeschalteten Systemfehler betrachtet werden. Der Fehler wird ähnlich zu den in Kapitel 8 simulativ betrachteten Untersuchungen in Form eines sprunghaft aufgeschalteten Lenkradwinkeloffsets ins System eingebracht. Die Aktivierung erfolgt zyklisch nach Durchfahren eines festgelegten Streckenabschnitts und verbleibt für etwa die Hälfte der Streckenlänge als Offset im System. Anschließend erfolgt eine sprunghafte Abschaltung des Systemfehlers. In Abbildung 9.7 sind die für die Experimente betrachtete Trajektorie, der vom Fehler beeinflusste Fahrbereich sowie das zu Grunde liegende Geschwindigkeitsprofil abgebildet.

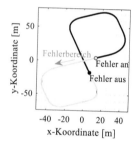
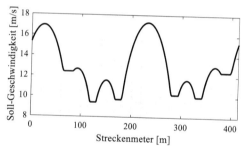

Abbildung 9.7 Links: Streckengeometrie inklusive des Bereiches, in dem der Versuchsträger durch sprunghaftes Aufschalten eines temporär im System verbleibenden Lenkradwinkeloffsets von 90° destabilisiert wird. Rechts: Für die Messungen von der Bahnplanung vorgegebenes Geschwindigkeitsprofil

Im Vergleich zu den in Abschnitt 9.2.1 dargestellten Ergebnissen wird in diesen Untersuchungen die „achtförmige" Trajektorie gewählt. Die Strecke bietet unterschiedliche Kurven sowohl im als auch gegen den Uhrzeigersinn wie auch längere, gerade Streckenabschnitte. Bei einer Streckenlänge von knapp 400m können gleichzeitig eine hohe Anzahl Runden und reproduzierbarer Zustände generiert werden, ohne Fahrer und Fahrzeug trotz grenzbereichsnaher Fahrt zu viel abzuverlangen. Wie in Abbildung 9.7 dargestellt, wird der Fehler nach Durchfahren der Kombinationen von Rechtskurven zu Beginn des geraden Streckenabschnitts sprunghaft in das System eingebracht. In der Abbildung ist der Beginn des Fehlerbereichs mit einer hellgrauen Markierung gekennzeichnet. Der Systemfehler verbleibt anschließend für etwa 50% der Streckenlänge im System und muss durch die Regelstrategie kompensiert werden. Bei Einfahrt auf die Gegengerade wird der Fehler bei der schwarzen Markierung aus dem System genommen. Das Geschwindigkeitsprofil wurde entsprechend des experimentell ermittelten Reibungskoeffizienten skaliert. Im Anhang im elektronischen Zusatzmaterial ist in Abbildung F.1 der Verlauf der Längsbeschleunigung über der Zeit für eine ABS Bremsung dargestellt, die im Rahmen der Messkampagne durchgeführt wurde. Es wird deutlich, dass auf regennasser Fahrbahn mit Winterreifen das Kraftübertragungspotential merklich reduziert ist. Entsprechend wurde das Geschwindigkeitsprofil skaliert, um das Fahrzeug nah an die tatsächliche Grenze der Kraftübertragung zu führen.

Systemverhalten ohne Unterstützung des neuronalen Netzwerkes

Zunächst wird das Systemverhalten ohne aktiven Einfluss des neuronalen Netzwerkes analysiert. Dies dient einerseits zur besseren Einschätzung des Stellverhaltens des Basisregelungskonzeptes auf der Trajektorie, zum anderen kann der Einfluss des eingebrachten Fehlers auf das Führungsverhalten analysiert und als Referenz für die späteren Untersuchungen herangezogen werden. In Abbildung 9.8 sind die aufgezeichneten Größen der Querablage und Querbeschleunigung über dem Streckenmeter dargestellt. Zusätzlich sind in Tabelle 9.1 die im Fahrversuch ohne Netzwerk generierten Querablagen aufbereitet.

Die Verläufe für die Runde ohne extern aufgeschalteten Fehler sind in dunkelgrau dargestellt. Der Versuchsträger wird mit einer gemittelten Querablage von $0.3066m$ auf dem Kurs bewegt und erreicht eine maximale Ablage von $0.8324m$. Der Anstieg des seitlichen Versatzes korreliert mit einer sich aufbauenden Querbeschleunigung. Die Streckengeometrie in Kombination mit dem herangezogenen Geschwindigkeitsprofil sorgt dafür, dass alle Kurven nahe des ermittelten maximalen Potentials zur Kraftübertragung durchfahren werden. Aufgrund der hohen Dynamik und der daraus resultierenden Komplexität der Regelaufgabe folgt ein entsprechend hoher mittlerer Querversatz auch ohne zusätzlich eingebrachten Systemfehler.

Tabelle 9.1 Mittlere und maximale absolute Querablage für den Basisregler ohne neuronales Netzwerk auf der achtförmigen Trajektorie für eine fehlerfreie und eine fehlerbehaftete Runde

fehlerfreie Fahrt		fehlerbehaftete Fahrt	
mittlere Querablage	max. Querablage	mittlere Querablage	max. Querablage
$0.3066m$	$0.8324m$	$0.7985m$	$1.6367m$

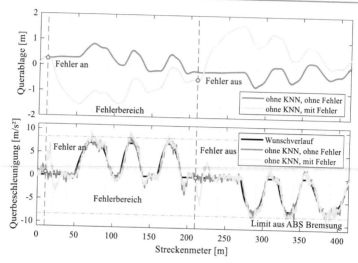

Abbildung 9.8 Querablage und Querbeschleunigung über dem Streckenmeter für den Basis-regler ohne KNN. Betrachtet wird eine fehlerfreie Runde sowie eine Fahrt mit sprunghaft aufgeschaltetem Lenkwinkelfehler von 90°

Der Systemfehler wird bei einer Geschwindigkeit 16.32 m/s aktiviert und ver-bleibt für 200m aktiv im System. Der Bereich in dem der Winkeloffset aktiviert ist, ist in Abbildung 9.8 durch gestrichelte, vertikale Linien gekennzeichnet. Durch den sprunghaft aufgeschalteten Fehler auf dem geraden Streckenabschnitt baut sich eine Querbeschleunigung von ca. 7m/s^2 auf, die zu einer Destabilisierung des Fahrzeu-ges und in der Folge zu einer erhöhten Ablage von der gewünschten Trajektorie führt. Trotz einer schnellen Gegenreaktion, in deren Folge die Querbeschleunigung abge-baut und das Fahrzeug stabilisiert wird, verbleibt ein hoher Ablagefehler im System, der nur langsam reduziert wird. Bei Abschalten des Fehlers erfolgt eine sprunghafte Reaktion in entgegengesetzter Richtung, die abermals dazu führt, dass hohe Quer-beschleunigungen auf gerader Strecke aufgebaut werden und das Fahrzeug dadurch einen hohen seitlichen Versatz generiert. Mit maximal 1.6367m Querablage kommt dass Fahrzeug auf gerader Strecke fast doppelt so weit vom gewünschten Kurs ab, wie im fehlerfreien Szenario bei maximaler Querbeschleunigung. Aufgrund der Destabilisierung durch Ein- und Abschalten des Fehlers wird die gesamte Strecke mit hohen Ablagen durchfahren. Der Basisregler ist nicht in der Lage, den Feh-ler zu kompensieren und das Fahrzeug gleichzeitig mit hoher Regelgüte auf dem

Kurs zu halten. So wird ein mittlerer Querversatz von $0.7985m$ generiert, der nur geringfügig unter der maximalen Ablage der fehlerfreien Fahrt liegt.

In Abbildung 9.9 sind die Stellaktivität des Basisreglers in der inneren Regelkaskade, die Ausgabe des Inversionsreglers sowie der an die Lenkung übergebene Wunschlenkwinkel für die fehlerfreie und fehlerbehaftete Runde abgebildet.

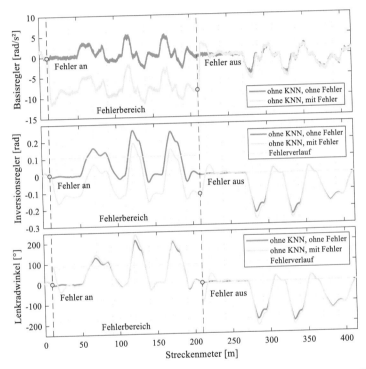

Abbildung 9.9 Stellaktivität über dem Streckenmeter für den Basisregler ohne KNN. Betrachtet wird eine fehlerfreie Runde sowie eine Fahrt mit einem sprunghaft aufgeschalteten Lenkwinkelfehler von 90°. In der oberen Zeile ist die Stellaktivität des Basisreglers in der inneren Regelkaskade abgebildet, in der mittleren Zeile der Ausgang des invertierten Fahrzeugmodells, unten der angeforderte Lenkradwinkel

Der Lenkwinkeloffset wird zwischen der Ausgabe des Inversionsreglers und dem an die Regelstrecke kommandierten Lenkradwinkel ins System eingebracht. Entsprechend verdeutlicht die untere Abbildung, wie sich der angeforderte Lenkwinkel bei Einfahrt in den Fehlerbereich trotz gerader Strecke sprunghaft auf 90° erhöht.

Dieser Fehler muss durch den Inversionsregler ausgeglichen werden. In der mittleren Abbildung wird deutlich, wie der aus dem invertierten Fahrzeugmodell berechnete Radwinkel durch den Offset im Fehlerbereich in negativer Richtung verschoben wird. Diese Verschiebung gleicht den Lenkradwinkeloffset aus und verbleibt für den gesamten Fehlerbereich im System. Mit Blick auf den Basisregler innerhalb der inneren Regelkaskade zeigt sich innerhalb kurzer Zeit eine Reaktion auf den Systemfehler, die in einem Offset der Stellausgabe und somit dem Eingang des invertierten Fahrzeugmodells resultiert. Die Parametrierung des Regelungskonzeptes ermöglicht es im Realversuch nicht, eine ausreichende Gegenmaßnahme auf die externe Störung einzuleiten, um die resultierenden Ablagen zu minimieren. Die aus der Störung resultierende Ablage wird nur langsam abgebaut und die Regelgüte dauerhaft verschlechtert. Auch wird deutlich, dass nach Abschalten des Systemfehlers, also einem Sprung des Lenkradwinkels in die entgegengesetzte Richtung, eine weitere Destabilisierung des Systems sowie hohe Querablagen generiert werden. Entsprechend ist der modellbasierte Basisregler einerseits in der Lage, den Versuchsträger bis an die fahrdynamischen Grenzen zu bewegen. Andererseits wachsen die Fehler bei Annäherung an die fahrdynamischen Grenzen an und die Robustheit gegenüber externen Störungen ist gering.

In der Folge wird die Regelstrategie um ein neuronales Netzwerk erweitert, um den Einfluss auf die Regelgüte im nichtlinearen Bereich sowie in fehlerbehafteten Zuständen zu analysieren. Um die Stabilität des KNNs unter Berücksichtigung der bereits in vorherigen Abschnitten erläuterten Maßnahmen zur Netzwerkstabilisierung darzustellen, umfassen die Untersuchungen mehrere Runden auf dem beschriebenen Kurs.

1. Ergebnisse für den adaptiven Regler ohne aufgeschalteten Systemfehler

Im nächsten Experiment wird ein neuronales Netzwerk innerhalb der inneren Regelkaskade additiv zum Basisregelungskonzept zugeschaltet. Die Netzwerktopologie und die Netzwerkeingänge werden analog zu Abschnitt 9.2.1 gewählt. Die Gewichte des vorwärts gerichteten 12-25-1 Netzwerkes werden eingangs zufällig zwischen ± 0.1 initialisiert, als Startbedingung für die folgenden Experimente jedoch identisch gewählt. Als Trainingsalgorithmus wird das GDM Verfahren mit einer Lernrate von $\mu = 0.005$ und einem Momentum Term von $\alpha = 0.9$ ausgewählt. Um den positiven Einfluss der stabilisierenden Metriken aufzuzeigen, wurde für die folgenden Experimente eine aggressivere Lernrate gewählt.

a) Einfluss der Aktivierungsfunktion innerhalb des Netzwerkes

Analog zu den simulativen Untersuchungen in Abschnitt 6.2 wurden zunächst Messfahrten mit variierenden Aktivierungsfunktionen durchgeführt. Während der

Versuchsfahrten war das Netzwerk dauerhaft aktiv, sobald eine Geschwindigkeit von 1 m/s überschritten und die Fehlergrenzen von $|dy| > 0.08\ m$ und $|E_{train}| > 0.01rad/s$ nicht unterschritten wurden. Um ein übermäßiges Anwachsen der Netzwerkgewichte zu verhindern, wurde zudem die L_2-Regularisierung implementiert. Das Geschwindigkeitsprofil, der Untergrund der Strecke sowie der Zeitpunkt der Netzwerkaktivierung ist für jede Versuchsfahrt identisch, so dass mit Ausnahme der unterschiedlichen Aktivierungsfunktion eine hohe Vergleichbarkeit der Rahmenbedingungen der Experimente vorliegt. In Abbildung 9.10 sind die Ergebnisse für die gemittelte Frobenius Norm, die gemittelte absolute Netzwerkausgabe, und die mittlere absolute Querablage über jeweils 10 zurückgelegte Runden dargestellt.

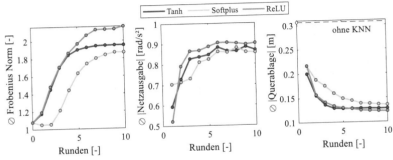

Abbildung 9.10 Gemittelte Frobenius Norm, gemittelte absolute Netzwerkausgabe sowie gemittelte absolute Querablage über den zurückgelegten Runden für die adaptive Regelstrategie mit Netzwerken gleicher Topologie und Startgewichten für unterschiedliche Aktivierungsfunktionen

In der linken Darstellung wird verdeutlicht, dass sich der Verlauf der Frobenius Norm grundsätzlich für jedes der Experimente ähnelt. Das Startniveau ist zunächst identisch. Für die Tanh und die ReLU Aktivierungsfunktion steigt der Verlauf in der Folge mit ähnlichem Gradienten an, bevor der Zuwachs abflacht und zum Ende der Experimente gering ist. Das finale Niveau ist dabei für das Netzwerk mit der Tanh Funktion geringer als bei den Messfahrten mit der ReLU Aktivierungsfunktion. Für die Softplus Funktion reduziert sich die mittlere Frobenius Norm zunächst über zwei Runden, bevor ein ähnlicher Verlauf der Norm beobachtet werden kann, der final abknickt und auf einem niedrigeren Niveau als die anderen Aktivierungsfunktionen endet. Die Verläufe der Frobenius Norm können unter Berücksichtigung der theoretischen Überlegungen in Abschnitt 3.3.2 bzw. Tabelle 3.1 interpretiert werden. Obwohl die Softplus Funktion eine glatte Annäherung der ReLU Funktion darstellt, korreliert die ReLU Funktion in einem Bereich um die Nulllage stärker mit der Tanh Funktion. Daraus resultiert, dass bei positiven Eingabewerten die nahe Null liegen, ein vergleichbarer Ausgabeverlauf von ReLU und Tanh Aktivierungsfunktion zu erwarten ist. Aufgrund der Eingangsnormierung sowie niedrig initialisierten Gewichten ist zunächst von einer Verteilung um die Nulllage auszugehen. Diese resultiert initial in geringen Ausgaben bei Tanh und ReLU Funktion. Wie Tabelle 3.1 aufzeigt, kommt es bei der Softplus Funktion zu einer Verschiebung in positiver Richtung wodurch die Ausgaben der Neuronen bei niedrigen Eingabewerten im Vergleich zu den anderen betrachteten Aktivierungsfunktionen anwachsen. Entsprechend folgt zunächst ein geringeres Anwachsen der Gewichte und final ein geringeres Gewichtsniveau. Aus der Beschaffenheit der ReLU Funktion, bei der negative Werte zu Null gesetzt werden, wodurch potentiell höhere Gewichte notwendig sind, um die nicht aktiven Verbindungen zu kompensieren, folgt final ein höheres Niveau der Netzwerkgewichte als bei den anderen Aktivierungsfunktionen.

Für die gemittelte absolute Netzausgabe in der mittleren Abbildung zeigt sich die Verschiebung der Neuronenausgaben für die Softplus Funktion in initial höheren Netzwerkausgaben. Bei der ReLU Funktion sind die Ausgaben zunächst geringer als für die beiden anderen Funktionen, was aufgrund der passiven Bereiche im Netzwerk für Eingangsgrößen unterhalb der Aktivierungsschwelle zu erklären ist. Im Verlauf der Experimente nimmt die Dominanz des neuronalen Netzwerkes im Regelsystem stetig zu, bis sich für jede der Aktivierungsfunktionen nach ca. 7 Runden ein annähernd konstantes Niveau einstellt.

Der Einfluss des neuronalen Netzwerkes auf die Führungsgenauigkeit wird mit Blick auf die Querablage in der rechten Abbildung sichtbar. Die gestrichelte Linie stellt die mittlere absolute Querablage von $0.31m$ für den Basisregler ohne neuronales Netzwerk, für eine Referenzmessung auf dem identischem Kurs mit gleichem Geschwindigkeitsprofil, dar. Bereits während der ersten Runde mit aufgeschaltetem Netzwerk wird der Fehler pro Runde unabhängig von der Aktivierungsfunktion merklich reduziert. In der Folge sinkt der mittlere Fehler pro Runde weiter, jedoch analog zu Netzwerkausgabe und Frobenius Norm mit abflachendem Gradienten. Die Verringerung der Querablage erfolgt für die ReLU und die Tanh Aktivierungsfunktion schneller als bei der Softplus Funktion, wobei das Netzwerk mit der Tanh Funktion bereits nach 4 Runden ein annähernd konstantes Fehlerniveau erreicht. Dieses wird von dem ReLU Netzwerk zum Ende der Versuche unterboten. Die Softplus Funktion liefert ein grundsätzlich ähnliches Bild, für die zurückgelegten Runden jedoch auf konstant höherem Fehlerniveau. Grundsätzlich zeigt sich, dass jede der betrachteten Konfigurationen in der Lage ist, das Niveau des Basisregelungskonzeptes während der ersten Runde merklich zu reduzieren, was die simulative Untersuchungen aus Abschnitt 6.2 experimentell stützt. Im Zuge der Experimente ist eine asymptotische Annäherung an ein geringes Fehlerniveau zu beobachten. Trotz grenzbereichsnaher Fahrt liegt die mittlere absolute Querablage zwischen $0.12m$ und $0.14m$, was im Vergleich zum Basisregler eine Verbesserung von bis zu 61% bedeutet. Da die ReLU Funktion die besten Ergebnisse in Bezug auf die Führungsgenauigkeit des Versuchsträgers liefert, wird die ReLU Funktion auch für die folgenden Experimente herangezogen.

b) Einfluss der Gewichtsregularisierung auf das Netzwerktraining

Die Experimente zeigen für jedes Netzwerk ein abklingendes Fehlerbild mit annähernd asymptotischer Annäherung an ein finales Niveau. In Kapitel 7 wurden simulativ Einflussfaktoren auf die Langzeitstabilität des Netzwerkes im geschlossenen Regelkreis untersucht. In den vorherigen Abschnitten wurden diese im Fahrversuch aktiv genutzt und das gewünschte Bild eines über mehrere Runden stabilen Verlaufes konnte unter Realbedingungen beobachtet werden. Um die bereits in Abschnitt 7.3 gezeigte stabilisierende Wirkung der Gewichtsregularisierung experimentell hervorzuheben, wurden im folgenden Experiment die Fahrten auf der achtförmigen Trajektorie für das ReLU Netzwerk mit und ohne Gewichtsregularisierung durchgeführt. Die weiteren Rahmenbedingungen entsprechen dem vorangegangenen Versuchsdesign. In Abbildung 9.11 sind die Ergebnisse für Versuchsfahrten mit und ohne Gewichtsregularisierung dargestellt.

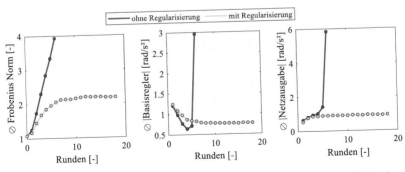

Abbildung 9.11 Entwicklung der gemittelten Frobenius Norm sowie der gemittelten Ausgaben von Basisregler und Netzwerk über den zurückgelegten Runden im Fahrversuch. Untersucht wurden identische Netzwerke mit und ohne Gewichtsregularisierung

In der linken Abbildung ist die Entwicklung der gemittelten Frobenius Norm und in der Mitte die gemittelte absolute Aktivität des Basisreglers über den Runden aufgetragen. In der rechten Abbildung wird die Entwicklung der gemittelten absoluten Netzwerkausgabe veranschaulicht. In dunkelgrau werden die Ergebnisse ohne Gewichtsregularisierung dargestellt, in hellgrau die Experimente mit dem bereits zuvor erläuterten Netzwerk mit L_2-Regularisierung. Das Netzwerk mit Gewichtsregularisierung zeigt die bereits in den vorherigen Untersuchungen beschriebene Entwicklung. Die gemittelte Frobenius Norm steigt zunächst mit wachsendem Gradienten an, bis die Entwicklung merklich abflacht und das Gewichtsniveau mit den Runden annähernd konstant bleibt. Gleichzeitig sinkt die Dominanz des Basisreglers und das Netzwerk übernimmt eine stärker gewichtete Rolle bezüglich der Fahrdynamikregelung. Diese konvergiert ähnlich der Frobenius Norm gegen einen Schwellwert.

Im Gegensatz dazu ist für das Netzwerk mit deaktivierter Regularisierung keine Konvergenz der dargestellten Größen erkennbar. Die Frobenius Norm steigt nahezu kontinuierlich über den zurückgelegten Runden an. Zunächst führt das Training zu einer Reduktion des Basisregelanteils und entsprechend zu einer Verringerung des Trainingsfehlers. Nach ca. 5 Runden kehrt sich der Verlauf jedoch um und es kommt zu einem unkontrollierten Anwachsen von Netzwerk- und Reglerausgabe. Um dieses Verhalten besser zu veranschaulichen, ist die Entwicklung des Basisreglers über dem Streckenmeter in Abbildung 9.12 dargestellt, die Netzwerkausgabe über dem Streckenmeter in Abbildung 9.13 aufbereitet.

In beiden Abbildungen ist in jedem der Subplots die Regelaktivität des Basisreglers ohne aktiv geschaltetes Netzwerk als schwarze Linie im Hintergrund dargestellt. Diese wurde für eine Runde mit identischem Geschwindigkeitsprofil in einer unabhängigen Messung aufgezeichnet und dient als Orientierung, um die Entwicklung der adaptiven Regelungsstrategie bewerten zu können. Die dunkelgrauen Linien stellen die Ausgaben für Messfahrten ohne Gewichtsregularisierung dar, die Versuche mit Gewichtsregularisierung werden durch die hellgrauen Linien repräsentiert. Mit Blick auf den Basisregler in Abbildung 9.12 wird deutlich, dass die Orientierungswerte der Vergleichsmessungen im ersten Abschnitt der ersten Runde nahezu vollständig verdeckt sind und erst zum Ende der Runde eine Reduzierung der Regelaktivität sichtbar wird. Diese erscheint für die Konfigurationen mit und ohne Regularisierung ähnlich. Der Verlauf der Netzwerkausgabe in Abbildung 9.13 bestätigt die initial ähnliche Entwicklung der Stellaktivität des neuronalen Netzwerkes. Beim Start der Messung liegt zunächst eine geringfügig unterschiedliche Ausgabe vor, die nach ca. $150m$ zurückgelegter Strecke nahezu angeglichen ist. In der Folge wird deutlich, dass der Verlauf der Netzwerkausgabe zunächst ähnlich ist, das Netzwerk ohne Regularisierung jedoch ab der dritten Runde deutlich ausgeprägtere Maxima aufweist. Das regularisierte Netzwerk wird bezüglich des Wachstums der Netzwerkgewichte gebremst, wodurch ab einem gewissen Punkt, im Gegensatz zum anderen Netzwerk, sehr kleine Fehler nicht mehr durch eine stärkere Netzwer-

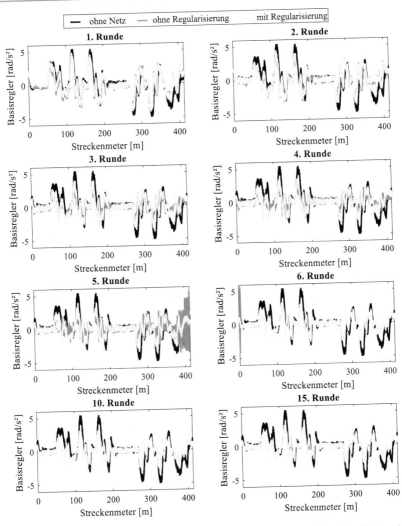

Abbildung 9.12 Entwicklung der Ausgabe des Basisreglers für zwei identische Netzwerke mit und ohne Gewichtsregularisierung über dem Streckenmeter für mehrere im Fahrversuch zurückgelegte Runden

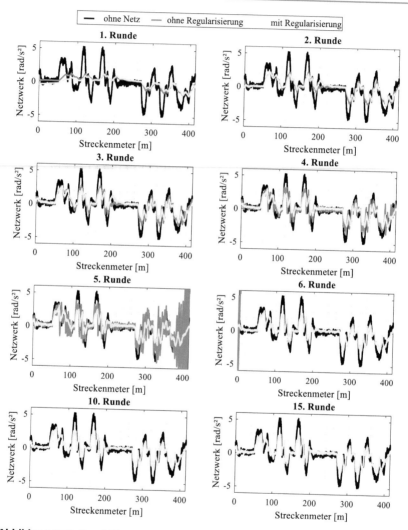

Abbildung 9.13 Entwicklung der Netzwerkausgabe für zwei identische Netzwerke mit und ohne Gewichtsregularisierung über dem Streckenmeter für mehrere im Fahrversuch zurück-gelegte Runden

kreaktion adressiert werden. So wird deutlich, dass die Netzwerkausgabe ab der fünften Runde für das Netzwerk mit Gewichtsregularisierung annähernd stagniert und nur noch geringe punktuelle Änderungen auftreten. Die Ausgabe des Basisreglers bleibt für diesen Fall ebenfalls auf vergleichbarem Niveau, deutlich unterhalb der gestrichelten Referenzmessung.

Im Gegensatz dazu versucht das Netzwerk ohne Gewichtsregularisierung ungebremst den verbleibenden Fehler zu kompensieren. Aufgrund der geringen zeitlichen Information und fehlenden Vorausschau, stellt die Formulierung des Lernproblems das Netzwerk vor die Herausforderung, verbleibende Regelfehler durch direktere, erhöhte Stellaktivität auszugleichen. In dem betrachteten Fall führt dies zu einem starken Anwachsen der Gewichte, wie die Frobenius Norm in Abbildung 9.11 deutlich macht. Zunächst wirkt sich dies noch positiv auf die Entwicklung des Fehlers und der Regelaktivität aus, führt jedoch ab Runde 5 zu einer Destabilisierung des Trainingsprozesses und in der Folge zu starken Oszillationen der Netzwerkausgabe. Diese wächst ungebremst an, woraus in Runde 6 ein Versuchsabbruch resultierte. Im Gegensatz dazu konnte das Netzwerk mit Gewichtsregularisierung robust über eine deutlich längere Anzahl an Runden bewegt werden. Nach 18 Runden bei grenzbereichsnaher Fahrt und quasi stationären Netzwerkverhaltens wurden die Versuchsfahrten beendet. In Abbildung 9.14 ist die Querablage über dem Streckenmeter für das Netzwerk mit Gewichtsregularisierung aufgetragen. In grau ist der Verlauf einer Referenzrunde ohne Netzwerk dargestellt. Farblich markiert sind die Runden mit aktiviertem Netzwerk.

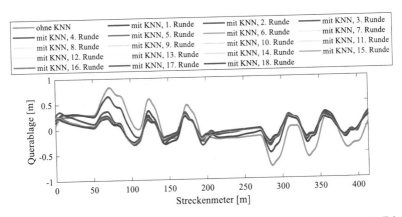

Abbildung 9.14 Entwicklung der Querablage über dem Streckenmeter für mehrere im Fahrversuch zurückgelegte Runden für ein neuronales Netzwerk mit Gewichtsregularisierung

Es wird deutlich, dass eine Verbesserung des Fehlerniveaus ab der ersten Runde einsetzt. Die Querablage wird in jedem Streckensegment reduziert, wobei zunächst eine stetige Verbesserung über den zurückgelegten Runden erkennbar ist. Nach 5 absolvierten Runden ist die Veränderung sehr gering. Dieses Verhalten korreliert mit der geringeren Gewichtsveränderung analog zur Frobenius Norm in Abbildung 9.11. Der maximale seitliche Versatz wird von ca. $0.85m$ auf $< 0.3m$ reduziert.

Die Ergebnisse decken sich mit den simulativen Untersuchungen der vorangegangenen Abschnitte. Es wird deutlich, dass das Netzwerk mit Gewichtsregularisierung auch ohne explizites Vorwissen in der Lage ist, die Qualität einer bestehenden Regelstrategie in Bezug auf die Querführung deutlich zu erhöhen. Gleichzeitig kann mit Hilfe der betrachteten Maßnahmen ein stabiler Betrieb für das untersuchte Szenario beobachtet werden, wobei die Netzwerkgewichte mit Hilfe des iterativen Trainings in einen quasi-stationären Zustand überführt werden können. Das Netzwerk ohne Gewichtsregularisierung bewirkt zunächst eine starke Reduktion des Fehlers, wird in der Folge jedoch destabilisiert und kann die Fahraufgabe nicht dauerhaft robust realisieren. Entsprechend werden für die folgenden Untersuchungen ausschließlich Netzwerke mit Gewichtsregularisierung in unterschiedlichen Szenarien betrachtet.

2. Ergebnisse für den adaptiven Regler bei aufgeschaltetem Systemfehler

In einem weiteren Experiment wird die Auswirkung der eingangs beschriebenen Untersuchung eines kontinuierlich ins System eingebrachten sprunghaft aufgeschalteten Lenkradwinkeloffsets von 90° auf das adaptive Regelungskonzept untersucht. Die simulativen Untersuchungen in Abschnitt 8.3.2 haben das Potential der betrachteten adaptiven Regelungsstrategie aufgezeigt, auch bei hoher Dynamik plötzlich auftretendes Fehlverhalten zu stabilisieren und in der Folge die Führungsgenauigkeit im Vergleich zum rein modellbasierten Ansatz zu erhöhen. Für die nachfolgenden Untersuchungen wird das 12-25-1 Netzwerk mit ReLU Aktivierungsfunktion in der versteckten Schicht und L_2-Regularisierung betrachtet. Trainiert wurde während der Untersuchungen mit dem GDM-Verfahren. Die Messfahrten wurden analog zu den bisherigen Experimenten auf der in Abbildung 9.7 dargestellten Trajektorie bei identischem Geschwindigkeitsprofil durchgeführt. Die Stellaktivität der wesentlichen Regelungskomponenten ist in Abbildung 9.15 aufbereitet.

In der oberen Abbildung ist die Netzwerkausgabe über dem Streckenmeter dargestellt. In der zweiten Abbildung die Aktivität des Basisreglers, darunter die Ausgabe des Inversionsreglers und zuletzt der an die Lenkung übergebene Sollwinkel. Die gestrichelten, vertikalen Linien symbolisieren den Fehlerbereich. Nach $10m$ zurückgelegter Strecke wird der Fehler aktiv geschaltet und verbleibt für $200m$ im System. Anschließend erfolgt eine sprungförmige Abschaltung des

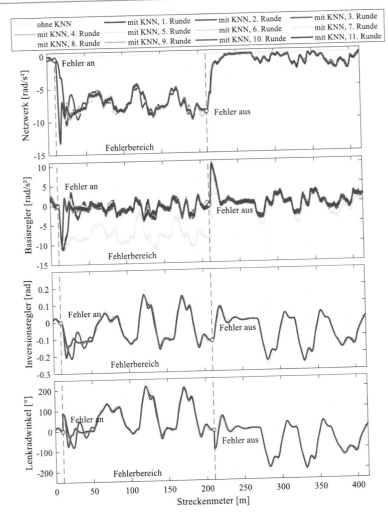

Abbildung 9.15 Stellaktivität über dem Streckenmeter für die adaptive Regelungsstrategie bei aufgeschaltetem Systemfehler. In der oberen Zeile ist die Stellaktivität des KNNs abgebildet, dazu die Stellaktivität des Basisreglers in der inneren Regelkaskade, der Ausgang des invertierten Fahrzeugmodells und der vom Regelsystem an die Lenkung übergebene Soll-Lenkradwinkel

Lenkradwinkeloffsets. Darüber hinaus ist als graue Linie in jeder der Teilabbildungen eine Referenzmessung des Basisregelungskonzeptes ohne KNN bei aufgeschaltetem Systemfehler dargestellt. Diese wurde in einer separaten Messfahrt gesammelt und dient als Vergleichsmessung. Die Entwicklung der Regelaktivität ist entsprechend der zurückgelegten Runde in unterschiedlichen Farben dargestellt.

Es wird deutlich, dass das Netzwerk in der ersten, in dunkelblau dargestellten Runde, kurz nach der Aktivierung des Fehlers zunächst mit verringertem Gradienten am Fehlerausgleich beteiligt ist. Diese Reaktion auf den Lenkwinkeloffset erfolgt durch den Aufbau eines Offsets in negativer Stellrichtung. Es kommt zudem in der Folge zu leichten Oszillationen, die sich in der Ausgabe des Inversionsreglers und des Soll-Lenkradwinkels widerspiegeln. Ab der zweiten Runde erfolgt eine wesentlich schnellere und stärkere Reaktion des Netzwerkes, die sich in der Folge über 11 gefahrene Runden nur unwesentlich ändert. Die initiale Reaktion des Basisreglers auf das sprunghafte Fehlerbild erfolgt analog zu den vorherigen Untersuchungen. Im Gegensatz zu den Experimenten ohne aktives Netzwerk wird nach der initial starken Reaktion auf das Ein- bzw. Abschalten des Fehlers, die Ausgabe des Basisreglers jedoch in Richtung Null zurückgeführt. Dieser Abbau erfolgt analog zur Netzausgabe in Runde 1 im Vergleich zu den nachfolgenden Runden verzögert. Dennoch zeigt sich, dass die Reaktion auf den Fehler als eine Kombination aus Regler- und Netzwerkausgabe angesehen werden kann, der anschließende Systemoffset jedoch nahezu vollständig durch das neuronale Netzwerk ausgeglichen wird. Mit Blick auf die Ausgabe des Inversionsreglers sowie den angeforderten Lenkradwinkel zeigt sich, dass die Kombination aus modellfreiem und modellbehaftetem Regelansatz in der ersten Runde zu einer leichten Oszillation führt. Diese ist die Folge der initial verzögerten Reaktion des Netzwerkes auf den Systemfehler. Da das Netzwerk ohne Vorwissen und mit kleinen Startgewichten implementiert wurde, erfolgt die Reaktion einerseits gerichtet und wirkt sich unterstützend auf den Basisregler aus, andererseits sind die Gewichte nicht ausreichend trainiert, um mit großer Dynamik auf den Sprung zu reagieren. Die beobachtete Oszillation tritt ab der zweiten Runde in Folge des Netzwerktrainings nicht mehr auf. Es kommt zu einer zielgerichteten, starken Reaktion auf den Fehler, die einen einzigen Überschwinger im kommandierten Lenkradwinkel zur Folge hat.

Um die Auswirkungen des adaptiven Regelungskonzeptes auf die Fahrzeugreaktion bewerten zu können, ist in Abbildung 9.16 die Querablage über dem Streckenmeter für das zuvor beschriebene Experiment dargestellt. Wie bei den vorherigen Abbildungen ist der Fehlerbereich gekennzeichnet und eine Referenzmessung des Basisreglers ohne KNN als graue Linie dargestellt.

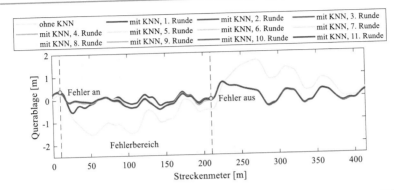

Abbildung 9.16 Entwicklung der Querablage über dem Streckenmeter für mehrere im Fahrversuch zurückgelegte Runden für den adaptiven Querdynamikregler mit künstlich aufgeschaltetem Systemfehler

Es wird deutlich, dass durch die Ergänzung des Basisreglers um einen lernenden Anteil der maximale Fehler bereits in der ersten absolvierten Runde deutlich reduziert wird. Der Aufbau der Querablage nach Aufschalten des Systemfehlers wird durch eine schnelle Gegenreaktion abgeschwächt und anschließend innerhalb kurzer Distanz abgebaut. Ab der zweiten Runde verändert sich die Querablage bei kontinuierlichem Fehlereintrag in das System nur noch unwesentlich und das Fahrzeug wird trotz hoher Dynamik und Lenkwinkeloffset mit hoher Führungsgenauigkeit auf der gewünschten Trajektorie bewegt. Für das im geschlossenen Regelkreis lernende neuronale Netzwerk führt der Lenkradwinkeloffset initial zu hohen Fehlern, die in einer hohen Netzwerkausgabe resultieren. Mit Blick auf die Größenordnung der Netzwerkausgabe in Abbildung 9.15 zeigt sich, dass im Fehlerbereich eine wesentlich höhere Stellaktivität zur Stabilisierung des Fahrzeuges notwendig ist, als auf der restlichen Trajektorie. Diese Anforderung resultiert in einer notwendigen schnellen Anpassung der Netzwerkgewichte, um den Fehler zu kompensieren und die Regelgüte auf konstant hohem Niveau zu halten. Das Abschalten des Fehlers nach $200\,m$ stellt für das neuronale Netzwerk einen neuen Systemzustand dar, wodurch eine weitere starke Anpassung der Netzwerkgewichte notwendig ist. Diese notwendige starke und zyklisch auftretende Anpassung dominiert den Trainingsprozess und verhindert in der Folge einen iterativen Abbau des verbleibenden Querversatzes im fehlerfreien Bereich der Strecke. Für das Netzwerk stellt der Systemfehler grundsätzlich die Herausforderung dar, dass das Fahrzeugverhalten einerseits initial nach Aufschalten des Lenkradwinkeloffsets destabilisiert wird, andererseits nach erfolgtem Fehlerausgleich eine grundsätzlich ähnliche

Fahrdynamik vorliegt. Das bedeutet, dass das Netzwerk für den betrachteten Fall zwei Systemzustände erlernen muss, in denen unterschiedliche Ausgaben zu einer ähnlichen fahrdynamischen Reaktion führen. Im Gegensatz zu der zuvor betrachteten fehlerfreien Fahrt kann das Netzwerk in diesem Fall kein in sich homogenes Systemverhalten erlernen, da es zyklisch auf unvorhergesehene Destabilisierung reagieren muss. Da sich der Offset nicht in den Eingangsgrößen, die primär die Fahrzeugreaktion beschreiben, dauerhaft widerspiegelt, muss das Netzwerk durch temporäre Gewichtsanpassung auf die externe Störung reagieren. Die Darstellung der Frobenius Norm über dem Streckenmeter in Abbildung 9.17 verdeutlicht den Konflikt innerhalb des Lernproblems.

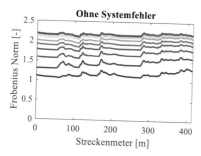 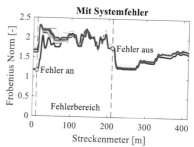

Abbildung 9.17 Entwicklung der Frobenius Norm über dem Streckenmeter für eine fehlerfreie und fehlerbehaftete Messung bei identischem Netzwerkdesign

Auf der linken Seite ist die Entwicklung ohne Systemfehler dargestellt. Die Veränderung der Netzwerkgewichte pro Runde fällt zunächst mit erhöhtem Gradienten aus. Die Änderung der Frobenius Norm schwächt sich jedoch mit steigender Rundenanzahl ab, bis die Gewichte zum Ende der Messfahrten sehr geringe Änderungen aufweisen. Dieses Systemverhalten deckt sich mit den simulativen Untersuchungen aus Abschnitt 8.2. Im Gegensatz dazu ist im Falle der kontinuierlichen Fehleraufschaltung eine abrupte Änderung der Netzwerkgewichte notwendig, um die Fahrzeugreaktion zu stabilisieren und die Effekte des externen Fehlers schnellstmöglich auszugleichen. Diese äußern sich durch eine starke Änderung der Frobenius Norm kurz nach Auf- bzw. Abschalten des Lenkradwinkelfehlers. Für das beschriebene Setup dominiert der Fehlerausgleich im Vergleich zum langfristigen Lernprozess. Das Netzwerk reagiert auf die Sprunganregung und schafft es in der Folge innerhalb der unterschiedlichen Systemzustände, das Fahrzeug mit hoher Genauigkeit auf der Trajektorie zu bewegen. Eine iterative Verbesserung der Regelqualität ist allerdings nur zwischen der ersten und zweiten Runde sichtbar. Anschließend kann eine annähernd reproduzierbare Stellaktivität und ein daraus resultierendes homogenes Führungsverhalten beobachtet werden. Die implementierten Maßnahmen ermöglichen entsprechend den Fehlerausgleich und robusten Betrieb über mehrere Runden. Abbildung 9.18 stellt die Entwicklung der mittleren Frobenius Norm sowie den MSE der Querablage über die im Fahrversuch zurückgelegten Runden dar. Verglichen werden die Entwicklungen der Netzwerke im adaptiven Regler für Versuchsfahrten mit und ohne Lenkradwinkeloffset.

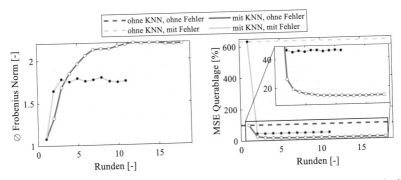

Abbildung 9.18 Entwicklung der mittleren Frobenius Norm sowie der mittleren quadratischen Querablage über den zurückgelegten Runden. Verglichen werden Experimente mit und ohne aktiviertem Systemfehler sowie mit und ohne aktiviertem neuronalen Netzwerk

Die gemittelte Frobenius Norm zeigt, dass für die Messfahrten mit aufgeschaltetem Fehler bereits nach zwei Runden ein annähernd finales Niveau erreicht wird. Dabei kommt es zu einem starken Anwachsen während der ersten beiden Runden und anschließend wird die gemittelte Frobenius Norm annähernd konstant gehalten. Im fehlerfreien Fall wächst die mittlere Norm zunächst stark an, bis schließlich ein geringeres Wachstum auf ein finales Niveau erkennbar ist. Dieses liegt deutlich über dem Gewichtsniveau der fehlerhaften Fahrt. Das Niveau der Frobenius Norm kann aufgrund der wechselnden Systemzustände während der fehlerbehafteten Fahrt, dem temporär starken Anwachsen der Gewichte im Fehlerbereich sowie der daraus folgenden starken Regularisierung jedoch nur bedingt als Vergleichsmetrik dienen. In beiden betrachteten Fällen stellt sich ein robuster Betrieb über den Zeitraum der Messfahrten ein.

In der rechten Abbildung ist der MSE der Querablage über den Runden aufgetragen. Normiert wird auf eine fehlerfreie Fahrt mit dem Basisregler ohne KNN. Diese ist als dunkelgraue gestrichelte Linie in der Abbildung dargestellt. Wie in den vorherigen Untersuchungen gezeigt, ist der Basisregler nicht in der Lage, bei aufgeschaltetem Lenkwinkeloffset den Fehler zu kompensieren und das Fahrzeug gleichzeitig mit hoher Präzision auf der gewünschten Trajektorie zu bewegen. So resultiert ein MSE der Querablage, der über 600% größer ist als während der fehlerfreien Fahrt. Im Gegensatz dazu kann der adaptive Regler die Führungsgenauigkeit deutlich erhöhen. Im fehlerfreien Fall reduziert das Netzwerk die Querablage final auf unter 15% des ursprünglichen Wertes. Auch bei kontinuierlichem Fehlereintrag zeigt sich der Mehrwert der adaptiven Regelungsstrategie, die in der Lage ist, den MSE der Querablage trotz Lenkwinkeloffsets auf ein Niveau zu reduzieren, welches deutlich unterhalb der fehlerfreien Runde des Basisreglers liegt.

Die Experimente zeigen für den Fahrversuch eine hohe Korrelation mit den zuvor durchgeführten Simulationen. Der adaptive Regler ist in der Lage, das Fahrzeug im fehlerfreien sowie fehlerbehafteten Zustand zu stabilisieren und dauerhaft eine hohe Regelgüte bereitzustellen. Dabei erfolgt die Initialisierung des Netzwerkes zufällig und das Training ausschließlich im geschlossenen Regelkreis.

Im Rahmen des letzten Abschnitts der Fahrversuche werden Experimente auf Niedrigreibwert, einer Rennstrecke sowie der Transfer der gewonnenen Erkenntnisse auf eine abweichende Regelstrategie exemplarisch vorgestellt.

9.3 Experimente zum Nachweis des robusten Betriebs des adaptiven Reglers

Analog zu den simulativen Untersuchungen in Kapitel 7 wird in diesem Abschnitt die Robustheit des adaptiven Ansatzes in einem breiteren Anwendungsspektrum untersucht. In den vorherigen Abschnitten des Kapitels wurden Untersuchungen auf Hochreibwert und geometrisch einfachen Streckengeometrien durchgeführt. Nachfolgend werden ausgewählte Experimente auf Niedrigreibwert, Messfahrten auf der Rennstrecke sowie der Transfer des neuronalen Netzwerkes in einen regelungstechnisch unterschiedlich realisierten Ansatz aufbereitet und diskutiert.

9.3.1 Experimente auf Niedrigreibwert

Messfahrten auf Niedrigreibwert bieten für die betrachtete Regelungsstrategie grundsätzlich eine Vielzahl unterschiedlicher Möglichkeiten. Während des Forschungsvorhabens konnte der Versuchsträger im Rahmen von Kaltlanderprobungen auf einem mit Schnee bedeckten, zugefrorenen See bewegt werden. Dies stellt im Vergleich zur Erprobung auf Asphalt den Vorteil dar, dass der nichtlineare Operationsbereich bei niedrigen Geschwindigkeiten erreicht wird, was ein höheres Maß an Sicherheit für die Erprobung prototypischer Funktionen mit sich bringt. Darüber hinaus wird der Fahrbahnuntergrund bei autonomen Messfahrten aufgrund der hohen Reproduzierbarkeit der Ergebnisse schrittweise poliert, wodurch sich der Reibwert während der Versuche stark ändert und es punktuell zu Unterschieden im maximal übertragbaren Kraftschlusspotential kommen kann.

In den simulativen Untersuchungen in Abschnitt 8.1 hat ein Überschreiten der maximal verfügbaren Seitenkraft das potentielle Risiko einer Destabilisierung des Netzwerkes aufgezeigt. Im Rahmen der Messfahrten auf Niedrigreibwert wurde durch lokales Überschätzen der maximal übertragbaren Kraft ein vergleichbares Szenario im realen Versuchsträger umgesetzt. So ist es möglich, das Verhalten des Netzwerkes sowie die Stabilisierung des Trainings durch die zuvor beschriebenen Metriken im abfallenden Bereich der Reifenkennlinie zu analysieren. Die Versuche wurden auf der zuvor beschriebenen achtförmigen Trajektorie durchgeführt. Im Rahmen der Versuchsfahrten wurden Streckenabschnitte poliert, so dass der Versuchsträger in Teilen der Strecke auf verdichtetem Schnee, in anderen Abschnitten auf Eis bewegt wurde. Der daraus resultierende inhomogene Reibwert führt dazu, dass das von der Bahnplanung für die Trajektorie vorgegebene Geschwindigkeitsprofil sequentiell zu hoch ist. Der Versuchsträger beginnt entsprechend zu rutschen. Abbildung 9.19 zeigt exemplarisch für eine Runde die Trajektorie sowie die berechneten Seitenkräfte an Vorder- und Hinterachse über dem Schräglaufwinkel.

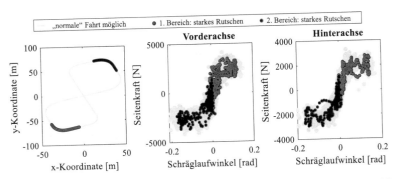

Abbildung 9.19 Trajektorie bei Fahrt mit sequentiell zu hoher Längsdynamik. Die Bereiche, in denen der Versuchsträger rutscht, sind farblich markiert. Zusätzlich sind die berechneten Seitenkräfte über dem Schräglaufwinkel für die Vorder- und Hinterachse abgebildet

Die Abschnitte, in denen das Fahrzeug rutscht, sind eingefärbt. Es wird deutlich, dass die maximalen Schräglaufwinkel für Links-, bzw. Rechtskurven in den farbigen Segmenten liegen und das Maximum der übertragbaren Seitenkraft überschritten wird. Der Versuchsträger bewegt sich entsprechend im abfallenden Bereich der Reifenkennlinie. Im Rahmen des Experimentes wurden insgesamt 8 Runden zurückgelegt. In Abbildung 9.20 ist die Häufigkeitsverteilung der Schräglaufwinkel für den grau markierten sowie die farblich gekennzeichneten Bereiche dargestellt, in denen das Fahrzeug rutscht.

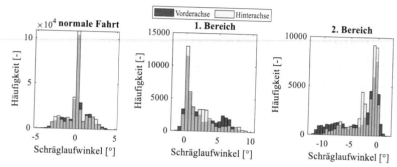

Abbildung 9.20 Häufigkeitsverteilung der Schräglaufwinkel an Vorder- und Hinterachse für unterschiedliche Streckensegmente

Für die normale Fahrt fällt auf, dass die berechneten Schräglaufwinkel weitestgehend um die Nulllage verteilt sind. Sowohl für die Hinter- als auch die Vorderachse treten nur sporadisch Schräglaufwinkel $\leq -3°$, bzw. $\geq 3°$ auf. Im Gegensatz dazu treten in den farbig gekennzeichneten Bereichen deutlich erhöhte Schräglaufwinkel auf. In der Linkskurve im ersten Bereich werden maximal 10° erreicht. Im zweiten Abschnitt können betragsmäßig noch höhere Schräglaufwinkel beobachtet werden. Aus regelungstechnischer Sicht und auch für das Lernproblem des neuronalen Netzwerkes stellen diese Bereiche große Herausforderungen dar. Für das Netzwerk repräsentiert ein rutschendes Fahrzeug, im Vergleich zum restlichen Teil der Strecke, eine Anomalie. Aus dieser resultiert, dass der erlernte Zusammenhang aus Fahrzeugdynamik, Netzwerkeingängen, Stellverhalten und den Auswirkungen der Netzwerkausgabe auf den Fehlerraum, keine Fahrzeugführung mit hoher Regelgüte garantieren kann. Darüber hinaus besteht das Risiko, dass aufgrund der eingeschränkten Manövrierbarkeit des Fahrzeuges im rutschenden Zustand, das Training des neuronalen Netzwerkes destabilisiert wird, da über eine Reaktion in Querrichtung das zu hoch gewählte Längsdynamikpotential nicht kompensiert werden kann.

Unter den Rahmenbedingungen geringer Geschwindigkeiten, Auslaufzonen und entsprechend hoher Sicherheit bieten die Versuche eine gute Möglichkeit, die Robustheit der zuvor vorgestellten Maßnahmen zur Netzwerkstabilisierung zu analysieren. Die Histogramme in Abbildung 9.21 zeigen die Häufigkeitsverteilung des Basisreglers innerhalb der Regelkaskade der Gierrate sowie des neuronalen Netzwerkes für alle im Experiment zurückgelegten Runden. Analog zu den vorherigen Experimenten wird das Netzwerk ohne Vorwissen im geschlossenen Regelkreis trainiert.

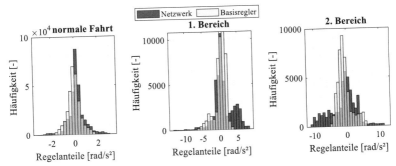

Abbildung 9.21 Häufigkeitsverteilung der Regelaktivität für Basisregler und neuronales Netzwerk für unterschiedliche Streckensegmente

Für die Bereiche der Trajektorie in denen das Fahrzeug nicht rutscht, zeigt sich, dass der Basisregler um Null verteilt, betragsmäßig kleine Ausgaben unter $2\,rad/s^2$ liefert. Die Netzwerkausgabe ist in diesem Streckenabschnitt ebenfalls annähernd symmetrisch, spreizt jedoch einen größeren Bereich auf. Das bedeutet, dass das Netzwerk über die Laufzeit der Experimente, analog zu den Untersuchungen der vorherigen Abschnitte, einen dominierenden Anteil bei der Querdynamikregelung des Fahrzeuges einnimmt. In den Bereichen, in denen das Fahrzeug rutscht, weisen Regler und Netzwerk grundsätzlich eine breitere Verteilung der Stellaktivität auf. In beiden Segmenten dominiert das Netzwerk in Bezug auf die Auftrittshäufigkeit großer Regelanteile. Auffällig ist zudem, dass im Gegensatz zu den in Abbildung 9.20 dargestellten Schräglaufwinkeln, keine aus der Streckengeometrie resultierende einseitige Verteilung der Regelanteile pro Segment beobachtet werden kann. Für den ersten Bereich dominieren positive Stellausgaben. Es können jedoch vereinzelt negative hohe Regelanteile des neuronalen Netzwerkes beobachtet werden. Im zweiten Bereich tritt ähnliches Verhalten mit umgekehrten Vorzeichen auf. Um die Entwicklung des Stellverhaltens des neuronalen Netzwerkes zu analysieren, sind in Abbildung 9.22 die Netzwerkausgabe über der Querbeschleunigung sowie die Netzwerkausgabe über der Querablage dargestellt. Die Ergebnisse sind entsprechend der jeweiligen Runde eingefärbt.

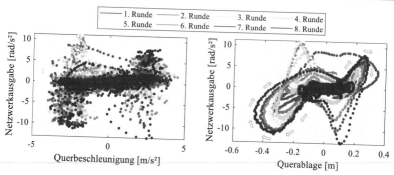

Abbildung 9.22 Netzwerkausgabe über der Querbeschleunigung und Netzwerkausgabe über der Querablage für Messfahrten im Rahmen einer Kaltlanderprobung

Die linke Abbildung zeigt ein Abknicken der Netzwerkausgabe in der Nähe der Extremwerte der Querbeschleunigung. Die Stellaktivität des Netzwerkes, die zur Stabilisierung des Versuchsträgers notwendig ist, wird in diesen Bereichen maßgeblich durch die Annäherung bzw. das Überschreiten des Kraftschlusspotentials bestimmt. Da im Falle eines rutschenden Fahrzeuges eine potentiell höhere Stellausgabe nicht in einer äquivalenten Fahrzeugreaktion resultiert, besteht das Risiko eines unverhältnismäßigen Anstiegs der Netzwerkgewichte. Um das rutschende Fahrzeug zu stabilisieren, ist eine reine Erhöhung des Stellsignals nicht zielführend. Wie die Histogramme in Abbildung 9.21 und auch die Darstellungen in Abbildung 9.22 zeigen, erfolgt nach Annäherung an die Grenzen der maximalen Querbeschleunigung bei ausbleibender Fahrzeugreaktion auf den Reglerausgang eine Gegenreaktion des Netzwerkes.

In der rechten Teilabbildung, in der die Netzwerkausgabe über der Querablage aufgetragen wird, kann das Stellverhalten des neuronalen Netzwerkes in den Kontext der Fahrzeugstabilisierung gesetzt werden. In den Streckenabschnitten, in denen der Versuchsträger rutscht, wird entsprechend eine größere Querablage aufgebaut und die Stellaktivität des Netzwerkes steigt. Mit den sich wiederholenden Versuchen sinkt das Kraftübertragungspotential iterativ, sodass die Fahrzeugführung schrittweise erschwert wird und die Querablage entsprechend von Runde zu Runde ansteigt.

Der zeitliche Verlauf der Netzwerkreaktion auf den anwachsenden Fehler ist durch die Pfeile innerhalb der Abbildung angedeutet. Auf die aus dem Rutschen hervorgehende geänderte Fahrdynamik und die daraus resultierende eingeschränkte Steuerautorität reagiert das Netzwerk nicht mit einer kontinuierlich oder exponentiell ansteigenden Ausgabe. Während der Versuchsträger beispielsweise in der

Rechtskurve initial eine anwachsende, negative Querablage aufbaut, ändert sich der Gradient der Netzwerkausgabe bevor die maximale Ablage erreicht wird. Im Rahmen der Gegenreaktion flacht zunächst die Netzwerkausgabe ab, bis hin zu einem Vorzeichenwechsel und einem Stellsignal in entgegengesetzter Richtung. In der Folge kann der Querversatz abgebaut werden und das Fahrzeug wird stabilisiert. Gleichzeitig wird das Netzwerktraining in einem robusten Gewichtsraum gehalten, ohne Destabilisierung der Netzwerkausgabe oder des Versuchsträgers.

In Abbildung 9.23 sind der Verlauf der Frobenius Norm, die Gewichtsregularisierung sowie die Querablage über dem Streckenmeter dargestellt. Die Bereiche, in denen der Versuchsträger rutscht, sind farbig hinterlegt. Die Frobenius Norm zeigt in diesen Bereichen im Vergleich zur restlichen Strecke ein inhomogenes Verhalten.

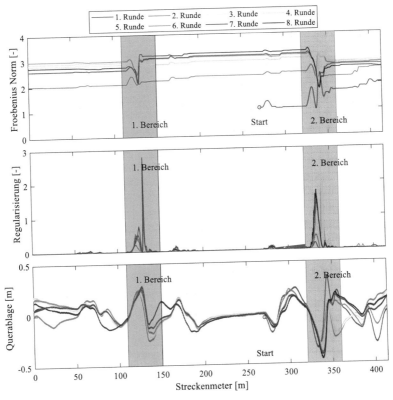

Abbildung 9.23 Frobenius Norm, Gewichtsregularisierung und Querablage über dem zurückgelegten Streckenmeter für Messfahrten im Rahmen einer Kaltlanderprobung

Analog zu den Untersuchungen im vorangegangenen Abschnitt, bei denen Fehler in das System gebracht wurden, ist eine starke Adaption der Frobenius Norm in den Bereichen erkennbar, in denen das Fahrzeug rutscht. Ähnlich wie bei dem künstlich aufgeschalteten Fehler stellen diese Bereiche Anomalien in Bezug auf die Fahrdynamik, die Eingänge sowie das Stellverhalten des neuronalen Netzwerkes im Vergleich zur restlichen Strecke dar. In den Bereichen der Strecke, die nicht farblich hinterlegt sind, können die Netzwerkgewichte analog zu den Versuchen in Abschnitt 9.2.1 und den fehlerfreien Experimenten in Abschnitt 9.2.2 schrittweise und mit moderater Dynamik angepasst werden. Im Falle des rutschenden Fahrzeuges erfordert die Gegenreaktion des Netzwerkes jedoch eine schnelle Anpassung der Gewichte, die sich in der Frobenius Norm äußert. Im ersten Schritt, in dem der Fehler aufgebaut wird, wächst die Norm. Anschließend erfolgt eine Gegenreaktion und die Norm sinkt, bis schließlich ein Anwachsen der Norm auf ein Niveau beobachtet werden kann, welches bis zum Eintreten des nächsten kritischen Streckensegments nur geringfügig variiert.

In der zweiten Zeile ist die Gewichtsregularisierung über dem Streckenmeter dargestellt. Entsprechend der Komplexität der Regelaufgabe und der notwendigen Dynamik in Bezug auf die Gewichtsadaption innerhalb des neuronalen Netzwerkes dominieren die Bereiche in denen das Fahrzeug rutscht, bezüglich der Gewichts-regularisierung. In den anderen Bereichen ist die Einflussnahme sehr gering und die Gewichte des Netzwerkes können weitestgehend ungestört angepasst werden. Im Gegensatz dazu schreitet die Gewichtsregularisierung in den Bereichen einem übermäßigen Anwachsen der Gewichte entgegen, in denen eine schnelle Reaktion des Netzwerkes außerhalb der bisher erlernten Zusammenhänge zur Stabilisierung des Versuchsträgers notwendig ist. Wie bereits eingangs erwähnt, führt die hohe Reproduzierbarkeit der autonomen Fahrten zu einer stetigen Verringerung des Kraft-übertragungspotentials. Dies äußert sich in stetig anwachsenden Netzwerkausgaben und im kritischen Bereich iterativ ansteigender Querablage. Ein entsprechendes Verhalten kann ebenfalls bei der Gewichtsregularisierung beobachtet werden, die entsprechend der Netzwerkreaktion temporär von Runde zu Runde ansteigt.

Die Bestrafung der Gewichte stellt eine Einschränkung beim Trainieren des neu-ronalen Netzwerkes dar. Ein daraus resultierender Kompromiss zwischen Robust-heit und eingeschränkter Regelgüte ist jedoch nicht zu erkennen. Die Darstellung der Querablage über dem Streckenmeter in der unteren Zeile zeigt die Präzision bei der Fahrzeugführung, die temporär im Falle des rutschenden Versuchsträgers auf maximal $0.48m$ ansteigt. Im weiteren Streckenverlauf sind Querablagen $\geq 0.2m$ nur sporadisch erkennbar und im ersten kritischen Bereich zeigt sich eine stetige Verbesserung des Regelfehlers nach Einleiten der stabilisierenden Maßnahmen. Das vorgestellte, adaptive Regelungskonzept zeigt entsprechend gute Ergebnisse bei der

Fahrdynamikregelung auf Niedrigreibwert sowie bei veränderlichem Reibkoeffizient. Das neuronale Netzwerk kann mit Hilfe der berücksichtigten Metriken robust im geschlossenen Regelkreis trainiert werden, ohne das eine Destabilisierung erkennbar wird.

Im nächsten Schritt werden Experimente vorgestellt, die auf der Rennstrecke Autódromo Internacional do Algarve in Portimao aufgezeichnet wurden.

9.3.2 Applikation der adaptiven Regelstrategie auf Rennstrecken

Messfahrten auf Rennstrecken bieten den Vorteil, den Versuchsträger mit hoher Dynamik in vergleichsweise sicheren Umgebungsbedingungen bewegen zu können. Die Streckenbreite sowie vorhandene Auslaufzonen ermöglichen einen relativ sicheren Betrieb und das Potential, die Regelstrategie grenzbereichsnah zu evaluieren. Analog zu den Messfahrten auf Niedrigreibwert soll der Versuchsträger bis an die Grenze der maximalen Kraftübertragung angeregt werden. Da in die adaptive Regelstrategie ausschließlich ein lineares Fahrzeugmodell integriert ist, soll das neuronale Netzwerk im Laufe der Versuchsfahrt nichtlineare Effekte abbilden und so die Regelgüte erhöhen. Neben dem adaptiven Regelungskonzept wird ein Referenzregler, analog zu [179], für die Querführung des Versuchsträgers betrachtet. Der Referenzregler besteht aus einem 2-Freiheitsgrade-Regelungskonzept mit einer Vorsteuerung, die ein invertiertes Fahrzeugmodell mit nichtlinearer Reifenkennlinie enthält sowie einem Stabilisierungsregler, der Ungenauigkeiten bezüglich der Querablage und des Gierwinkelfehlers ausgleicht. Ziel der Versuchsfahrten ist es, das Fahrzeug geregelt an die querdynamisch physikalischen Grenzen zu führen. Aus Sicherheitsgründen wurde die maximale Fahrgeschwindigkeit bei den Experimenten auf 140km/h begrenzt. Alle Messfahrten wurden bei sommerlichen Temperaturen und trockener Fahrbahn durchgeführt.

Abbildung 9.24 zeigt in der oberen Zeile die Häufigkeitsverteilungen der Querbeschleunigungen für den adaptiven Regler sowie den Referenzregler für eine zurückgelegte Runde auf dem Autódromo Internacional do Algarve in Portimao. In der unteren Zeile sind die GG-Diagramme der entsprechenden Messfahrten abgebildet.

Die Histogramme der Querbeschleunigung weisen für beide Regelungskonzepte wie erwartet starke Ähnlichkeiten auf. Beide Ansätze zeigen aufgrund der geraden Streckensegmente hohe Auftrittswahrscheinlichkeiten um die Nulllage. Für die Kurvensegmente werden sowohl für den adaptiven Regler, als auch den 2-Freiheitsgrade-Regler hohe Querbeschleunigungen von bis zu $\pm 10 m/s^2$ erreicht.

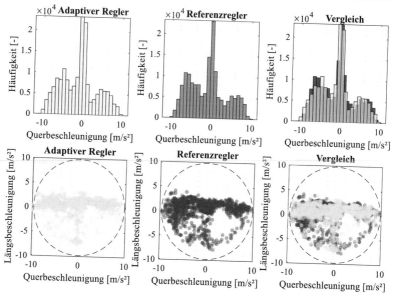

Abbildung 9.24 Oben: Häufigkeitsverteilung der Querbeschleunigung für eine Runde auf dem Autódromo Internacional do Algarve in Portimao. Dargestellt sind der adaptive Regler und der Referenzregler. Unten: GG-Diagramme der Messfahrten

Die GG-Diagramme zeigen ebenfalls eine vergleichbare Ausnutzung des fahrdynamischen Potentials. Während der Versuchsträger querdynamisch nah an den physikalischen Grenzen bewegt wird, ist in Bezug auf die Fahrzeugbeschleunigung und Verzögerung ungenutztes dynamisches Potential vorhanden, was beim Versuchsdesign bewusst gewählt wurde. Ziel ist die Untersuchung des Führungsverhaltens bezüglich maximaler querdynamischer Anregung.

In Abbildung 9.25 sind in der oberen Zeile die Häufigkeitsverteilungen der Querablage für den adaptiven Regler sowie den Referenzregler während der Messfahrten dargestellt.

Im Gegensatz zu den Ähnlichkeiten, die in Bezug auf die dynamischen Anregungen des Fahrzeuges in der vorherigen Abbildung offensichtlich waren, wird für die Histogramme der Querablage eine größere Abweichung zwischen den Regelungsstrategien deutlich. Beide Ansätze weisen die höchste Punktdichte in enger Verteilung um die Nulllage auf. Nach außen zeigt der adaptive Regler trotz vergleichbarer dynamischer Anregung eine geringere Streuung und engere Spreizung der Querablagen. Die maximalen Abweichungen liegen unter $\pm 1\,m$. Im Gegensatz

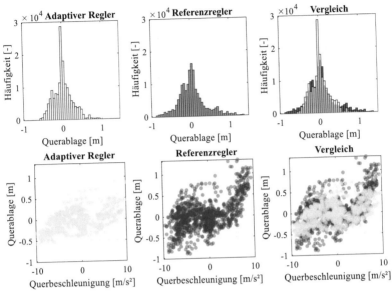

Abbildung 9.25 Ergebnisse für Messfahrten des Referenzreglers (2-Freiheitsgrade-Regler) und des adaptiven Reglers für eine Runde auf dem Autódromo Internacional do Algarve in Portimao. Obere Zeile: Darstellung der Häufigkeitsverteilung der Querablage für beide Regler. Untere Zeile: Darstellung der Querablage über der Querbeschleunigung

dazu weist der Referenzregler, mit einem invertierten nichtlinearen Reifenmodell eine breitere Verteilung der Querablage auf. Jedoch kann die Querablage meist unter $\pm 1\,m$ gehalten werden. Es treten nur sporadisch größere Abweichungen auf.

In der unteren Zeile der Abbildung sind die Querablagen über der Querbeschleunigung für die Messfahrten dargestellt. Für den adaptiven Regler ist die Verteilung der Ablagen in y-Richtung stärker gestaucht und Querablagen über $\pm 0.5\,m$ sind selten zu beobachten. Im Gegensatz dazu zeigt die Vergleichsmessung mit dem Referenzregler größere Abweichungen, insbesondere hin zu anwachsenden Querbeschleunigungen.

Die Parameter des 2-Freiheitsgrade-Regelungsansatzes wurden für die vorliegenden Messungen nicht a priori optimiert. Das bedeutet, dass die Identifikation der Reifenparameter des in die Vorsteuerung integrierten inversen Modells nicht anhand von Messdaten unmittelbar vor der Versuchsfahrt bestimmt wurden. Das Regelungskonzept ist hinreichend robust, um den Versuchsträger im fahrdynamischen Grenzbereich auf der Strecke zu bewegen. Dennoch können variierende Bedingungen wie Reifendruck und Reifentemperatur, Degradation der Bremsen, Variationen der Gewichtsverteilung im Versuchsträger, hohe Asphalttemperatur sowie nicht modellierte, aus dem Höhenprofil der Strecke resultierende Effekte die Führungsgenauigkeit beeinflussen.

Diese Effekte beeinflussen den adaptiven Regler und das hinterlegte lineare Fahrzeugmodell ebenfalls. Jedoch ist die Zielstellung, analog zu den Untersuchungen in Abschnitt 8.3.1, vorhandene Modellfehler durch die iterative Adaption des neuronalen Netzwerkes auszugleichen. Im Gegensatz zu den Simulationen wurden im Fahrversuch die herangezogenen Parameter nicht gezielt variiert, um eine höhere Unsicherheit hervorzurufen. Die adaptive Regelungsstrategie zeigt in Bezug auf den Querversatz das Potential, Unsicherheiten bis zu einem bestimmten Maß auszugleichen und das Fahrzeug bis an den fahrdynamischen Grenzbereich mit hoher Genauigkeit zu stabilisieren. In Abbildung 9.26 sind die Regelanteile der Regelungskonzepte über der Querbeschleunigung dargestellt.

In der linken Spalte sind die Ergebnisse des adaptiven Reglers abgebildet, rechts die aufgezeichneten Messdaten während der Experimente mit dem 2-Freiheitsgrade-Regler. Die obere Zeile stellt den vom jeweiligen Regelungssystem angeforderten Lenkradwinkel dar. Aufgrund des Versuchssetups ist der grundsätzliche Verlauf des Stellwinkels über der Querbeschleunigung sehr ähnlich. Beide Regelungskonzepte zeigen bis ca. $5m/s^2$ ein annähernd lineares Stellverhalten, wobei der angeforderte Lenkradwinkel mit höheren Querbeschleunigungen anwächst. Bei der Annäherung an die Maxima der Querbeschleunigung knickt auch der Lenkwinkel zu größeren Stellanforderungen hin ab. Der Gesamtlenkwinkel stellt für den adaptiven Regler den Ausgang des invertierten linearen Fahrzeugmodells dar und wird durch die innere Regelkaskade des Inversionsreglers maßgeblich beeinflusst. In der zweiten Zeile der Abbildung ist auf der linken Seite die Netzwerkausgabe über der Querbeschleunigung und in der dritten Zeile die Ausgabe des Basisreglers über der Querbeschleunigung dargestellt. Im Gegensatz zum adaptiven Regelsystem setzt sich das vom Regler kommandierte Stellsignal beim 2-Freiheitsgrade-Regler aus der Summe von Vorsteuerung und Stabilisierungsregler zusammen. In der zweiten Zeile ist entsprechend die Ausgabe der Vorsteuerung, in der dritten Zeile der Anteil des Stabilisierungsreglers über der Querbeschleunigung aufgetragen.

Ein direkter Vergleich der jeweiligen Anteile ist aufgrund der unterschiedlichen Ansätze komplex, da auf der linken Seite eine modifizierte Gierbeschleunigung an ein nachfolgendes Fahrzeugmodell kommandiert wird, wohingegen auf der rechten Seite direkt ein Anteil des Lenkradwinkels vorgegeben wird. Dennoch lassen sich trotz dieser Unterschiede grundsätzlich Ähnlichkeiten im qualitativen Stellverhalten feststellen. Die Vorsteuerung verfügt über explizites Modellwissen, da der Stellausgabe ein Fahrzeugmodell mit nichtlinearer Reifenkennlinie zu Grunde

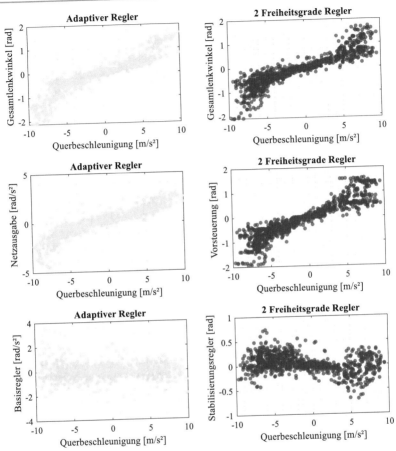

Abbildung 9.26 Darstellung der Stellaktivität über der Querbeschleunigung für eine Runde auf dem Autódromo Internacional do Algarve in Portimao. In der linken Spalte sind die Messergebnisse für den adaptiven Regler aufgetragen. In der rechten Spalte die Werte des Referenzreglers

liegt. Entsprechend kann das abknickende Systemverhalten ab einem bestimmten Dynamikbereich erklärt werden. Ein ähnliches Verhalten kann bei der Stellausgabe des neuronalen Netzwerkes beobachtet werden. Die Nichtlinearität, die im Rahmen des nachgeschalteten linearen invertierten Modells nicht abgebildet wird, ist in der Netzwerkausgabe zu erkennen und führt so zu einer genaueren Modellierung des Systemverhaltens. Auch wird deutlich, dass die qualitative Ausgabe des Netzwerkes dem Verlauf des Vorsteuersignals ähnelt. Beide Größen sind im Vergleich zu dem jeweils hinzu geschalteten Regler dominant und prägen das Verhalten der Gesamtregelausgabe maßgeblich. Im Gegensatz zum neuronalen Netzwerk operiert der Basisregler im Falle des adaptiven Regelungskonzeptes vor allem um die Nulllage. Bei hoher negativer Querbeschleunigung können sporadisch gegensinnige Stellausgaben im Vergleich zum Netzwerk beobachtet werden. Dennoch zeigt sich, dass das Netzwerk den dominanten Part der Regelung übernimmt und der Verlauf der Netzwerkausgabe den Gesamtlenkwinkel maßgeblich bestimmt. Auch wird deutlich, dass bis auf vereinzelte Punkte, die mit geringer Dichte und Häufigkeit auftreten, ein weitestgehend konstanter Bereich um die Nulllage durch den Basisregler aufgespannt wird, unabhängig von der Querbeschleunigung.

Für den 2-Freiheitsgrade-Regler zeigt sich ein grundsätzlich ähnliches Bild. Der Stabilisierungsregler regelt vor allem um die Nulllage. Im Gegensatz zum Basisregler beim adaptiven Ansatz wird die Stellaktivität zu höheren Querbeschleunigungen hin verstärkt, was eine geringere Abbildungsgenauigkeit der gewählten Systemparameter bei Annäherung an den Grenzbereich nahe legt. Der Verlauf der Regelaktivität gleicht in diesem Fall einer Hantel, wohingegen die Stellausgabe des Basisreglers beim adaptiven Ansatz einem in der Breite ansatzweise konstanten Schlauch ähnelt.

Während der 2-Freiheitsgrade-Regler mit einem festen Parametersatz ausgestattet ist und auftretende Unsicherheiten zu einem starken Anwachsen der Ausgabe des Stabilisierungsreglers führen, ist der adaptive Ansatz in der Lage, durch Anpassung der Netzwerkgewichte auf Modellunsicherheiten zu reagieren. So kann über die Laufzeit ein situationsbedingtes Training der Gewichte eine hohe Regelgüte bereitstellen. Darüber hinaus zeigt sich, dass das Netzwerk ohne explizit hinterlegtes Fahrzeugmodell oder Vorwissen über die Vorgänge im geschlossenen Regelkreis in der Lage ist, nichtlineare Zusammenhänge durch iteratives Training zu erfassen und in Kombination mit einem stark abstrahierten linearen Fahrzeugmodell den Versuchsträger mit hoher Präzision auf der Rennstrecke zu bewegen.

Im letzten Experiment soll der 2-Freiheitsgrade-Regler um ein identisches neuronales Netzwerk erweitert und die Eignung zur Stabilisierung des Versuchsträgers bei plötzlich aufgeschalteten Systemfehlern und hoher Dynamik betrachtet werden.

9.3.3 Applikation des neuronalen Netzwerkes in einer abweichenden Regelstrategie

In diesem Experiment sollen die Erkenntnisse zum robusten Betrieb des neuronalen Netzwerkes in einem abweichenden Regelungskonzept analysiert werden. In den bisherigen Untersuchungen wurde das Netzwerk in die innere Kaskade des in Kapitel 4 vorgestellten Reglers integriert. In diesem Fall wurde mit Hilfe des Netzwerkausgangs die angeforderte Gierbeschleunigung modifiziert, die wiederum mit Hilfe eines nachgeschalteten, invertierten Fahrzeugmodells in einen Wunschlenkwinkel überführt wurde. Im nächsten Schritt wird das neuronale Netzwerk in einem direkten Regelungsansatz zur Fahrzeugquerführung implementiert. Die Basis-Reglerarchitektur besteht analog zu [179] aus einer modellbasierten Vorsteuerung mit Pacejka Kennlinie und einer Trajektorienfolgeregelung, die das Fahrzeug bei Abweichungen in Bezug auf Querablage und Gierwinkelfehler stabilisiert. Dieser Regler wird analog zu Abbildung 9.27, um ein künstliches neuronales Netzwerk erweitert, welches einen direkten Einfluss auf den angeforderten Wunschlenkwinkel hat. Das neuronale Netzwerk wird analog zu den vorherigen Experimenten im geschlossenen Regelkreises trainiert und verfügt über kein a priori implementiertes Vorwissen. Die Zielstellung des neuronalen Netzwerkes liegt darin, das Fahrzeug zu stabilisieren und einer durch externe Störungen aufgezwungenen Destabilisierung entgegenzuwirken. Die Längsdynamikregelung ist analog zu Abschnitt 4.3 umgesetzt. Für die destabilisierende Störung wird ein Lenkradwinkelfehler von 70 ° bei hoher Fahrgeschwindigkeit sprungförmig ins System gebracht und die Bahnabweichung mit und ohne aktiviertem neuronalen Netzwerk verglichen.

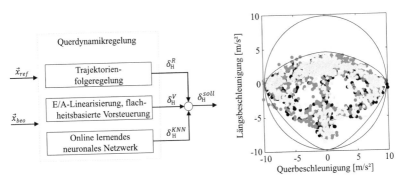

Abbildung 9.27 Regelungskomponenten der Querdynamikregelung und GG-Diagramm der dargestellten Experimente, eingefärbt nach Runden

Die im Rahmen dieses Abschnittes durchgeführten Experimente wurden in dem, in Abschnitt 9.1 beschriebenen, frontangetriebenen Fahrzeug der Kompaktklasse durchgeführt. Die Messungen wurden auf dem in Abbildung 9.28 dargestellten Rundkurs, bei trockenem Asphalt im Prüfgelände Ehra-Lessien aufgezeichnet. Das betrachtete Szenario unterteilt sich in drei Runden.

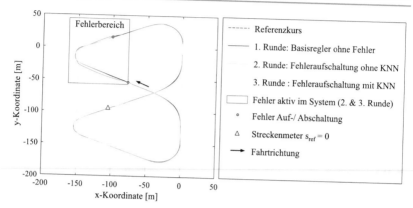

Abbildung 9.28 Trajektorie der beschriebenen Messfahrten. Zusätzlich markiert ist der Fehlerbereich, der Nullpunkt und die Fahrtrichtung

1. Runde: Autonome Fahrt auf der Trajektorie. Das künstliche neuronale Netzwerk ist inaktiv und liefert keinen Anteil zur Gesamtregelausgabe. Extern aufgeschaltete Störungen sind inaktiv.
2. Runde: Das neuronale Netzwerk bleibt inaktiv. Im gekennzeichneten Bereich wird ein sprunghafter Lenkwinkelfehler aufgeschaltet und gehalten. Der Fehlerfall destabilisiert das Fahrzeug und muss von der Regelstrategie kompensiert werden, ohne stützende Einflussnahme des neuronalen Netzwerkes.
3. Runde: Das neuronale Netzwerk ist aktiv und wird ohne Vorwissen in den Regelkreis integriert. Die Startgewichte sind dabei zufällig, jedoch sehr klein gewählt. So haben initiale Netzwerkausgaben zunächst geringen Einfluss auf die Regelung und werden bei Bedarf iterativ oder bei großen Fehlern mit hohem Gradienten verstärkt. Das Ziel ist es, bei hohen Abweichungen von der Sollvorgabe mit Hilfe des Netzwerkes, den Gesamtregelkreis zu stabilisieren.

Die Messfahrten wurden mit grenzbereichsnaher Dynamik durchgeführt. In der rechten Darstellung in Abbildung 9.27 sind die während der Messfahrten aufgezeichneten Beschleunigungen in Längs- und Querrichtung visualisiert. Der äußere Kreis stellt Beschleunigungen von $9.81 m/s^2$ dar, die jedoch aufgrund der fahrzeugspezifischen Restriktionen nur in Querrichtung sowie in Längsverzögerung, nicht jedoch bei positiven Längsbeschleunigungen umgesetzt werden können. Das grundsätzliche fahrdynamische Potential des betrachteten Versuchsfahrzeuges ist als „GG"-Muster mit Hilfe der schwarzen Linie in der Abbildung dargestellt. Die erfassten Beschleunigungen während der Messfahrt sind in Graustufen gemäß der zurückgelegten Runden, entsprechend der Legende in Abbildung 9.28, visualisiert. Es wird deutlich, dass das Dynamikpotential des Versuchsträgers in Querrichtung voll ausgenutzt wird. In Längsrichtung werden die systemseitigen Grenzen nicht vollständig ausgereizt. Dennoch ist erkennbar, dass das Fahrzeug in Längs- und Querrichtung hochdynamisch, bis in die Nähe der physikalischen Grenzen, bewegt wird. Der hochdynamische nichtlineare Bereich wurde für die Untersuchungen ausgewählt, um das Potential der beschriebenen Algorithmen bis an das fahrdynamische Limit des Versuchsträgers zu demonstrieren.In Abbildung 9.29 wird die Querablage des Versuchsträgers in dem Bereich der Trajektorie mit künstlich aufgeschaltetem Störeingriff dargestellt.

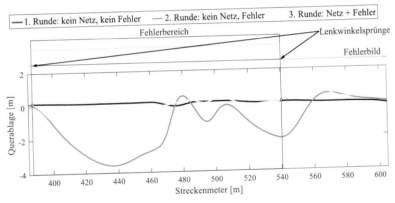

Abbildung 9.29 Querablage und Fehlerbild im Fehlerbereich für 3 Runden mit unterschiedlichen Reglerkonfigurationen sowie mit und ohne aufgeschaltetem Systemfehler

Die mittelgraue Linie beschreibt die Fahrt durch das betrachtete Segment in der ersten Runde ohne aufgeschalteten Fehler. In diesem Fall ist ausschließlich der Basisregler aktiv. Es wird deutlich, dass das Fahrzeug dem gewünschten Verlauf mit hoher Präzision folgt. Dies bestätigen die in Tabelle 9.2 aufbereiteten Ergebnisse des betrachteten Segments. Im fehlerfreien Fall beträgt die maximale Abweichung in diesem Streckenabschnitt $0.28m$.

In der zweiten Runde wird dem System ein sprungförmiger Lenkradwinkeloffset von 70° aufgeprägt, der im gekennzeichneten Bereich aktiv bleibt. In der zweiten Runde ist in diesem Streckensegment neben der Vorsteuerung ausschließlich der Stabilisierungsregler aktiv, der den Fehler kompensieren und das Fahrzeug stabili-

Tabelle 9.2 Analyse des Streckensegments mit aufgeprägtem Fehler für drei betrachtete Runden und unterschiedliche Szenarien

Runde	Fehlerbereich		
	MSE(dy) [m²]	Max(dy) [m]	
1	0.0306	0.2835	Fehlerfrei, nur Basisregler im Fehlerbereich aktiv
2	2.4982	3.1708	Fehler aktiv, nur Basisregler im Fehlerbereich aktiv
3	0.2619	1.4800	Fehler aktiv, Basisregler + KNN im Fehlerbereich aktiv

sieren muss. Diese Stabilisierung gelingt nur bedingt, da das Fahrzeug zwar nicht instabil wird, jedoch nach der Aufprägung des Fehlers zunächst Querablagen von $3.17m$ erreicht (vgl. Tabelle 9.2).

Das im Fehlerbereich liegende Kurvensegment kann mit einer Ablage von unter $1m$ durchfahren werden, jedoch kommt es zu Oszillationen in der Kurve sowie einer stetig erhöhten Ablage von der Sollbahn, die $2\,m$ erreicht und erst nach Abschalten des Lenkwinkeloffsets reduziert wird. In Abbildung 9.30 ist das gesamte Stellsignal der Regelstrategie, der Anteil des neuronalen Netzwerkes und des Trajektorienfolgereglers dargestellt.

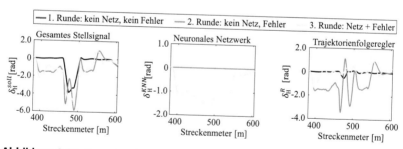

Abbildung 9.30 Gesamtregelausgabe, Stellaktivität des neuronalen Netzwerkes sowie Trajektorienfolgereglers im Fehlerbereich über die drei zurückgelegten Runden

Der Regelanteil des Trajektorienfolgereglers im rechten Subplot zeigt für die zweite Runde einen Offset von der Nulllage, der aufgrund des statischen Lenkwinkeloffsets zu Stande kommt sowie starke Oszillationen beim Durchfahren der Kurve, mit einer Amplitude von über $170°$ Lenkradwinkel, die sich direkt auf das Fahrzeug sowie das Führungsverhalten übertragen. Es wird deutlich, dass die zu

Grunde liegende Basiskonfiguration aus Vorsteuerung und Trajektorienfolgeregelung Schwierigkeiten hat, die betrachtete Störung auszugleichen.

In der dritten Runde ist das neuronale Netzwerk in die Regelung integriert und soll im Fehlerfall stabilisierend wirken und die restliche Regelstrategie entlasten. Ziel dabei ist es, die Kompensation auftretender Störungen nahezu vollständig durch das Netzwerk abzufangen, um so die Basiskonfiguration aus Trajektorienfolgeregler und Vorsteuerung in der Nähe des abgestimmten Arbeitspunktes betreiben zu können. Die in Abbildung 9.29 dargestellten Querablagen verdeutlichen, dass in einer durch das KNN gestützten Reglerkonfiguration die maximalen Ablagen nach Auftreten des Fehlerfalls deutlich reduziert werden. Tabelle 9.2 zeigt, dass die Abweichung von der Solltrajektorie um über 50% bis auf 1.48m verringert werden kann. Auch die Rückführung auf die Trajektorie erfolgt mit höherer Geschwindigkeit, gedämpft und in der Folge mit geringeren Oszillationen im Führungsverhalten. In Abbildung 9.31 ist der Regelquerschnitt einer viel befahrenen Landstraße nach RAS-Q (*Richtlinien für die Anlage von Straßen - Teil: Querschnitt*) dargestellt.

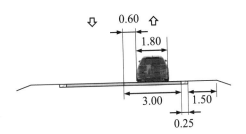

Abbildung 9.31 Regelquerschnitt einer viel befahrenen Landstraße nach RAS-Q

Bei Befahren der Mittellinie würde eine Abweichung von 0.6m ein Verlassen der Fahrspur nach sich ziehen. In der zweiten Runde wird eine Ablage von $> 0.6m$ in drei Segmenten überschritten. Insgesamt wird die Fahrspur für über 7s und 127m verlassen (vgl. Tabelle 9.3).

In der dritten Runde wird die kritische Ablage von 0.6m nur unmittelbar nachdem der Fehler auf-, bzw. abgeschaltet wird, überschritten. Insgesamt befindet sich der Versuchsträger für 2s und 51m im kritischen Bereich. Mit Blick auf die Stellaktivitäten der einzelnen Reglerelemente sowie das Gesamtstellsignal in Abbildung 9.30, lässt sich das beobachtete Verhalten erklären. Die Kombination aus neuronalem Netzwerk und Trajektorienfolgeregler bewirken als Gegenreaktion auf den induzierten Fehler zunächst ein heftigeres Gegenlenken, was zu einer schnelleren Stabilisierung des Fahrzeuges führt. In der Folge adaptiert sich das Netzwerk an den

Tabelle 9.3 Vergleich der Zeiten und Wegstrecke, die aufgrund des Fehlerfalls ein Verlassen der Fahrspur bedeuten würden

	Querversatz über 0.6 m	
Runde	Zeit [s]	Wegstrecke [m]
1	0	0
2	7.11	127.39
3	2.10	51.29

neuen fehlerbehafteten Zustand des Systems. Diese Adaption führt dazu, dass die Netzwerkausgabe im betrachteten Segment einen nahezu konstanten Offset liefert, der den konstanten Lenkwinkelfehler ausgleicht. So baut sich der Anteil des Trajektorienfolgereglers in kurzer Zeit ab und der Arbeitspunkt entspricht nahezu dem Auslegungszustand. In der zweiten, in mittelgrau dargestellten Runde wird deutlich, dass die Kombination aus Fehlerausgleich und performantem Führungsverhalten im Kurvensegment zu starker Oszillation der Reglerausgabe führt. Dies wird durch die Integration des KNN wesentlich reduziert. Um die Änderungen der netzinternen Vorgänge innerhalb der Runde beschreiben zu können, ist in Abbildung 9.32 die Frobenius Norm der Netzwerkgewichte über der befahrenden Strecke dargestellt.

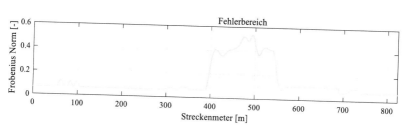

Abbildung 9.32 Frobenius Norm der Netzwerkgewichte über dem zurückgelegten Streckenmeter

Die Abbildung verdeutlicht, dass kurz nach Aktivieren des neuronalen Netzwerkes zwischen Streckenmeter 50 und 100, eine Veränderung des Gewichtsniveaus erfolgt. Da das Netzwerk ohne jegliches Vorwissen über den fahrdynamischen Zusammenhang zwischen Netzwerkausgabe und deren Einfluss auf die Fahrzeugführung im Regelkreis implementiert wird, muss es initial zu Anpassungen des Gewichtsniveaus kommen, die sich im betrachteten Fall beim Befahren der ersten Kurve in der Änderung der Frobenius Norm äußern. In der Folge ist die Veränderung des Gewichtsniveaus gering, was mit der präzisen Fahrzeugführung der ursprünglichen Regelstrategie zusammenhängt. Erst bei der Fehleraufschaltung und dem daraus veränderten Systemzustand ist eine erhebliche Anpassung der Netzwerkgewichte notwendig. Nachdem der Fehler abgeschaltet wird, kehrt die Frobenius-Norm auf ein vergleichbares Gewichtsniveau zurück und der Einfluss des neuronalen Netzwerkes auf die Fahrzeugführung ist entsprechend gering.

Die Ergebnisse zeigen die grundsätzliche Eignung das iterativ lernende neuronale Netzwerk in unterschiedliche Applikationen integrieren zu können. Einerseits ist die übergeordnete Zielstellung in allen betrachteten Experimenten identisch, da ein Versuchsträger durch adaptive Querdynamikregelung präzise auf einer gewünschten Trajektorie geführt werden soll. Andererseits zeigen diese Ergebnisse, dass bei unterschiedlicher Stelldynamik in einer abweichenden Regelungsstrategie, ein iterativ lernendes neuronales Netzwerk unter Berücksichtigung der im Rahmen der Arbeit vorgestellten Kriterien, einen Mehrwert in Bezug auf die Güte der Fahrdynamikregelung bringen kann. Diese Ergebnisse legen nahe, dass eine Applikation der Ideen und Ansätze der präsentierten Arbeit einen Gewinn in Anwendungen auch außerhalb der Fahrdynamikregelung bereitstellen können.

Zusammenfassung und Ausblick 10

In dieser Arbeit wurde die Kombination eines modellbasierten Regelungskonzeptes und eines lernenden, künstlichen neuronalen Netzwerkes zur Querführung eines autonomen Versuchsträgers untersucht. Dabei wird das Netzwerk nicht wie üblich mit großen Datenmengen vortrainiert, sondern ausschließlich im geschlossenen Regelkreis optimiert. Die primäre Intention liegt dabei insbesondere in der effizienten Nutzung vorhandener Ressourcen sowie der Symbiose einer modellfreien und einer modellbasierten Systemkomponente. Die Absicht ist es einerseits, ansatzspezifische Schwächen zu minimieren und gleichzeitig die Stärken beider Ansätze zu aggregieren. Der analysierte Regelansatz soll das Potential aufzeigen, ein Fahrzeug bis in den fahrdynamischen Grenzbereich zu bewegen. Darüber hinaus soll eine Adaption auf Unsicherheiten und Systemeinschränkungen bei gleichzeitig robustem Systemverhalten und hoher Regelgüte bereitgestellt werden. Dabei liegt dem modellbasierten Teil des Regelungskonzeptes ein stark abstrahiertes Fahrzeugmodell zu Grunde und das neuronale Netzwerk soll ohne a priori vermitteltes Vorwissen im geschlossenen Regelkreis trainiert werden, um die Vereinfachungen bei der Modellierung des physikalischen Modells zu kompensieren. Durch die iterative Anpassung der Netzwerkgewichte im geschlossenen Regelkreis können so bei geeigneter Wahl der Trainingsparameter unterschiedliche Störungen ausgeglichen werden und eine gesteigerte Regelgüte sowohl in simulativen Betrachtungen als auch im Realbetrieb aufgezeigt werden. Die gezeigten Ansätze erlauben eine schnelle Anpassung an Störungen sowie den robusten Langzeitbetrieb über mehrere betrachtete Runden auf Strecken mit unterschiedlich komplexer Streckengeometrie. Um die Anforderungen in ein leistungsfähiges Regelungskonzept zu überführen, wurden zunächst umfangreiche theoretische Überlegungen unternommen, die in den Kapiteln 2, 3 und 4 erläutert werden. Sie bilden die Grundlage der späteren Simulationen und Fahrversuche.

© Der/die Autor(en), exklusiv lizenziert an Springer Fachmedien Wiesbaden GmbH, ein Teil von Springer Nature 2024
J. Kaste, *Künstliche neuronale Netzwerke zur adaptiven Fahrdynamikregelung*, AutoUni – Schriftenreihe 171, https://doi.org/10.1007/978-3-658-43109-9_10

265

Im ersten Abschnitt der theoretischen Überlegungen werden die fahrzeugtechnischen Grundlagen erläutert und Modelle mit voneinander abweichenden Graden der Abstraktion mathematisch beschrieben. Im Rahmen der Arbeit wurden unterschiedliche Fahrzeugmodelle berücksichtigt. Für die Simulationen wird als Regelstrecke ein nichtlineares Fahrzeugmodell mit Pacejka-Reifenkennlinie, Wankmodell und modellierter Systemdynamik herangezogen. Im Gegensatz dazu wird für den modellbasierten Anteil des adaptiven Reglers ein invertiertes, lineares Einspurmodell verwendet. So soll mit Hilfe eines möglichst simplen Fahrzeugmodells mit geringem Parametrierungsaufwand die grundlegende Fahrdynamikregelung bereitgestellt werden. Gleichzeitig soll die Erweiterung um ein neuronales Netzwerk die Möglichkeit bieten, getroffene Vereinfachungen, Annäherungen an nichtlineares Systemverhalten oder Fehler bei der Systemidentifikation zu erlernen und auszugleichen. Das komplexere Modell in der Regelstrecke bietet die Möglichkeit, eine bewusste Diskrepanz zwischen Regler und Fahrzeug abzubilden und die Stabilisierung des Fahrzeuges mit Hilfe des neuronalen Netzwerkes im Rahmen von Simulationen zu testen.

Der zentrale Bestandteil der adaptiven Regelungsstrategie ist das iterativ lernende, neuronale Netzwerk. In der Arbeit wurden die Netzwerke, Trainingsverfahren und Regularisierungsmetriken in Matlab/Simulink programmiert, um sie sowohl im Rahmen von Simulationen als auch während der Fahrversuche auf einer echtzeitfähigen Recheneinheit im geschlossenen Regelkreis trainieren zu können. Um ein dateneffizientes, iteratives Training während der Fahrversuche zu ermöglichen und gleichzeitig einen sicheren Betrieb des Versuchsträgers während hochdynamischer Fahrmanöver realisieren zu können, müssen verschiedene Designparameter berücksichtigt werden. Entsprechend wird im zweiten Teil der theoretischen Grundlagen in Kapitel 3 ausführlich auf die Netzwerkarchitektur, Trainingsverfahren und Aktivierungsfunktionen eingegangen und das Netzwerktraining mit Hilfe von Backpropagation erläutert. Dadurch wird die Basis für die nachfolgenden Untersuchungen zu geeigneten Netzwerkkonfigurationen geschaffen, die in Simulation und Fahrversuch einen Beitrag zur Regelstrategie leisten.

Im letzten Teil der theoretischen Betrachtungen wird das umgesetzte Regelungskonzept betrachtet und die Synthese aus modellbasierten Regelungskomponenten und künstlichem neuronalen Netzwerk erläutert. Da das Augenmerk auf die Querführung des Versuchsträgers gerichtet ist, wird der Ansatz für die laterale Fahrzeugregelung detailliert erklärt und die Ideen und Annahmen für die weiteren Experimente dargestellt. Der wesentliche Fokus liegt auf einem grundsätzlich einfachen Ansatz der gut parametrierbar ist. Dabei soll das gewählte Konzept aufzeigen, dass ein einfaches Modell in Kombination mit einem lernenden neuronalen Netzwerk ausreicht, um selbst komplexe Szenarien der Fahrzeugführung zu meistern.

In den Kapiteln 5 bis 8 werden anschließend zahlreiche Simulationen durchgeführt und zunächst die Komponenten der Simulationsumgebung erläutert. Anschließend werden die Simulationsergebnisse mit Realdaten aus den Fahrversuchen validiert, um die Abbildungsgüte der betrachteten Simulationsumgebung bewerten zu können. Dieser Schritt ist sinnvoll, um aus der Simulation gewonnene Erkenntnisse in Bezug auf die nachfolgende Applikation im Versuchsträger bewerten zu können. Zudem wird die adaptive Regelstrategie mit einem Basisnetzwerk demonstriert, welches in Bezug auf die Architektur und Netzwerkeingänge als Referenz weiterführender Experimente dient.

In Kapitel 6 werden unterschiedliche Freiheitsgrade des Netzwerkdesigns auf den Einfluss der Adaptionsgeschwindigkeit des KNNs im geschlossenen Regelkreis untersucht. Da das Potential eines neuronalen Netzwerkes ohne jeglichen Vorwissens demonstriert werden soll, spielt die Anpassungsgeschwindigkeit an resultierende Regelfehler eine entscheidende Rolle. Dabei muss sichergestellt werden, dass aufgrund zu schneller Gewichtsanpassungen oder dem Überspringen von Minima im Fehlerraum keine Destabilisierung des Trainings durch hohe Gradienten bei der Gewichtsanpassung resultieren. Die Ergebnisse für eine simulierte Runde auf einer geometrisch einfachen Trajektorie im linearen Fahrdynamikbereich zeigen das Potential des neuronalen Netzwerkes, die Reglerperformanz zu verbessern. Obwohl im vorliegenden Kontext keine Grundwahrheit (*Ground Truth*) für optimale Stellsignale existiert, zeigt das Netzwerk für die dargestellten Experimente bei geeigneter Wahl der Designparameter die Fähigkeit, selbstorganisiert die Korrelation aus eigener Stellausgabe, Fahrzeugreaktion und Führungsgenauigkeit zu erfassen und in eine situativ passende Regelstrategie zu überführen. Die Regelgüte kann so im Vergleich zum Basisregler teilweise deutlich verbessert werden.

In Kapitel 7 werden die zuvor betrachteten Untersuchungen mit Blick auf die Langzeitstabilität des Netzwerkes im geschlossenen Regelkreis untersucht. Mit Hilfe von sinnvoll gewählten Fehlerschranken, Eingangsnormalisierung und Gewichtsregularisierung kann das Netzwerktraining über eine hohe Anzahl von Runden stabilisiert und die Netzwerkgewichte für das betrachtete Szenario durch iteratives Training im geschlossenen Regelkreis in einen quasi-stationären Zustand überführt werden, in dem nur noch eine seltene und geringfügige Anpassung erfolgt. Gleichzeitig zeigen sich deutliche Verbesserungen in der Regelgüte.

Im letzten Teil der durchgeführten Simulationen wird in Kapitel 8 die Generalisierbarkeit der gewonnenen Erkenntnisse überprüft. Dazu werden Simulationen auf komplexeren Strecken, bei höherer Dynamik sowie bei unterschiedlichen Fehlerzuständen untersucht. Die Ergebnisse verdeutlichen, dass der simple Basisregler bei Annäherung an ein nichtlineares Systemverhalten sowie bei Ungenauigkeiten durch fehlerhafte Parameteridentifikation einen erhöhten Regelfehler aufweist, der je nach

Komplexität der Regelaufgabe ansteigt. Die Integration des neuronalen Netzwerkes zeigt in den betrachteten Untersuchungen, dass eine robuste Applikation in komplexen Umgebungsbedingungen möglich ist, der Basisregler unterstützt wird und die Führungsgenauigkeit dadurch deutlich gesteigert wird. Die implementierten Designparameter sorgen dabei für ein robustes Netzwerktraining im geschlossenen Regelkreis.

In Kapitel 9 erfolgt der Transfer der simulativ durchgeführten Untersuchungen auf einen prototypischen, frontangetriebenen Versuchsträger der Kompaktklasse. Die Fahrversuche zeigen für Fahrten im linearen sowie nichtlinearen Operationsbereich sowohl kurze Zeit nachdem das Netzwerk aktiv in die Regelstrategie eingreift, als auch über die Dauer der Fahrversuche eine hohe Führungsgenauigkeit des Versuchsträgers. Bei künstlich aufgeschalteten Systemfehlern trägt die Modifikation der Netzwerkgewichte und die daraus resultierende Adaption des Querdynamikreglers an den fehlerbehafteten Zustand dazu bei, eine schnelle Gegenreaktion auf das Fehlverhalten bereitzustellen. Auch für Erprobungen auf einer Fahrbahnoberfläche mit geringerem Kraftübertragungspotential aufgrund von Eis und Schnee sowie bei hohen Querbeschleunigungen auf der Rennstrecke zeigt sich, dass die Kombination aus einfachem Modell und neuronalem Netzwerk die nichtlineare Fahrzeugdynamik in der Regelstrategie abbilden kann. Im Vergleich zu einem Referenzregler mit integrierter, nichtlinearer Reifenkennlinie zeigt die Netzwerkausgabe eine Annäherung an das nichtlineare Modell. Im Vergleich zum nichtlinearen physikalischen Modell ist das Netzwerk aufgrund der Adaption der Gewichte jedoch weniger anfällig für ein Systemverhalten, welches vom Identifikationszustand der zu Grunde gelegten Parameter abweicht. Darüber hinaus werden die Betrachtungen zu Netzwerkdesign, Stabilisierung und Trainingsverfahren außerhalb der kaskadierten Regelstrategie in ein abweichendes Regelungskonzept integriert. Trotz unterschiedlicher Fehlermetriken zeigen sich für diesen Fall ebenfalls robuste Ergebnisse für die adaptive Fahrzeugführung.

Ausblick

Die im Rahmen der Arbeit gewonnenen Ergebnisse zeigen das Potential eines in Echtzeit lernenden, neuronalen Netzwerkes zur adaptiven Querführung eines autonomen Versuchsträgers auf. Untersucht wurden dabei unterschiedliche Szenarien bei variierenden Umgebungsbedingungen. Als Basis stellte das grundlegende Regelungskonzept, mit einem linearen, invertierten Fahrzeugmodell eine Umgebung zur Verfügung, in der das Netzwerk iterativ die Zusammenhänge aus Eingangsgrößen, Stellaktivität, Fahrzeugreaktion und Fehlermetrik erlernen und durch direkte Interaktion mit der Umgebung die Führungsgenauigkeit verbessern konnte. Im Rahmen der Aufgabenstellung wurde dabei ausschließlich die Querdynamikregelung betrachtet. Des Weiteren sollte das Netzwerk zufällig und ohne Vorwissen in den geschlossenen Regelkreis implementiert werden.

Die Experimente auf Niedrigreibwert bei rutschendem Fahrzeug stellen grundsätzlich eine Herausforderung für den im Rahmen der Arbeit dargestellten Ansatz dar. Einerseits kann das Fahrzeug und das Training des Netzwerkes stabilisiert werden, andererseits verhindern Änderungen der Gewichte, die in den entsprechenden Segmenten der Strecke notwendig sind, um die veränderte Stellanforderung zu realisieren, dass über den gesamten Zustandsraum ein homogener Lernprozess einsetzt. Ein ähnliches Bild zeigt sich bei aufgeschalteten Systemfehlern, deren Ausgleich in der derzeitigen Umsetzung eine starke Gewichtsänderung nach sich zieht. Ein erster möglicher Ansatzpunkt wäre die Erweiterung der Netzwerkeingänge, um unterschiedliche Szenarien detaillierter zu beschreiben und eine globale Abbildung des Problems zu ermöglichen. Analog zu Tabelle 5.2 wurden für die Netzwerkeingänge nur sehr wenige Parameter gewählt, die sich auf Fahrdynamikgrößen des Versuchsträgers sowie den Basisregler beziehen. Eine Erweiterung um beispielsweise den Schwimmwinkel, die gewünschten Vorgaben aus der Bahnplanung für die aktuelle sowie zukünftige Planungsgrößen oder Signale aus dem Fahrdynamikbeobachter, sowie kommandierte und tatsächlich anliegende Größen, z. B. kommandierter und an der EPS gemessener Lenkradwinkel, scheinen für zukünftige Arbeiten eine sinnvolle Erweiterung der Netzwerkeingänge.

Darüber hinaus scheint die Informationsverarbeitung innerhalb der Querführung einerseits gute Ergebnisse zu liefern, andererseits kann der Versuch, eine Fahraufgabe bei potentiell sehr hohen Unsicherheiten oder gar Fehlern bei voller Dynamik auszuführen, grundsätzlich sicherheitskritisch sein. Entsprechend ist für weiterführende Aufgaben die Kopplung zwischen Längs- und Querführung, bzw. ein direkter Austausch mit der Bahnplanung denkbar. Wären für die Einhaltung der vorgegebenen Fahrlinie beispielsweise Gewichtsänderungen mit sehr hohem Gradienten notwendig, könnte eine planerseitige Entschärfung der Dynamik eingeleitet werden.

Um im Netzwerk potentiell mehr Freiheitsgrade für die Abbildung des Fahrverhaltens bereitzustellen, wäre eine Erweiterung der Eingabesignale um längere Zeitreihen bzw. die Implementierung rekurrenter Netzwerkstrukturen denkbar. Da diese einen potentiellen Konflikt mit der Echtzeitfähigkeit des Trainings sowie schneller Konvergenz der Netzwerkgewichte im geschlossenen Regelkreis mit sich bringen können, wäre ein Vortraining des Netzwerkes in der Simulation und eine nachträgliche Optimierung der Gewichte im Realfahrzeug eine interessante Option für weiterführende Untersuchungen. Für bessere Konvergenzeigenschaften könnten zudem Mini-Batches, die eine Aggregation weniger Kombinationen der Eingänge und Fehlergrößen darstellen, für das Netzwerk herangezogen werden.

Darüber hinaus wurden die untersuchten Ansätze nur in einem Versuchsträger appliziert. Die Eigenschaften des iterativ lernenden Netzwerkes bringen jedoch grundsätzlich das Potential mit, in unterschiedlichen Fahrzeugtypen und Klassen eingesetzt zu werden. Für weiterführende Arbeiten stellt die Applikation eines einheitlich abgestimmten Fahrdynamikreglers, mit wenigen fahrzeugspezifischen Parametern und einem sich an Unsicherheiten adaptierenden neuronalen Netzwerkes das Potential dar, den Abstimmaufwand menschlicher Experten deutlich zu reduzieren.

Die dargestellten Ergebnisse zeigen auf einer experimentellen Basis das Potential eines sich in Echtzeit adaptierenden Regelansatzes auf. Da je nach Netzwerkgröße und Komplexität sowie bei sich ändernden Eingängen, Fehlergrößen und Aktivierungsfunktionen ein Regelsystem entsteht, das viele hundert Parameter zur Laufzeit variiert, ist der Stabilitätsnachweis eines solchen Systems komplex. An dieser Stelle ist in der Zukunft ein theoretisches Konzept für die Absicherung maschineller Lernverfahren im regelungstechnischen Kontext wünschenswert. Eine Alternative würde der Einsatz eines vergleichbaren Ansatzes zur Adaption von Systemparametern darstellen, die in ein physikalisches Modell überführt und mit passenden Systemgrenzen abgesichert werden können.

Literaturverzeichnis

1. AL-QIZWINI, M., BARJASTEH, I., AL-QASSAB, H., AND RADHA, H. Deep learning algorithm for autonomous driving using googlenet. In *2017 IEEE Intelligent Vehicles Symposium (IV)* (June 2017), pp. 89–96.

2. ALTCHÉ, F., AND DE LA FORTELLE, A. An LSTM network for highway trajectory prediction. *CoRR abs/1801.07962* (2018).

3. ANTHONY BEST DYNAMICS. *STEERING ROBOT SR Series, Mechanical Hardware, Installation and Operation.* Anthony Best Dynamics, Holt Road, Bradford on Avon, Wiltshire. BA15 1AJ. England, 2006.

4. ATTWELL, D., AND LAUGHLIN, S. An energy budget for signaling in the grey matter of the brain. *Journal of cerebral blood flow and metabolism : official journal of the International Society of Cerebral Blood Flow and Metabolism 21* (10 2001), 1133–45.

5. AUDI MEDIA CENTER. Audi bringt das sportlichste pilotiert fahrende Auto der Welt auf die Rennstrecke. https://www.audi-mediacenter.com/de/pressemitteilungen/audi-bringt-das-sportlichste-pilotiert-fahrende-auto-der-welt-auf-die-rennstrecke-1215, Dezember 2014. Accessed: 19.12.2017, 12:47 Uhr.

6. BARUSHKA, A., AND HÁJEK, P. Spam filtering using regularized neural networks with rectified linear units. In *AI*IA 2016 Advances in Artificial Intelligence* (Cham, 2016), G. Adorni, S. Cagnoni, M. Gori, and M. Maratea, Eds., Springer International Publishing, pp. 65–75.

7. BAUM, L. F. *Ozma of Oz.* The Reilly and Lee Co., 1907, ch. 4. Tiktok, the Machine Man.

8. BEIKER, S. *Deployment Scenarios for Vehicles with Higher-Order Automation.* Springer Berlin Heidelberg, Berlin, Heidelberg, 2016, pp. 193–211.

9. BELLMAN, R. *An Introduction to Artificial Intelligence: Can Computers Think?* Boyd & Fraser, 1978.

10. BLOCH, G., LAUER, F., AND COLIN, G. *Computational Intelligence in Automotive Applications.* Springer-Verlag Berlin Heidelberg, 2008, ch. On Learning Machines for Engine Control, pp. 125–142.

11. BOJARSKI, M., YERES, P., CHOROMANSKA, A., CHOROMANSKI, K., FIRNER, B., JACKEL, L. D., AND MULLER, U. Explaining how a deep neural network trained with end-to-end learning steers a car. *CoRR abs/1704.07911* (2017).

12. BORTZ, J., D. N. *Forschungsmethoden und Evaluation für Sozialwissenschaftler.* Springer Verlag Berlin, 1995.

© Der/die Herausgeber bzw. der/die Autor(en), exklusiv lizenziert an Springer Fachmedien Wiesbaden GmbH, ein Teil von Springer Nature 2024
J. Kaste, *Künstliche neuronale Netzwerke zur adaptiven Fahrdynamikregelung*, AutoUni – Schriftenreihe 171, https://doi.org/10.1007/978-3-658-43109-9

13. BOUGANIS, A., AND SHANAHAN, M. Training a spiking neural network to control a 4-dof robotic arm based on spike timing-dependent plasticity. In *The 2010 International Joint Conference on Neural Networks (IJCNN)* (July 2010), pp. 1–8.

14. BROSIUS, F. *SPSS 8 Professionelle Statistik unter Windows*. MITP Verlag, 1998.

15. BRUNNER, M., ROSOLIA, U., GONZALES, J., AND BORRELLI, F. Repetitive learning model predictive control: An autonomous racing example. In *2017 IEEE 56th Annual Conference on Decision and Control (CDC)* (2017), pp. 2545–2550.

16. BRYSON, A. E., HO, Y. C., AND SIOURIS, G. M. Applied optimal control: Optimization, estimation, and control. *IEEE Transactions on Systems, Man, and Cybernetics 9*, 6 (June 1979), 366–367.

17. BUCHANAN, B. G. A (very) brief history of artificial intelligence. *AI Magazine Volume 26 Number 4* (2006).

18. BUGHIN, J., HAZAN, E., RAMASWAMY, S., CHUI, D. M., ALLAS, T., DAHLSTRÖM, P., HENKE, N., AND TRENCH, M. Artificial intelligence, the next digital frontier. *McKinsey Global Institute Study* (2017).

19. BUNDESMINESTERIUM FÜR VERKEHR UND DIGITALE INFRASTRUKTUR. Verkehr und Mobilität in Deutschland – Daten und Fakten kompakt -. https://www.bmvi. de/SharedDocs/DE/Publikationen/G/verkehr-und-mobilitaet-in-deutschland.pdf?__ blob=publicationFile, 2016. Accessed: 19.12.2017, 18:29 Uhr.

20. BUSINESSINSIDER DE. We put Siri, Alexa, Google Assistant, and Cortana through a marathon of tests to see who's winning the virtual assistant race – here's what we found. http://www.businessinsider.de/siri-vs-google-assistant-cortana-alexa-2016-11?op=1, 2016. Accessed: 26.12.2017, 17:50 Uhr.

21. BUSINESSINSIDER DE. A Japanese insurance firm replaced 30 workers with IBM's artificial intelligence technology. http://www.businessinsider.de/japanese-insurance-employees-replaced-ibm-watson-2017-1?r=UK&IR=T, 2017. Accessed: 26.12.2017, 14:19 Uhr.

22. CAMPBELL, M., HOANE JR., A. J., AND HSU, F.-H. Deep blue. *Artificial Intelligence 134*, 1–2 (2002), 57–83.

23. CERUZZI, P. E. *Beyond the Limits: Flight Enters the Computer Age*. MIT Press, Cambridge, MA, USA, 1989.

24. CHAKRAVARTHY, K. V. Development of a steer axle tire blowout model for tractor semitrailers in trucksim. Master's thesis, Graduate School of The Ohio State University, 2013.

25. CHAPELLE, O., SCHLKOPF, B., AND ZIEN, A. *Semi-Supervised Learning*, 1st ed. The MIT Press, 2010.

26. CIRANO., AND DUGAS, C. *Incorporating Second-order Functional Knowledge for Better Option Pricing*. Série scientifique. CIRANO, 2002.

27. CLEVERT, D., UNTERTHINER, T., AND HOCHREITER, S. Fast and accurate deep network learning by exponential linear units (elus). *CoRR abs/1511.07289* (2015).

28. CONTINENTAL. E-auto/e-car. http://videoportal-en.continental-corporation.com/ corporate/e-auto-e-car, 1969. Accessed: 18.12.2017, 17:54 Uhr.

29. CONTINENTAL. Road database. https://www.continental-automotive.com/de-DE/ Passenger-Cars/Interior/Software-Solutions-Services/eHorizon/Road-Database, 2017. Accessed: 19.12.2017, 13:11 Uhr.

30. CORDTS, M., OMRAN, M., RAMOS, S., REHFELD, T., ENZWEILER, M., BENENSON, R., FRANKE, U., ROTH, S., AND SCHIELE, B. The cityscapes dataset for semantic urban scene understanding. *CoRR abs/1604.01685* (2016).
31. DESTATIS – STATISTISCHES BUNDESAMT. Polizeilich erfasste Unfälle. https://www.destatis.de/DE/ZahlenFakten/Wirtschaftsbereiche/TransportVerkehr/Verkehrsunfaelle/Tabellen_/Strassenverkehrsunfaelle.html, 2016. Accessed: 29.12.2017, 22:26 Uhr.
32. DEVINEAU, G., POLACK, P., ALTCHÉ, F., AND MOUTARDE, F. Coupled longitudinal and lateral control of a vehicle using deep learning. *CoRR abs/1810.09365* (2018).
33. DICKMANNS, E. D. *Dynamic Vision for Perception and Control of Motion*. Springer-Verlag New York, Inc., Secaucus, NJ, USA, 2007.
34. DICKMANNS, E. D., BEHRINGER, R., DICKMANNS, D., HILDEBRANDT, T., MAURER, M., THOMANEK, F., AND SCHIEHLEN, J. The seeing passenger car ‚vamors-p'. In *Intelligent Vehicles '94 Symposium, Proceedings of the* (Oct 1994), pp. 68–73.
35. DIERMEYER, F. *Methode zur Abstimmung von Fahrdynamikregelsystemen hinsichtlich Überschlagsicherheit und Agilität*. PhD thesis, Technische Universität München, 2008.
36. DING, X., ZHANG, Y., LIU, T., AND DUAN, J. Deep learning for event-driven stock prediction. In *Proceedings of the 24th International Conference on Artificial Intelligence* (2015), IJCAI'15, AAAI Press, pp. 2327–2333.
37. DOZAT, T. Incorporating nesterov momentum into adam.
38. DREWS, P., WILLIAMS, G., GOLDFAIN, B., THEODOROU, E. A., AND REHG, J. M. Aggressive deep driving: Combining convolutional neural networks and model predictive control. In *Proceedings of the 1st Annual Conference on Robot Learning* (13–15 Nov 2017), S. Levine, V. Vanhoucke, and K. Goldberg, Eds., vol. 78 of *Proceedings of Machine Learning Research*, PMLR, pp. 133–142.
39. DSPACE GMBH. *MicroAutoBox II Hardware Installation and Configuration*, release 2014-b ed. dSPACE GmbH, dSPACE GmbH, Rathenaustraße 26, 33102 Paderborn, Germany, Nov. 2014.
40. DUBEY, A., AND JAIN, V. *Comparative Study of Convolution Neural Network's Relu and Leaky-Relu Activation Functions*. 01 2019, pp. 873–880.
41. DUCHI, J., HAZAN, E., AND SINGER, Y. Adaptive subgradient methods for online learning and stochastic optimization. *J. Mach. Learn. Res. 12* (July 2011), 2121–2159.
42. EFFERTZ, J. *Autonome Fahrzeugführung in urbaner Umgebung durch Kombination objekt- und kartenbasierter Umfeldmodelle*. 2009.
43. ENDE, K. T. R. V., SCHAARE, D., KASTE, J., KÜÇÜKAY, F., HENZE, R., AND KALLMEYER, F. K. Practicability study on the suitability of artificial, neural networks for the approximation of unknown steering torques. *Vehicle System Dynamics 54*, 10 (2016), 1362–1383.
44. ERAQI, H. M., MOUSTAFA, M. N., AND HONER, J. End-to-end deep learning for steering autonomous vehicles considering temporal dependencies. *CoRR abs/1710.03804* (2017).
45. FAGNANT, D. J., AND KOCKELMAN, K. Preparing a nation for autonomous vehicles: Opportunities, barriers and policy recommendations for capitalizing on self-driven vehicles. *Transportation Research Part A 77: 167–181* (2015).
46. FAN, Q., HOU, F. H., AND SHI, F. Bent identity-based cnn for image denoising. *Journal of Applied Science and Engineering 23* (September 2020), 547–554.

47. FEIGENBAUM, E. A., AND FELDMAN, J. *Computers and Thought.* First AAAI Press Edition (First published 1963 by McGraw-Hill Book Company), 1995.

48. FERRUCCI, D. A., BROWN, E. W., CHU- CARROLL, J., FAN, J., GONDEK, D., KALYANPUR, A., LALLY, A., MURDOCK, J. W., NYBERG, E., PRAGER, J. M., SCHLAEFER, N., AND WELTY, C. A. Building watson: An overview of the deepqa project. *AI Magazine 31*, 3 (2010), 59–79.

49. FISCHER, R., T. BUTZ, M. E., AND IRMSCHER, M. Fahrermodellierung für Fahrdynamik und Verbrauchsberechnungen. In *2. Berliner Fachtagung Fahrermodellierung* (2008).

50. FOK HING CHI TIVIVE, AND BOUZERDOUM, A. Efficient training algorithms for a class of shunting inhibitory convolutional neural networks. *IEEE Transactions on Neural Networks 16*, 3 (May 2005), 541–556.

51. GARCIA, B., AND VIESCA, S. A. Real-time american sign language recognition with convolutional neural networks. *Convolutional Neural Networks for Visual Recognition 2* (2016), 225–232.

52. GASSER, T. M., ARZT, C., AYOUBI, M., BARTELS, A., EIER, J., FLEMISCH, F., HÄCKER, D., HESSE, T., LOTZ, W. H. C., MAURER, M., RUTH- SCHUMACHER, S., SCHWARZ, J., AND VOGT, W. Rechtsfolgen zunehmender Fahrzeugautomatisierung. *Forschung kompakt, Bundesanstalt für Straßenwesen* (2012).

53. GEDDES, N. B. *Magic Motorways.* Random House, 1940.

54. GEE, S. S., HANG, C. C., LEE, T. H., AND ZHANG, T. *Stable Adaptive Neural Network Control.* Springer Science + Business Media, LLC, 2002.

55. GHAZIZADEH, A., FAHIM, A., AND EL- GINDY, M. Neural networks representation of a vehicle model : ‚neuro-vehicle (nv)'. *International Journal of Vehicle Design 17*, 1 (1996), 55–75.

56. GLOROT, X., AND BENGIO, Y. Understanding the difficulty of training deep feedforward neural networks. In *In Proceedings of the International Conference on Artificial Intelligence and Statistics. Society for Artificial Intelligence and Statistics* (2010).

57. GLOROT, X., BORDES, A., AND BENGIO, Y. Deep sparse rectifier neural networks. In *Proceedings of the Fourteenth International Conference on Artificial Intelligence and Statistics* (Fort Lauderdale, FL, USA, 11–13 Apr 2011), G. Gordon, D. Dunson, and M. Dudík, Eds., vol. 15 of *Proceedings of Machine Learning Research*, PMLR, pp. 315–323.

58. GRAVES, A., MOHAMED, A., AND HINTON, G. E. Speech recognition with deep recurrent neural networks. In *IEEE International Conference on Acoustics, Speech and Signal Processing, ICASSP 2013, Vancouver, BC, Canada, May 26–31, 2013* (2013), pp. 6645–6649.

59. GRIGORESCU, S., TRASNEA, B., COCIAS, T., AND MACESANU, G. A survey of deep learning techniques for autonomous driving. *Journal of Field Robotics 37*, 3 (Apr 2020), 362–386.

60. GU, J., NEUBIG, G., CHO, K., AND LI, V. O. K. Learning to translate in real-time with neural machine translation. *CoRR abs/1610.00388* (2016).

61. GUNDLACH, I. *Zeitoptimale Trajektorienplanung für automatisiertes Fahren bis in den fahrdynamischen Grenzbereich.* PhD thesis, TU Darmstadt, Düren, 2020.

62. GUNDLACH, I., AND KONIGORSKI, U. Modellbasierte Online-Trajektorienplanung für zeitoptimale Rennlinien. *at – Automatisierungstechnik 67* (09 2019), 799–813.

63. GUNDLACH, I., KONIGORSKI, U., AND HOEDT, J. Zeitoptimale Trajektorienplanung für automatisiertes Fahren im fahrdynamischen Grenzbereich. Eine modellbasierte Rundenzeitoptimierung für seriennahe Fahrzeuge. In *VDI-Berichte* (2017), V.-F.. Automatisiertes Fahren und vernetzte Mobilität, AUTOREG, Ed., vol. 2292, pp. 223–234.

64. HAGAN, M. T., AND MENHAJ, M. B. Training feedforward networks with the marquardt algorithm. *IEEE transactions on Neural Networks 5*, 6 (1994), 989–993.

65. HAHNLOSER, R. H. R., SARPESHKAR, R., MAHOWALD, M. A., DOUGLAS, R. J., AND SEUNG, H. S. Digital selection and analogue amplification coexist in a cortex-inspired silicon circuit. *Nature 405* (2000), 947–951.

66. HAMET, P., AND TREMBLAY, J. Artificial intelligence in medicine. *Metabolism 69* (2017), S36–S40. Insights Into the Future of Medicine: Technologies, Concepts, and Integration.

67. HAMMOND, J. H., AND PURINGTON, E. S. A history of some foundations of modern radio-electronic technology*. *Proceedings of the IRE* (1957).

68. HAYKIN, S. *Neural Networks and Learning Machines*. No. Bd. 10 in Neural networks and learning machines. Prentice Hall, 2009.

69. HE, K., ZHANG, X., REN, S., AND SUN, J. Delving deep into rectifiers: Surpassing human-level performance on imagenet classification. In *Proceedings of the 2015 IEEE International Conference on Computer Vision (ICCV)* (Washington, DC, USA, 2015), ICCV '15, IEEE Computer Society, pp. 1026–1034.

70. HEBB, D. O. *The Organization of Behavior – A NEUROPSYCHOLOGICAL THEORY*. John Wiley & Sons Inc., 1949.

71. HECKER, S., DAI, D., AND GOOL, L. V. End-to-end learning of driving models with surround-view cameras and route planners, 2018.

72. HEISSING, B. *Fahrwerkhandbuch: Grundlagen, Fahrverhalten, Fahrdynamik, Komponenten, Elektronische Systeme, Fahrerassistenz, Autonomes Fahren, Perspektiven*, vol. 5. Auflage of *ATZ-MTZ-Fachbuch*. Springer Vieweg, 2017.

73. HINTON, G., DENG, L., YU, D., DAHL, G., RAHMAN MOHAMED, A., JAITLY, N., SENIOR, A., VANHOUCKE, V., NGUYEN, P., SAINATH, T., AND KINGSBURY, B. Deep neural networks for acoustic modeling in speech recognition. *Signal Processing Magazine* (2012).

74. HOCHREIN, P. *Leistungsoptimale Regelung von Hochstromverbrauchern im Fahrwerk*. PhD thesis, Universität Kassel, 2013.

75. HOCHREITER, S., BENGIO, Y., AND FRASCONI, P. Gradient flow in recurrent nets: the difficulty of learning long-term dependencies. In *Field Guide to Dynamical Recurrent Networks*. IEEE Press, 2001.

76. HOLZAPFEL, F. *Nichtlineare adaptive Regelung eines unbemannten Fluggerätes*. PhD thesis, Technische Universität München, 2004.

77. HÜTTER, A. Verkehr auf einen Blick. Tech. rep., Statistisches Bundesamt, April 2013.

78. HUBER, A., AND GERDTS, M. A dynamic programming mpc approach for automatic driving along tracks and its realization with online steering controllers ** this material is partly based upon work supported by the air force office of scientific research, air force materiel command, usaf, under award no, fa9550-14-11-0298.*IFAC-PapersOnLine 50* (07 2017), 8686–8691.

79. ITTIYAVIRAH, S., ALLWYN JONES, S., AND SIDDARTH, P. Analysis of different activation functions using backpropagation neural networks. *Journal of Theoretical and Applied Information Technology 47* (01 2013), 1344–1348.

80. JANAI, J., GÜNEY, F., BEHL, A., AND GEIGER, A. Computer vision for autonomous vehicles: Problems, datasets and state-of-the-art. *CoRR abs/1704.05519* (2017).

81. JARITZ, M., DE CHARETTE, R., TOROMANOFF, M., PEROT, E., AND NASHASHIBI, F. End-to-end race driving with deep reinforcement learning. In *2018 IEEE International Conference on Robotics and Automation (ICRA)* (2018), pp. 2070–2075.

82. JI, X., HE, X., LV, C., LIU, Y., AND WU, J. Adaptive-neural-network-based robust lateral motion control for autonomous vehicle at driving limits. *Control Engineering Practice 76* (04 2018).

83. KAPANIA, N., AND GERDES, J. Design of a feedback-feedforward steering controller for accurate path tracking and stability at the limits of handling. *Vehicle System Dynamics 53* (06 2015), 1–18.

84. KAPANIA, N. R., AND GERDES, J. C. Path tracking of highly dynamic autonomous vehicle trajectories via iterative learning control. In *2015 American Control Conference (ACC)* (2015), pp. 2753–2758.

85. KAPANIA, N. R., SUBOSITS, J., AND CHRISTIAN GERDES, J. A Sequential Two-Step Algorithm for Fast Generation of Vehicle Racing Trajectories. *Journal of Dynamic Systems, Measurement, and Control 138*, 9 (06 2016). 091005.

86. KEFFERPÜTZ, K. *Regelung für Systeme unter Stellgrößen- und Stellratenbeschränkungen*. PhD thesis, Technische Universität Darmstadt, 2012.

87. KINGMA, D. P., AND BA, J. Adam: A method for stochastic optimization. *CoRR abs/1412.6980* (2014).

88. KLAMBAUER, G., UNTERTHINER, T., MAYR, A., AND HOCHREITER, S. Self-normalizing neural networks. *CoRR abs/1706.02515* (2017).

89. KRAFTFAHRT BUNDESAMT. Bestand in den Jahren 1960 bis 2017 nach Fahrzeugklassen. https://www.kba.de/DE/Statistik/Fahrzeuge/Bestand/FahrzeugklassenAufbauarten/b_fzkl_zeitreihe.html, 2017. Accessed: 30.12.2017, 06:41 Uhr.

90. KRÜGER, T. *Zur Anwendung neuronaler Netzwerke in adaptiven Flugregelungssystemen*. PhD thesis, Technische Universität Carolo-Wilhelmina zu Braunschweig, 2012.

91. KRITAYAKIRANA, K. M. *AUTONOMOUS VEHICLE CONTROL AT THE LIMITS OF HANDLING*. PhD thesis, Stanford University, 2012.

92. KRIZHEVSKY, A., SUTSKEVER, I., AND HINTON, G. E. Imagenet classification with deep convolutional neural networks. *Neural Information Processing Systems 25* (01 2012).

93. KRUSE, R., BORGELT, C., BRAUNE, C., KLAWONN, F., MOEWES, C., AND STEINBRECHER, M. *Computational Intelligence Eine methodische Einführung in Künstliche Neuronale Netze, Evolutionäre Algorithmen, Fuzzy-Systeme und Bayes-Netze*, 2 ed. Computational Intelligence. Springer Vieweg, Wiesbaden, 2015.

94. LAURENSE, V. A., AND GERDES, J. C. Speed control for robust path-tracking for automated vehicles at the tire-road friction limit. AVEC 2018.

95. LAURENSE, V. A., AND GERDES, J. C. Speed control for robust path-tracking for automated vehicles at the tire-road friction limit. AVEC 2018.

96. LECUN, Y., BENGIO, Y., AND HINTON, G. Deep learning. *Nature 521* (2015), 436–444.

97. LECUN, Y., BOTTOU, L., ORR, G. B., AND MÜLLER, K. R. *Efficient BackProp.* Springer Berlin Heidelberg, 1998, pp. 9–50.

98. LECUN, Y., MULLER, U., BEN, J., COSATTO, E., AND FLEPP, B. Off-road obstacle avoidance through end-to-end learning. In *Proceedings of the 18th International Conference on Neural Information Processing Systems* (Cambridge, MA, USA, 2005), NIPS 05, MIT Press, pp. 739–746.

99. LEE K. B., KIM Y.J., A. O. S. K. Y. B. Lateral control of autonomous vehicle using levenberg-marquardt neural network algorithm. *Int J Automot Technol 3*, 2 (2002), 71–77.

100. LEFEVRE, S., CARVALHO, A., AND BORRELLI, F. Autonomous car following: A learningbased approach. In *2015 IEEE Intelligent Vehicles Symposium (IV)* (2015), pp. 920–926.

101. LEFÈVRE, S., CARVALHO, A., AND BORRELLI, F. A learning-based framework for velocity control in autonomous driving. *IEEE Transactions on Automation Science and Engineering 13*, 1 (2016), 32–42.

102. LEMLEY, J., BAZRAFKAN, S., AND CORCORAN, P. Deep learning for consumer devices and services: Pushing the limits for machine learning, artificial intelligence, and computer vision. *IEEE Consumer Electronics Magazine 6*, 2 (2017), 48–56.

103. LENNIE, P. The cost of cortical computation. *Current Biology 13*, 6 (2003), 493–497.

104. LINGAM, Y. K. The role of artificial intelligence (ai) in making accurate stock decisions in e-commerce industry. *International Journal of Advance Research, Ideas and Innovations in Technology 4* (2018), 2281–2286.

105. LIPPE, W.- M. *Soft-Computing.* Springer Verlag, Berlin Heidelberg, 2006.

106. LITMAN, T. Autonomous vehicle implementation predictions. *Victoria Transport Policy Institute* (2016).

107. LUTZ, H., AND WENDT, W. *Taschenbuch der Regelungstechnik*, 9. Auflage ed. Verlag Harri Deutsch, 2012.

108. MAURER, M., GERDES, J. C., LENZ, B., AND WINNER, H. *Autonomous Driving.* Springer Open, 2015.

109. MCCARTHY, J., MINSKY, M. L., ROCHESTER, N., AND SHANNON, C. E. A proposal for the dartmouth summer research project on artificial intelligence, august31, 1955. *AI Magazine Volume 26 Number 4* (2006).

110. MCCULLOCH, W., AND PITTS, W. A logical calculus of the ideas immanent in nervous activity. *Bulletin of Mathematical Biophysics* (1943).

111. MCKINSEY & COMPANY. Carsharing & Co.: 2030 über zwei Billionen Dollar Umsatzpotenzial. https://www.mckinsey.de/files/170309_pm_shared_mobility_final.pdf, 2017. Accessed: 19.12.2017, 18:24 Uhr.

112. MEIER, F., HENNIG, P., AND SCHAAL, S. Efficient bayesian local model learning for control. In *2014 IEEE/RSJ International Conference on Intelligent Robots and Systems* (2014), pp. 2244–2249.

113. MILLER, D. C., AND VALASEK, C. Remote exploitation of an unaltered passenger vehicle. *Black Hat USA 2015, 91* (2015).

114. MINEU, N. L, LUDERMIR, T. B, AND ALMEIDA, L. M. Topology optimization for artificial neural networks using differential evolution. In *The 2010 International Joint Conference on Neural Networks (IJCNN)* 2010), pp. 1–7.

115. MINSKY, M., AND PAPERT, S. *Perceptrons: An Introduction to Computational Geometry*. MIT Press, Cambridge, MA, USA, 1969.
116. MINTZ, Y., AND BRODIE, R. Introduction to artificial intelligence in medicine. *Minimally Invasive Therapy & Allied Technologies 28*, 2 (2019), 73–81. PMID: 30810430.
117. MITSCHKE, MAMFRED; WALLENTOWITZ, H. *Dynamik der Kraftfahrzeuge*, 5., überarbeitete und ergänzte Auflage ed. Springer, 2014.
118. MURTFELDT, E. W. Highways of the future. *Popular Science* (1938).
119. NAIR, V., AND HINTON, G. E. Rectified linear units improve restricted boltzmann machines. In *ICML* (2010), J. Fürnkranz and T. Joachims, Eds., Omnipress, pp. 807–814.
120. NARENDRA, K., AND ANNASWAMY, A. A new adaptive law for robust adaptation without persistent excitation. *IEEE Transactions on Automatic Control 32*, 2 (Feb 1987), 134–145.
121. NETTER, F. Künstliche Intelligenz im Auto – Applikationen, Technologien und Herausforderungen. *ATZelektronik – Sonderheft zur ELIV* (2017).
122. NG, A. Y. Feature selection, l1 vs. l2 regularization, and rotational invariance. In *Proceedings of the Twenty-First International Conference on Machine Learning* (New York, NY, USA, 2004), ICML '04, Association for Computing Machinery, p. 78.
123. NGUYEN- TUONG, D., PETERS, J., AND SEEGER, M. Local gaussian process regression for real time online model learning and control. In *Proceedings of the 21st International Conference on Neural Information Processing Systems* (Red Hook, NY, USA, 2008), NIPS?08, Curran Associates Inc., pp. 1193–1200.
124. NWANKPA, C., IJOMAH, W., GACHAGAN, A., AND MARSHALL, S. Activation functions: Comparison of trends in practice and research for deep learning. *CoRR abs/1811.03378* (2018).
125. OETJEN, J. Using artificial intelligence in the fight against spam. *Network Security 2019*, 7 (2019), 17–19.
126. OGUNMOLU, O. P., GU, X., JIANG, S. B., AND GANS, N. R. Nonlinear systems identification using deep dynamic neural networks. *CoRR abs/1610.01439* (2016).
127. ON TECHNOLOGY NATIONAL SCIENCE, C., COUNCIL, T., AND PRESS, P. H. *Preparing for the Future of Artificial Intelligence*. CreateSpace Independent Publishing Platform, North Charleston, SC, USA, 2016.
128. OSTAFEW, C., COLLIER, J., SCHOELLIG, A., AND BARFOOT, T. Learning-based nonlinear model predictive control to improve vision-based mobile robot path tracking. *Journal of Field Robotics 33* (06 2015).
129. OSTAFEW, C., SCHOELLIG, A., AND BARFOOT, T. Robust constrained learning-based nmpc enabling reliable mobile robot path tracking. *The International Journal of Robotics Research 35* (05 2016).
130. OSTAFEW, C. J., SCHOELLIG, A. P., AND BARFOOT, T. D. Visual teach and repeat, repeat, repeat: Iterative learning control to improve mobile robot path tracking in challenging outdoor environments. In *2013 IEEE/RSJ International Conference on Intelligent Robots and Systems* (2013), pp. 176–181.
131. OUYANG, W., AND WANG, X. Joint deep learning for pedestrian detection. In *2013 IEEE International Conference on Computer Vision* (Dec 2013), pp. 2056–2063.

132. OXFORD TECHNICAL SOLUTIONS. *RT – Inertial and GPS Measurement System User Manual.* Oxford Technical Solutions, Oxford Technical Solutions Limited, 77 Heyford Park, Upper Heyford, Oxfordshire, OX25 5HD, England, 2013.

133. PACEJKA, H. *Tyre and Vehicle Dynamics.* Automotive engineering. Butterworth-Heinemann, 2006.

134. PAN, Y., CHENG, C., SAIGOL, K., LEE, K., YAN, X., THEODOROU, E. A., AND BOOTS, B. Agile off-road autonomous driving using end-to-end deep imitation learning. *CoRR abs/1709.07174* (2017).

135. PANOMRUTTANARUG, B. Application of iterative learning control in tracking a dubin?s path in parallel parking. *International Journal of Automotive Technology 18* (12 2017), 1099–1107.

136. PATWARDHAN, S., TOMIZUKA, M., ZHANG, W.-B., AND DEVLIN, P. Theory and experiments of tire blow-out effects and hazard reduction control for automated vehicle lateral control system. In *American Control Conference, 1994* (June 1994), vol. 2, pp. 1207–1209 vol.2.

137. PEROT, E., JARITZ, M., TOROMANOFF, M., AND DE CHARETTE, R. End-to-end driving in a realistic racing game with deep reinforcement learning. In *2017 IEEE Conference on Computer Vision and Pattern Recognition Workshops (CVPRW)* (2017), pp. 474–475.

138. POMERLEAU, D. Alvinn: An autonomous land vehicle in a neural network. In *NIPS* (1988).

139. PROF. DR.- ING. KARTSTEN LEMMER. Einführungsvortrag Autonomes Fahren. http://www.acatech.de/fileadmin/user_upload/Baumstruktur_nach_Website/Acatech/root/de/Aktuelles___Presse/Dossiers/Dossier_Mobilitaet/Akademietag_2014/acatech-Akademietag_Vortrag_Lemmer.pdf, 2014. Accessed: 29.12.2017, 22:26 Uhr.

140. PROKHOROV, D. *Computional Intelligence in Automotive Applications.* Springer-Verlag Berlin Heidelberg, 2008.

141. PWC. 2030 braucht der Verkehr in Europa 80 Millionen weniger Autos als heute. https://www.pwc.de/de/pressemitteilungen/2017/2030-braucht-der-verkehr-in-europa-80-millionen-weniger-autos-als-heute.html, 2017. Accessed: 19.12.2017, 18:20 Uhr.

142. RAJAN, K., AND SAFFIOTTI, A. Towards a science of integrated ai and robotics. *Artificial Intelligence 247* (2017), 1–9. Special Issue on AI and Robotics.

143. RAMACHANDRAN, P., ZOPH, B., AND LE, Q. V. Searching for activation functions. *CoRR abs/1710.05941* (2017).

144. RATSABY, J., AND VENKATESH, S. S. Learning from a mixture of labeled and unlabeled examples with parametric side information. In *Annual Conference Computational Learning Theory* (1995).

145. REHDER, E., QUEHL, J., AND STILLER, C. Driving like a human: Imitation learning for path planning using convolutional neural networks. In *ICRA 2017 – IEEE International Conference on Robotics and Automation: 29 May–3 June 2017; Singapore* (2017).

146. RICH, E., AND KNIGHT, K. *Artificial intelligence (2. ed.).* McGraw-Hill, 1991.

147. ROJAS, R. *Neural Networks A Systematic Introduction.* Springer-Verlag, 1996.

148. ROSENBLATT, F. The perceptron: A probabilistic mode for information storage and organization in the brain. *PsycPsychological Review. 65, No. 6* (1958).

149. ROSENBLATT, F. Principles of neurodynamics – perceptrons and the theory of brain mechanisms. Tech. rep., Cornell Aeronautical Laboratory, Inc., Bufallo 21, New York, 1961.

150. ROSOLIA, U., CARVALHO, A., AND BORRELLI, F. Autonomous racing using learning model predictive control. *CoRR abs/1610.06534* (2016).

151. RUDER, S. An overview of gradient descent optimization algorithms. *CoRR abs/1609.04747* (2016).

152. RUMELHART, D. E., HINTON, G. E., AND WILLIAMS, R. J. Learning representations by back-propagating errors. *Nature 323*, 6088 (Oct. 1986), 533–536.

153. RUSSELL, S., AND NORVIG, P. *Artificial Intelligence: A Modern Approach*, third ed. Series in Artificial Intelligence. Prentice Hall, Upper Saddle River, NJ, 2010.

154. RUTHERFORD, S., AND COLE, D. Modelling nonlinear vehicle dynamics with neural networks. *International Journal of Vehicle Design – INT J VEH DES 53* (07 2010).

155. SALLAB, A., ABDOU, M., PEROT, E., AND YOGAMANI, S. Deep reinforcement learning framework for autonomous driving. *Electronic Imaging 2017* (01 2017), 70–76.

156. SASSI, S., AND SASSI, A. Destabilising effect of tyre burst on vehicle's dynamics. *International Journal of Vehicle Systems Modelling and Testing 10* (01 2015), 185.

157. SCHMIDT, R. F., LANG, F., AND THEWS, G. *Physiologie des Menschen mit Pathophysiologie*. Springer-Lehrbuch, 2005.

158. SCHNETTER, P. *Sliding-Mode-Lernverfahren für neuronale Netzwerke in adaptiven Regelungssystemen*. PhD thesis, Braunschweig University of Technology, Germany, 2017.

159. SCHNETTER, P., KASTE, J., AND KRÜGER, T. Advanced sliding mode online training for neural network flight control applications. In *AIAA GUIDANCE, NAVIGATION, AND CONTROL CONFERENCE 2015; Kissimmee, FL, USA* (01 2015).

160. SCHRAMM, D., HILLER, M., AND BARDINI, R. *Modellbildung und Simulation der Dynamik von Kraftfahrzeugen*. Springer Berlin Heidelberg, 2010.

161. SERMANET, P., AND LECUN, Y. Traffic sign recognition with multi-scale convolutional networks. In *The 2011 International Joint Conference on Neural Networks* (July 2011), pp. 2809–2813.

162. SHEN, Y. L., LI, S. H., AND GUO, J. B. Investigation on dynamic responses of a heavy vehicle with tire blow-out based on matlab/simulink.

163. SIGAUD, O., SALAÜN, C., AND PADOIS, V. On-line regression algorithms for learning mechanical models of robots: A survey. *Robotics and Autonomous Systems 59* (12 2011), 1115–1129.

164. SILVER, D., HUANG, A., MADDISON, C. J., GUEZ, A., SIFRE, L., VAN DEN DRIESSCHE, G., SCHRITTWIESER, J., ANTONOGLOU, I., PANNEERSHELVAM, V., LANCTOT, M., DIELEMAN, S., GREWE, D., NHAM, J., KALCHBRENNER, N., SUTSKEVER, I., LILLICRAP, T., LEACH, M., KAVUKCUOGLU, K., GRAEPEL, T., AND HASSABIS, D. Mastering the game of Go with deep neural networks and tree search. *Nature 529*, 7587 (Jan. 2016), 484–489.

165. SIVAK, M., AND SCHOETTLE, B. Road safety with self-driving vehicles: General limitations and road sharing with conventional vehicles. *The University of Michigan, Report No. UMTRI-2015-2* (2015).

166. SOLA, J., AND SEVILLA, J. Importance of input data normalization for the application of neural networks to complex industrial problems. *IEEE Transactions on Nuclear Science 44*, 3 (Jun 1997), 1464–1468.

167. SPECTRUM, I. Autonomous vehicle driving from italy to china. https://spectrum.ieee.org/automaton/robotics/robotics-software/autonomous-vehicle-driving-from-italy-to-china, September 2010. Accessed: 19.12.2017, 9:59 Uhr.

168. SPIELBERG, N. A., BROWN, M., KAPANIA, N. R., KEGELMAN, J. C., AND GERDES, J. C. Neural network vehicle models for high-performance automated driving. *Science Robotics 4*, 28 (2019).

169. STANLEY, K. O., AND MIIKKULAINEN, R. Efficient evolution of neural network topologies. In *Proceedings of the 2002 Congress on Evolutionary Computation. CEC'02 (Cat. No.02TH8600)* (May 2002), vol. 2, pp. 1757–1762 vol.2.

170. STEVENS, C. Die Nervenzelle. *Gehirn und Nervensystem* (1988), 2–13.

171. STONE, P., BROOKS, R., BRYNJOLFSSON, E., CALO, R., ETZIONI, O., HAGER, G., HIRSCHBERG, J., KALYANAKRISHNAN, S., KAMAR, E., KRAUS, S., LEYTON-BROWN, K., PARKES, D., PRESS, W., SAXENIAN, A., SHAH, J., TAMBE, M., AND TELLER, A. Artificial intelligence and life in 2030. one hundred year study on artificial intelligence: Report of the 2015-2016 study panel. *Doc:* http://ai100.stanford.edu/2016-report. (Sept. 2016). Accessed: September 6, 2016.

172. SUBOSITS, J., AND GERDES, J. From the racetrack to the road: Real-time trajectory replanning for autonomous driving. *IEEE Transactions on Intelligent Vehicles PP* (03 2019), 1–1.

173. SUBOSITS, J., AND GERDES, J. Impacts of model fidelity on trajectory optimization for autonomous vehicles in extreme maneuvers. *IEEE Transactions on Intelligent Vehicles PP* (01 2021), 1–1.

174. SUBOSITS, J., AND GERDES, J. C. Autonomous vehicle control for emergency maneuvers: The effect of topography. In *2015 American Control Conference (ACC)* (July 2015), pp. 1405–1410.

175. SUN, L., PENG, C., ZHAN, W., AND TOMIZUKA, M. A fast integrated planning and control framework for autonomous driving via imitation learning, 2017.

176. SUTSKEVER, I. *Training Recurrent Neural Networks*. PhD thesis, University of Toronto, 2013.

177. SUTTON, R. S., AND BARTO, A. G. *Introduction to Reinforcement Learning*, 1st ed. MIT Press, Cambridge, MA, USA, 1998.

178. TALUKDAR, S., ADEEL AWAN, M., TREMLETT, A., SASTRY, V., AND PURDY, D. Preview based vehicle steering control using neural networks. vol. 2.

179. TEMPLER, M., KASTE, J., HOCHREIN, P., AND MENNENGA, B. Learning delta policies for automated driving via reinforcement learning. In *30th Aachen Colloquium Sustainable Mobility* (2021).

180. TESLA. Full Self-Driving Hardware on All Cars. https://www.tesla.com/autopilot/?utm_campaign=GL_AP_101916&utm, 2017. Accessed: 19.12.2017, 13:52 Uhr.

181. TETKO, I. V., LIVINGSTONE, D. J., AND LUIK, A. I. Neural network studies. 1. comparison of overfitting and overtraining. *Journal of chemical information and computer sciences 35*, 5 (1995), 826–833.

182. TSUGAWA, S., YATABE, T., HIROSE, T., AND MATSUMOTO, S. An automobile with artificial intelligence. In *Proceedings of the 6th International Joint Conference on*

Artificial Intelligence – Volume 2 (San Francisco, CA, USA, 1979), IJCAI'79, Morgan Kaufmann Publishers Inc., pp. 893–895.

183. TURING, A. M. Computing machinery and intelligence. *Mind 59*, 236 (1950), 433–460.

184. URNES, J. Intelligent flight systems: Progress and potential of this technology. *Aviation Safety Technical Conference* (2007).

185. VAN ENDE, K. *Fahrzeugbewertung im Lenkwinkel-Kleinsignalbereich*. Schriftenreihe des Instituts für Fahrzeugtechnik TU Braunschweig. 2016.

186. VARGAS, J. A. R., HEMERLY, E. M., AND VILLAREAL, E. R. L. Stability Analysis of A Neuro-Identification Scheme with Asymptotic Convergence. *International Journal of Artificial Intelligence & Applications (IJAIA) Volume 3, Number 4* (2012).

187. WANG, W.-C., SILVA, M. M. S., AND MOUTINHO, L. Modelling Consumer Responses to Advertising Slogans through Artificial Neural Networks. *International Journal of Business and Economics 15*, 2 (December 2016), 89–116.

188. WAYMO. On the road. https://waymo.com/ontheroad/, 2017. Accessed: 21.12.2017, 12:20 Uhr.

189. WESP, A. *Analyse fahrerwirksamer Systemauslegungen und -störungen eines Fahrzeugs mit Hinterradlenkung bei gleichzeitiger Fahrerbeanspruchung durch eine Fahraufgabe*. PhD thesis, Technische Universität Darmstadt, 2010.

190. WISNER, D. A. Speed control for automotive vehicles, Mai 1970.

191. WISNER, D. A. Speed control for motor vehicles, März 1971.

192. XU, A., LIU, Z., GUO, Y., SINHA, V., AND AKKIRAJU, R. A new chatbot for customer service on social media. In *Proceedings of the 2017 CHI Conference on Human Factors in Computing Systems* (New York, NY, USA, 2017), CHI 17, Association for Computing Machinery, pp. 3506–3510.

193. XU, H., GAO, Y., YU, F., AND DARRELL, T. End-to-end learning of driving models from large-scale video datasets, 2016.

194. XUE, Z., KO, T., YUCHEN, N., WU, M. D., AND HSIEH, C. Isa: Intuit smart agent, a neural-based agent-assist chatbot. In *2018 IEEE International Conference on Data Mining Workshops (ICDMW)* (2018), pp. 1423–1428.

195. YU, L., SHAO, X., WEI, Y., AND ZHOU, K. Intelligent land-vehicle model transfer trajectory planning method based on deep reinforcement learning. *Sensors (Basel, Switzerland) 18* (09 2018).

196. ZEILER, M. D. Adadelta: An adaptive learning rate method. *CoRR abs/1212.5701* (2012).

197. ZHAI, S., CHANG, K.-H., ZHANG, R., AND ZHANG, Z. M. Deepintent: Learning attentions for online advertising with recurrent neural networks. In *Proceedings of the 22nd ACM SIGKDD International Conference on Knowledge Discovery and Data Mining* (New York, NY, USA, 2016), KDD 16, Association for Computing Machinery, pp. 1295–1304.

198. ZHENG, H., YANG, Z., LIU, W., LIANG, J., AND LI, Y. Improving deep neural networks using softplus units. In *2015 International Joint Conference on Neural Networks (IJCNN)* (2015), pp. 1–4.

199. ZHU, H., YUEN, K., MIHAYLOVA, L., AND LEUNG, H. Overview of environment perception for intelligent vehicles. *IEEE Transactions on Intelligent Transportation Systems 18*, 10 (2017), 2584–2601.

200. ZHU, X. Semi-supervised learning literature survey. Tech. Rep. 1530, Computer Sciences, University of Wisconsin -Madison, 2005.
201. ZIEBART, B. D., MAAS, A. L., BAGNELL, J. A., AND DEY, A. K. Maximum entropy inverse reinforcement learning. In *AAAI* (2008), D. Fox and C. P. Gomes, Eds., AAAI Press, pp. 1433–1438.

Printed in the United States
by Baker & Taylor Publisher Services